2015-2016年中国无线电应用与管理蓝皮书

The Blue Book on the Radio Application and
Management in China（2015-2016）

中国电子信息产业发展研究院　编著

主　编/樊会文

副主编/乔　维

人民出版社

责任编辑：邵永忠

封面设计：佳艺时代

责任校对：吕　飞

图书在版编目（CIP）数据

2015-2016 年中国无线电应用与管理蓝皮书 / 樊会文　主编；

中国电子信息产业发展研究院　编著 . — 北京：人民出版社，2016.8

ISBN 978-7-01-016526-4

Ⅰ . ① 2… Ⅱ . ①樊… ②中… Ⅲ . ①无线电通信—研究报告—

中国— 2015-2016 Ⅳ . ① TN92

中国版本图书馆 CIP 数据核字（2016）第 174782 号

2015-2016年中国无线电应用与管理蓝皮书
2015-2016NIAN ZHONGGUO WUXIANDIAN YINGYONG YU GUANLI LANPISHU

中国电子信息产业发展研究院　编著
樊会文　主编

人 民 出 版 社　出版发行
（100706　北京市东城区隆福寺街 99 号）

北京市通州京华印刷制版厂印刷　新华书店经销

2016 年 8 月第 1 版　2016 年 8 月北京第 1 次印刷
开本：710 毫米 ×1000 毫米　1/16　印张：17.5
字数：285 千字

ISBN 978-7-01-016526-4　定价：89.00 元

邮购地址　100706　北京市东城区隆福寺街 99 号
人民东方图书销售中心　电话（010）65250042　65289539

代　序

在党中央、国务院的正确领导下，面对严峻复杂的国内外经济形势，我国制造业保持持续健康发展，实现了"十二五"的胜利收官。制造业的持续稳定发展，有力地支撑了我国综合实力和国际竞争力的显著提升，有力地支撑了人民生活水平的大幅改善提高。同时，也要看到，我国虽是制造业大国，但还不是制造强国，加快建设制造强国已成为今后一个时期我国制造业发展的核心任务。

"十三五"时期是我国制造业提质增效、由大变强的关键期。从国际看，新一轮科技革命和产业变革正在孕育兴起，制造业与互联网融合发展日益催生新业态新模式新产业，推动全球制造业发展进入一个深度调整、转型升级的新时期。从国内看，随着经济发展进入新常态，经济增速换挡、结构调整阵痛、动能转换困难相互交织，我国制造业发展也站到了爬坡过坎、由大变强新的历史起点上。必须紧紧抓住当前难得的战略机遇，深入贯彻落实新发展理念，加快推进制造业领域供给侧结构性改革，着力构建新型制造业体系，推动中国制造向中国创造转变、中国速度向中国质量转变、中国产品向中国品牌转变。

"十三五"规划纲要明确提出，要深入实施《中国制造 2025》，促进制造业朝高端、智能、绿色、服务方向发展。这是指导今后五年我国制造业提质增效升级的行动纲领。我们要认真学习领会，切实抓好贯彻实施工作。

一是坚持创新驱动，把创新摆在制造业发展全局的核心位置。当前，我国制造业已由较长时期的两位数增长进入个位数增长阶段。在这个阶段，要突破自身发展瓶颈、解决深层次矛盾和问题，关键是要依靠科技创新转换发展动力。要加强关键核心技术研发，通过完善科技成果产业化的运行机制和激励机制，加快科技成果转化步伐。围绕制造业重大共性需求，加快建立以创新中心为核心载体、以公共服务平台和工程数据中心为重要支撑的制造业创新网络。深入推进制造业与互联网融合发展，打造制造企业互联网"双创"平台，推动互联网企业构建制造业"双创"服务体系,推动制造业焕发新活力。

二是坚持质量为先,把质量作为建设制造强国的关键内核。近年来,我国制造业质量水平的提高明显滞后于制造业规模的增长,既不能适应日益激烈的国际竞争的需要,也难以满足人民群众对高质量产品和服务的热切期盼。必须着力夯实质量发展基础,不断提升我国企业品牌价值和"中国制造"整体形象。以食品、药品等为重点,开展质量提升行动,加快国内质量安全标准与国际标准并轨,建立质量安全可追溯体系,倒逼企业提升产品质量。鼓励企业实施品牌战略,形成具有自主知识产权的名牌产品。着力培育一批具有国际影响力的品牌及一大批国内著名品牌。

三是坚持绿色发展,把可持续发展作为建设制造强国的重要着力点。绿色发展是破解资源、能源、环境瓶颈制约的关键所在,是实现制造业可持续发展的必由之路。建设制造强国,必须要全面推行绿色制造,走资源节约型和环境友好型发展道路。要强化企业的可持续发展理念和生态文明建设主体责任,引导企业加快绿色改造升级,积极推行低碳化、循环化和集约化生产,提高资源利用效率。通过政策、标准、法规倒逼企业加快淘汰落后产能,大幅降低能耗、物耗和水耗水平。构建绿色制造体系,开发绿色产品,建设绿色工厂,发展绿色园区,打造绿色供应链,壮大绿色企业,强化绿色监管,努力构建高效清洁、低碳循环的绿色制造体系。

四是坚持结构优化,把结构调整作为建设制造强国的突出重点。我国制造业大而不强的主要症结之一,就是结构性矛盾较为突出。要把调整优化产业结构作为推动制造业转型升级的主攻方向。聚焦制造业转型升级的关键环节,推广应用新技术、新工艺、新装备、新材料,提高传统产业发展的质量效益;加快发展3D打印、云计算、物联网、大数据等新兴产业,积极发展众包、众创、众筹等新业态新模式。支持有条件的企业"走出去",通过多种途径培育一批具有跨国经营水平和品牌经营能力的大企业集团;完善中小微企业发展环境,促进大中小企业协调发展。综合考虑资源能源、环境容量、市场空间等因素,引导产业集聚发展,促进产业合理有序转移,调整优化产业空间布局。

五是坚持人才为本,把人才队伍作为建设制造强国的根本。新世纪以来,党和国家深入实施人才强国战略,制造业人才队伍建设取得了显著成绩。但也要看到，制造业人才结构性过剩与结构性短缺并存，高技能人才和领军人才紧缺，基础制造、高端制造技术领域人才不足等问题还很突出。必须把制造业人才发展摆在更加突出的战略位置，加大各类人才培养力度，建设制造业人才大军。以提高现代经营管理水平和企业竞争力为核心，造就一支职业素养好、市场意识强、熟悉国内外经济运行规则的经营管理人才队伍。组织实施先进制造卓越工程师培养计划和专业技术人才培养计划等，造就一支掌握先进制造技术的高素质的专业技术人才队伍。大力培育精益求精的工匠精神，造就一支技术精湛、爱岗敬业的高技能人才队伍。

"长风破浪会有时，直挂云帆济沧海"。2016 年是贯彻落实"十三五"规划的关键一年，也是实施《中国制造 2025》开局破题的关键一年。在错综复杂的经济形势面前，我们要坚定信念，砥砺前行，也要从国情出发，坚持分步实施、重点突破、务求实效，努力使中国制造攀上新的高峰！

工业和信息化部部长　

2016 年 6 月

前　言

随着我国"两化深度融合""一带一路""互联网＋""宽带中国""中国制造2025"等一系列战略的稳步推进，移动互联网、移动通信技术的快速发展，以及物联网、智慧城市的蓬勃发展，无线电频谱资源的稀缺性进一步凸显，空中电波秩序更加复杂，无线电管理工作挑战和机遇并存。

2015年，按照部党组的统一部署，我国无线电管理局认真贯彻全国工业和信息化部工作会议精神，积极落实"稳增长、调结构、促改革、惠民生"各项举措，较好地完成了关键业绩指标(KPI)及部领导交办的各项任务。频谱资源管理方面，扎实开展"频率使用情况核查专项活动"，优化频率和卫星轨道资源供给，夯实频谱资源管理基础，助力两化深度融合。法制建设方面，推动《无线电管理条例》修订取得实质性进展，为新时期无线电管理工作构筑法律保障；重大任务保障方面，圆满完成抗战胜利70周年纪念活动无线电保障任务，确保纪念活动控制区及其周边电波秩序平稳有序；国际无线电频谱管理方面，做好2015年世界无线电通信大会(WRC-15)筹备和参会工作，深度参与全球无线电规则修订和频谱划分；技术设施建设方面，认真谋划无线电管理"十三五"规划，着力提升无线电监管能力和服务水平。

2016年全国无线电管理工作的总体要求和总体思路分别是：聚焦频谱资源管理，聚焦管理体系强化，以频率精细化管理和监管能力提升为主要方向，扭住关键，精准发力，协调推进频率、台站、秩序等各项工作，努力实现"十三五"良好开局，为加快建设制造强国、网络强国，促进经济社会发展和国防建设提供频谱资源支撑，营造良好电磁环境；深入贯彻党的十八届三中到五中全会、党的十八大，以及习总书记一系列重要讲话的精神，以提升监管能力和服务水平为主线，以强化频谱资源管理为核心，深化改革、创新举措，完善无线电管理法治，

1

做好"十三五"规划编制，协调推进频率和卫星轨道资源配置、台站和设备管理、边境频率协调与国际合作、技术设施建设等各项工作，加快形成适应经济发展新常态的无线电管理模式，努力实现"十三五"良好开局，为加快建设制造强国、网络强国，促进经济社会发展和国防建设提供频谱资源支撑和保障。

由工业和信息化部赛迪研究院无线电管理研究所编撰的《2015—2016年中国无线电应用与管理蓝皮书》，以无线电技术、应用与管理为主要研究对象，介绍了全球无线电领域的发展现状，及与无线电管理相关的国际组织及机构的发展概况和主要职责，具体从技术与应用的角度分别详细阐述了我国无线电技术与应用的发展历程、发展现状、主要问题和对策建议。以专题的形式从管理角度叙述和分析了当前无线电管理领域正在解决的主要问题。分区域详细介绍了我国各个省市自治区的无线电管理机构的2015年主要工作动态，深入研究分析了我国无线电应用及管理的政策环境，并对2015年出台的重点政策进行解析，以案例形式详述了我国无线电技术、应用和管理方面出现的热点事件，并对其进行简要评析。该书还探讨了国内外无线电技术、应用和产业发展趋势，提出适用于我国无线电管理工作的理论和方法，并对我国无线电管理工作进行展望。相信本书对我们了解和把握无线电技术和应用发展态势、研判产业发展趋势、促进无线电管理思路、模式和方法的创新具有重要意义和参考价值。

当前正值我国全面深化改革和经济结构调整的关键时期，无线电技术应用正在为促进两化深度融合和工业通信业持续健康发展，推动经济社会发展和国防建设等方面发挥着越来越重要的作用，希望本书的研究成果能为主管部门决策、学术机构研究和无线电相关产业发展提供参考和决策支撑，为促进各项无线电管理工作的开展和无线电相关产业发展贡献一份力量。

工业和信息化部无线电管理局局长

目 录

代　序（苗圩）
前　言（谢飞波）

综 合 篇

第一章　2015年全球无线电领域发展概况 / 2
　　第一节　全球无线电技术及应用发展概况 / 2
　　第二节　全球无线电管理发展概况 / 9

第二章　2015年中国无线电领域发展概况 / 13
　　第一节　中国无线电技术及应用发展概况 / 13
　　第二节　中国无线电管理发展概况 / 17

专 题 篇

第三章　无线电技术及应用专题 / 24
　　第一节　公众移动通信 / 24
　　第二节　大数据 / 27
　　第三节　物联网 / 33
　　第四节　移动互联网 / 37

第四章　无线电管理专题 / 40
　　第一节　无线电管理法制建设 / 40
　　第二节　频率资源规划与配置 / 50
　　第三节　无线电管理收费 / 59
　　第四节　推进频谱资源共享 / 65

区 域 篇

第五章　华东地区 / 70
　　第一节　山东省 / 70
　　第二节　江苏省 / 75
　　第三节　安徽省 / 79
　　第四节　浙江省 / 83
　　第五节　福建省 / 88
　　第六节　上海市 / 92

第六章　华南地区 / 96
　　第一节　广东省 / 96
　　第二节　广西壮族自治区 / 101
　　第三节　海南省 / 107

第七章　华中地区 / 114
　　第一节　湖北省 / 114
　　第二节　湖南省 / 119
　　第三节　河南省 / 125
　　第四节　江西省 / 131

第八章　华北地区 / 140
　　第一节　北京市 / 140
　　第二节　天津市 / 144
　　第三节　河北省 / 149
　　第四节　山西省 / 152
　　第五节　内蒙古自治区 / 155

第九章　西北地区 / 160
　　第一节　陕西省 / 160
　　第二节　甘肃省 / 165
　　第三节　青海省 / 169
　　第四节　宁夏回族自治区 / 173
　　第五节　新疆维吾尔自治区 / 177

第十章　西南地区 / 182
　　第一节　云南省 / 182

第二节　贵州省 / 187

第三节　西藏自治区 / 192

第四节　重庆市 / 194

第五节　四川省 / 201

第十一章　东北地区 / 208

第一节　辽宁省 / 208

第二节　吉林省 / 212

第三节　黑龙江省 / 215

政 策 篇

第十二章　2015年中国无线电应用及管理政策环境分析 / 222

第一节　《工业和信息化部关于贯彻落实〈国务院关于积极推进"互联网+"行动的指导意见〉的行动计划（2015—2018年）》 / 222

第二节　京津冀取消手机长途通信漫游费 / 224

第三节　两部门相关负责人解读《三网融合推广方案》 / 227

第十三章　2015年中国无线电应用及管理重点政策解析 / 231

第一节　《地球站国际协调与登记管理暂行办法》 / 231

第二节　关于加强无线电管理工作的建议解释 / 234

第三节　解读《关于1447—1467兆赫兹（MHz）频段宽带数字集群专网系统频率使用事宜的通知》 / 236

热 点 篇

第十四章　无线电技术与应用热点 / 242

第一节　虚拟运营商正式商用进程稳固推进 / 242

第二节　中国移动利润连续第七个季度下滑 / 243

第三节　中国电信天翼混合云服务正式开始商用 / 244

第四节　中国移动加快VoLTE商用进程 / 245

第五节　我国移动支付产业业绩逐年递升 / 246

第六节　铁塔公司将完成三大运营商资产注入 / 247

第七节　中国移动转型流量经营推出语音短信免费新套餐 / 248

第十五章   无线电管理热点 / 249

　　第一节   我国治理电话"黑卡"需从源头、发现渠道、惩罚力度三点入手 / 249

　　第二节   我国发布《抗战胜利70周年纪念活动无线电管理规定》 / 250

　　第三节   IMT2020峰会将推动形成全球统一5G标准 / 251

　　第四节   我国发布《互联网与工业融合创新蓝皮书2015》 / 253

　　第五节   工信部发布《关于无人驾驶航空器系统频率使用事宜的
　　　　　　　通知》 / 254

　　第六节   我国三项议题被确定列入未来世界无线电通信大会新议题 / 256

　　第七节   国际电信联盟发布新版《衡量信息社会报告》 / 257

　　第八节   工信部发布《移动智能终端应用软件（APP）预置和
　　　　　　　分发管理暂行规定》（征求意见稿） / 258

展 望 篇

第十六章   无线电应用及产业发展趋势展望 / 260

　　第一节   TD-LTE产业国际化进程将进一步提速 / 260

　　第二节   5G及物联网等新一代信息技术产业蓬勃发展 / 260

　　第三节   1.4G频谱有望进一步下放，LTE宽带集群系统将展开规模化
　　　　　　　应用 / 261

　　第四节   5G等信息通信技术及相关产业加速布局和重构 / 261

　　第五节   无线电与新一代信息技术的融合愈加深入 / 262

第十七章   无线电管理发展展望及相关建议 / 263

　　第一节   无线电管理法律法规体系继续向法制化迈进 / 263

　　第二节   研究频谱资源市场化配置方法缓解频谱资源供需矛盾 / 264

　　第三节   推进适合我国无线电频谱管理的频谱审计工作 / 264

　　第四节   加快培育我国行业协会及研究机构等社会组织 / 265

　　第五节   维护良好电磁环境保障冬奥会等重大活动顺利进行 / 265

后   记 / 267

综合篇

第一章　2015年全球无线电领域发展概况

第一节　全球无线电技术及应用发展概况

一、全球LTE网络建设持续加速

首先，LTE 生态系统加速成熟。一是从网络部署数量来看，LTE 网络数量持续快速增长。根据 GSA 2015 年 10 月发布的《LTE 演进报告》显示，截至 2015 年 9 月，全球 LTE 商用网络数量上升至 442 个。另外，全球共有 692 家电信运营商已经在 181 个国家和地区投资 LTE 网络。二是从用户数量来看，LTE 用户呈爆发增长态势。根据 GSA 的数据，LTE 已经成为 2015 年第三季度用户增长数最快的移动通信网络。另据 TDIA 的《TDD 产业和市场发展简讯（2015Q3）》显示，截至 2015 年 9 月，全球 LTE 用户数达到 8.97 亿户。三是从用户终端类型数量来看，可供用户选择的 LTE 终端类型日趋丰富。截至 2015 年 6 月，全球 LTE 用户终端类型数量上升为 3745 个。从 2011 年 2 月到 2015 年 9 月，全球 LTE 用户终端类型数量从 63 个增长至 3745 个，年均复合增长率高达 140%。

其次，公众移动通信频谱资源向 LTE 倾斜。为了将有限的、优质的频谱资源用于技术特性更优的 LTE 网络，各国都在采取不同的措施将频谱资源的分配向 LTE 倾斜。一是关闭 2G 网络，将原有 2G 频谱进行重整（Refarming）。例如，美国 Sprint Nextel 公司于 2013 年关闭了其 2G 网络；澳大利亚电信也在近期发布消息计划于 2016 年底关闭 2G 网络。总体来看，将原有 2G 频谱重整用于 LTE 已成为国际主流趋势。二是通过频谱拍卖，优化配置 LTE 的频谱资源。频谱拍卖通过市场导向分配频谱，能够有效地提升频谱利用率，是目前国际上 LTE 等商业用频的主要频谱分配方式。例如，2015 年以来，土耳其、印度、泰国等国家都已经或者计划尽快开展 LTE 频谱拍卖，以保障本国 LTE 网络建设日益增长的用频需求。

最后，LTE-A 及 VoLTE 成为国际上布局新热点。LTE-A 方面，韩国、西欧、北美等国家和地区的 LTE 网络建设开展较早，目前已经有了较高的覆盖率。而 LTE-A 作为 LTE 后续演进版本，吸纳了载波聚合等一系列增强技术，更利于满足移动数据流量爆炸式的增长需求。因此，这些国家和地区已经积极开展 LTE-A 网络的部署。根据最新统计，截至 2015 年 9 月，全球共有 48 个国家和地区推出了 95 个 LTE-A 商用网络，其中绝大部分网络是 2014 年以后部署的。VoLTE(Voice over LTE) 方面，VoLTE 是全 IP 数据传输技术，可以称作"移动宽带语音"。运营商布局 VoLTE，一方面可以通过高清语音等技术提升用户通话体验；另一方面能够改善频谱利用率，降低成本。截至 2015 年 9 月，全球共有 52 个国家和地区的 111 家运营商正在积极布局 VoLTE 业务。

二、5G研发取得新进展

2014 年，在世界各国政府的强势推动下，5G 技术研发在世界范围内进展迅速。在政府搭好台子之后，包括电信运营商、设备商和相关研究机构更是被充分地激发了巨大活力。可以说，2015 年是 5G 产业链各环节积极参与的一年，主要呈现以下几个方面的特征。

（一）各国政府为 5G 的发展继续营造更好的环境

世界各国（地区）政府为了 5G 更健康、快速地发展，在资金、频谱资源、交流平台等方面都不遗余力地发挥着巨大作用。

英国：2015 年 1 月，英国通信监管机构 Ofcom 向相关用频单位征询意见，主要就 6GHz 以上频段用于 5G 的可行性展开调研。此后 4 月，Ofcom 发布了 5G 技术毫米波使用频段的相关建议。

欧洲：2015 年 3 月，欧盟正式公布了 5G 公私合作愿景，旨在增强欧洲在 5G 全球标准中的话语权。同年 7 月，欧盟 Horizon 2020 框架 5G 旗舰项目 5G PPP 正式启动第一阶段。5G PPP 项目通过公私合作模式，能够最大化解决 5G 研发所需资金缺口，其中欧盟政府投资 7 亿欧元，民间资本投资 35 亿欧元。

瑞典：2015 年 6 月，为了进一步提高矿业生产安全和提升生产效率，瑞典启动 5G 试点项目，该试点项目是瑞典国家 5G 计划的组成部分。

美国：2015年8月，美国联邦通信委员会（FCC）阐明了把无线电频谱专用于发展5G服务的愿景。

韩国：2015年11月，韩国5G论坛执行委员会对外宣布，韩国于2014到2020年间，将持续投入15亿美元，确保2020年商用5G网络。

（二）5G研发呈现更广泛合作态势

1. 国家层面

2015年5月，日本与欧盟在5G标准制定等方面达成合作协议，日本有望在2020年东京奥运会前正式部署5G网络。

2015年8月，工信部副部长刘利华在京会见了美国WRC-15代表团，双方就5G频谱规划等问题展开了深入的交流。

2015年9月，我国IMT-2020(5G)推进组与欧盟5G基础设施协会(5G PPP)的5G合作签订备忘录。

2. 企业及科研院所层面

2015年2月5日，爱立信与中国信息通信研究院在北京签署谅解备忘录，双方将在5G的研究与开发方面展开合作。3月，韩国电信(KT)、日本NTT DoCoMo和中国移动等中日韩运营商在亚洲移动通信运营商战略协商机制会议上，公开发布了加强5G合作的联合声明。5月，阿尔卡特朗讯与KT签署了谅解备忘录，双方共同开发、设计未来的5G网络架构。6月，诺基亚宣布将与德国凯泽斯劳滕大学合作，共同推进5G技术的研究；爱立信与韩国电信达成加强在5G技术研发合作的共识。7月，爱立信与韩国SK电讯签署关于开发部署5G核心网的合作意向书。

（三）5G技术、标准及产业应用都取得一定突破

技术层面：2015年2月，华为在2015年世界移动通信大会上展示了自主研发的5G新空口技术，主要包括稀疏码多址(SCMA)以及筛选正交频分复用(F-OFDM)等技术。4月，德国电信推出5G创新实验室计划，旨在进一步推动5G技术的发展。

标准层面：2015年6月，ITU成立了一个新的重点小组，以确定IMT-2020（5G）技术的网络标准化要求。11月，在WRC-15大会上，ITU-R正式确定5G名称为"IMT-2020"。

产业应用层面：2015 年 9 月，美国移动运营商 Verizon 无线公司计划于明年开始试用 5G 网络，2017 年在美国部分城市全面商用。10 月，SK 电讯推出 "5G Playground"，旨在将各种研发活动一同提升至新的技术和服务层面，试图打造一个能为 5G 全产业链创造商业价值的 5G 生态系统。

三、网络共建共享模式渐成主流

（一）美国

一是法律为共建共享的实施提供保障。美国早在《1996 年电信法》中，就对网络基础设备的共享问题做出了明确的规定。该法案规定，有相应资格的运营商要求在获得认定的服务领域内，为每一个有牌照的电信业务提供者提供公众电信交换网络基础设施、技术、信息、电信设备和功能。参加基础设施共享协议的本地电信运营商，应及时向该协议的其他各方提供拟推出电信业务及电信设备配置的相关信息。在强有力的法律条文的保障下，贝尔公司在美国电信业的垄断地位被打破。不仅如此，FCC 要求当时处于主导地位的电信运营商，必须将已有网络划分成不同大小的网元，其他处于从属地位的运营商可以根据自己的实际情况，通过签订租赁合同来租用所需的网元。而租用价格是在电信监管机构的指导下，由租赁双方自行协商确定的。可以说《1996 年电信法》的颁布，在法律层面为网络共建共享的实现奠定了基础，在促进美国电信业公平竞争以及减少重复建设方面无疑发挥着积极的作用。

二是第三方所有权占绝对比重。随着行业竞争的加剧，美国电信运营商为了进一步减少 CAPEX 和 OPEX 的开销成本，整个电信业中电信网络基础设施的以租代建行为成为主流。在此之后，美国主导的电信运营商都开始对旗下铁塔资源进行了剥离，从某种意义上说，美国开始了电信网络基础设施共建共享的实践。此后，围绕铁塔公司的产业生态系统开始壮大，例如负责基站站址协调建设的法律咨询和技术支持公司、对原有电信网络基础设施进行共享共建改造的技术方案设计公司、相关的金融融资机构以及拥有绝大多数铁塔资源的第三方公司，形成了美国电信网络基础设施共建共享特有的产物，也成为美国电信网络基础设施共建共享的独有特点。正因为美国电信运营商剥离了铁塔资源，减少了投资和运维成本，使得运营商处于一种"轻"负荷的运营状态，有更多的资本和精力进行基础技术的研发和应用市场的开拓，从而促进了美国整个电信产业的快速发展。目前，美国的第三方铁塔市场主要掌握在 American Tower、Crown Castle 以及 SBA 三大铁塔公司手中，合计拥有铁塔资源 7 万个，占到第三方铁塔总数的 71%。相反，像 AT&T 这样的传统运营商只占有 7% 的市场份额，而且也是被剥离资产后成立的独立运营的租赁公司所控制。

（二）欧洲

一是市场主导与政府引导相结合。欧洲电信运营商多为自发进行共建共享，原因主要有三个。首先，投资成本的不断攀升需要运营商通过剥离基础设施资源，进一步减轻投资成本过快增长带来的压力。从 3G 牌照拍卖以后，运营商一直受困于高额牌照费以及后期网络建设投资的巨大资金量供给。其次，整个电信行业的竞争更为激烈，特别是电信产品和服务的质量已经取代网络覆盖范围的大小，成为竞争获胜的第一要素。运营商通过电信网络基础设施共享，能够在减轻投资成本压力的基础上，将有限的资本和精力用于改善电信业务产品质量、加大电信业务营销力度、提升电信业务客户服务水平、优化电信业务机构等方面，从而保持运营商自身的核心竞争力。最后，欧洲地区的人口低密度导致了电信网络利用率不足。基于这样的电信市场情况，共建共享电信网络基础设施可以说是水到渠成的事情。

二是共享涵盖内容丰富。一方面，从电信网络基础设施共享的类型来看，一般分为无源基础设施共享和有源基础设施共享。无源网络基础设施共享是指让运营商共享电信网络的非电气和土木工程部分，如管道、站址、铁塔、供电设施等；而有源网络基础设施共享是指共享有源的电子网络部分，如基站及其他设备等。欧洲国家的电信网络基础设施共享涵盖了有源和无源两种类型。对于国土面积较小的国家，有源网络基础设施共享更受欢迎。在瑞典，Hi3G、沃达丰和 Orange 等为其他运营商提供一站式网络基础设施共享。除了提供基站共享，而且还共享无线网络控制器（RNC）、移动交换中心（MSC）、访问者位置寄存器（VLR）以及归属位置寄存器 (HLR) 等。对于国土面积较大的国家，无源网络基础设施共享所占比例要更大。比如，2007 年，T-Mobile 与其他三家营运商就在英国共享 1.3 万个站址签署协议。另一方面，从网络基础设施的所有权来看，一般分为运营商主 / 从模式、运营商联合所有模式以及第三方所有权模式。在欧洲地区，这三种模式都有成功的案例。对于主 / 从模式，欧洲多个拥有移动通信网络的运营商通过批发通话时间把其网络部分资源租赁给法国的维珍移动公司（虚拟运营商）；

对于联合所有模式，Tele2 和 Telia 签署协议成立合资公司，并于 2001 年成功地部署全国 3G 网络，并联合拥有其所有权；对于第三方所有权模式，英国电信运营商 Telefonica O2，2009 年租用独立的第三方电信基础设施公司 Wyless 的网络。

（三）印度

一是政府主导的无源设施共享模式。印度同中国一样，幅员辽阔、人口众多。并且相对于我国，印度经济发展和基础设施建设落后、区域发展很不均衡。为了在电信领域尽可能实现资源的最大化利用，首先，印度通过立法鼓励各大运营商积极采取措施来实现电信网络基础设施的共享，并且印度的电信监管机构在后续政策的执行中明确了无源设施的具体含义，确保了执行效果。在此背景下，许多印度的电信运营商为了在竞争中获取主动并降低投资成本，开始主动剥离旗下的网络基础设施。其次，为了保证共享的推广效率，印度提倡进行无源网络基础设施的共享。与有源基础设施相比，无源基础设施的共享易于操作和实现，并且各方的责任边界清晰，有利于减少矛盾的产生，适合于国土面积大的国家或地区，这在之前美国、欧洲的分析中已经得到了印证。因此，印度大力推行无源网络基础设施共享，甚至规定禁止有源网络基础设施共建共享。

二是构建新型企业促进基础设施建设。印度政府为了进一步加速电信网络基础设施的建设，构建了一个新型的企业类型，叫作"第一类基础设施提供商"（Infrastructure Provider Category - I, IP-I）。该类注册企业可以投资许可范围内的电信网络基础设施，早期主要集中在无源部分，例如管道、站址、铁塔、供电设施等，在建设完成后再将设施出租给本地电信运营商。这样的建设模式在印度取得了很好的效果，此后的 2008 年，印度政府又进一步扩大了 PI-I 类企业的经营范围——允许为合法的电信运营商建设并出租有源网络基础设施。同时，为了保持 IP-I 类企业作为基础设施提供商的"单纯性"，印度政府规定该类企业不允许参加频谱牌照拍卖，并且必须将自建的有源基础设施进行出租。由于印度监管机构简化了 IP-I 类企业的注册流程，并允许 100% 的外国直接投资（突破了印度对外资在基础电信领域 74% 占比的上限），该类电信网络基础设施提供商发展迅猛。截至 2013 年，印度已有超过 350 家 IP-I 类企业，强有力地促进了印度电信网络基础设施的建设，并间接地降低了电信运营商市场的进入门槛，有利于电信市场的充分竞争。

四、VoLTE和LTE-A成为国际上布局新热点

LTE-A方面，韩国、西欧、北美等国家和地区的LTE网络建设开展较早，目前已经有了较高的覆盖率。而LTE-A作为LTE后续演进版本，吸纳了载波聚合等一系列增强技术，更利于满足移动数据流量爆炸式的增长需求。因此，这些国家和地区已经积极开展LTE-A网络的部署。根据最新统计，截至2015年9月，全球共有48个国家和地区推出了95个LTE-A商用网络，其中绝大部分网络是2014年以后部署的。

VoLTE(Voice over LTE)方面，VoLTE是全IP数据传输技术，可以称作"移动宽带语音"。运营商布局VoLTE，一方面可以通过高清语音等技术提升用户通话体验；另一方面能够改善频谱利用率，降低成本。截至2015年9月，全球共有52个国家和地区的111家运营商正在积极布局VoLTE业务，而已有30个VoLTE网络正式投入运营。

五、车联网市场空间进一步提升

根据GSMA与市场研究公司SBD联合发布的《车联网预测报告》称，全球车联网市场年均复合增长率达到25%。首先，美国在《智能交通系统战略研究计划：2010—2014》报告中，首次提出了"车联网"构想。其目标是利用无线通信建立一个全国性、多模式的地面交通系统，形成一个车辆、道路基础设施、乘客便携式设备之间相互连接的交通环境，最大限度地保障交通运输的安全性、灵活性和环境友好性。据调查，搭载苹果CarPlay与谷歌Android Auto平台的汽车预计2015年将分别增至3700万辆和3100万辆。其次，日本的车辆信息通信系统（VICS）是从各地警察和道路管理部门收集道路拥堵情况、道路信息及路线、停车场空位、交通事故等实时交通信息，并通过道路电波装置发送至经过的车辆。最后，欧洲正在全面应用开发远程信息处理技术(Telematics)，在全欧洲建立交通专用无线通信网，并以此为基础开展交通管理、导航和电子收费等相关应用。

六、无人机产业潜力巨大

（一）市场规模巨大、成长空间可观

据统计数据显示，无人机全球市场规模已经超过60亿美元。另外，根据美国康涅狄格州国际预测公司的研究分析，未来10年全球无人机市场规模将快速

增长，在 2023 年有望达到 673 亿美元。

无人机市场规模的爆炸式增长主要有两个因素，一个是国防需要，这是拉动无人机市场快速增长的主要驱动，另一个是无人机在民用领域的广泛应用和深度渗透加大了市场对于无人机的需求。从二者的市场份额来看，军用无人机占到了全球无人机市场的 89%，而民用无人机的份额仅为 11%。但是，无人机市场需求和规模都有着巨大的潜在增长动力，预计 10 年后，民用无人机的市场份额将提升至 15% 左右

（二）北美、亚太等地区市场份额占比大

全球无人机市场在近几年取得了较大进展，但是区域发展非常不平衡。目前，全球无人机市场份额较重的区域主要集中在北美、亚太等地区，其市场份额总和占到了全球无人机市场的 60%—70%。而在细分的民用无人机领域，这一数字更为明显——美国、亚太和欧洲地区的市场份额高达 90% 以上。据 Teal 公司的预计，美国在未来 10 年将仍是全球最大的无人机消费国，其消费占到全球的约 40% 左右。

（三）市场初步形成寡头效应

2015 年，全球资本市场对无人机的关注度进一步提升，2015 年无人机企业融资额增长再次超过 100%。国内市场，中国的大疆创新及零度智控分别获得了 7500 万美元和 5000 万元人民币的融资；国外市场，美国的 3D Robotics 完成了 5000 万美元的 C 轮融资。

目前，无人机的大部分市场被主要的几家行业巨头占领。在民用无人机领域，我国的大疆创新具有绝对优势，目前占全球民用无人机 70% 的市场份额。在军用无人机领域，美国和以色列处于领先地位。美国的诺斯罗普·格鲁曼、洛克希德·马丁、波音以及以色列航空工业公司等是世界上无人机研发技术领先的公司，产品包括"全球鹰""幽灵射线"等无人作战飞机。相关数据显示，在 2014 年到 2023 年间，仅"全球鹰"系列无人机的市场份额就将占到 18.2%。

第二节　全球无线电管理发展概况

一、2015年世界无线电大会顺利召开

由国际电信联盟主办的 2015 年世界无线电通信大会（WRC-15）于 11 月 2

日至 27 日在瑞士日内瓦顺利召开。本届大会共设有 30 多个议题，内容涉及国际移动通信（IMT）、卫星频率和轨道资源开发利用、航空业安全运营和航空器制造、载人航天和空间研究、智能交通和水上交通通信、应急救灾通信等方面，同时也涉及对相关规则的修订。WRC-15 大会受到了全世界的广泛关注并取得了多项非常重要的成果：

● 为移动宽带划分了几百兆赫的新频谱，这将确保在必要的时间和地点为 4G 和 5G 提供所需的额外频谱。在绝大多数情况下，这些频谱是全球划分的，此举将带来全球性的好处。全球统一将降低移动宽带设备的生产价格，因此有助于为所有人提供价格更加可承受的宽带服务。

● 还为全球航班跟踪划分了频谱，这将实现世界各地飞机状态的跟踪——这是在发生马航 370 航班空难的情况下做出的一项决定。

● WRC-15 还划分了新频谱，使得国际民航组织（ICAO）可以着手制定无人机标准。2023 年世界无线电通信大会将重新审议这一情况，以确保形成发展无人机的稳定框架。

● 就卫星业务的多项划分达成了一致，其中就包括卫星通信和可更加精确地探测地球（其资源和气候变化）的地球探测卫星。卫星管理对确保各国平等获取并正确高效地利用资源极其重要。

● 2023 年世界无线电通信大会的初步议程以及 2019 年世界无线电通信大会议程已在 WRC-15 上达成一致。WRC-19 将研究多项事宜，尤其是更高频段（24 GHz 以上）宽带和移动的划分。这些频段的距离短于目前在用的频段，但带宽很大。因此，预计 WRC-19 做出决定之后，可用于移动宽带的频谱更多。固定与移动应用的融合是未来频谱管理面临的一个主要问题，这也将在 WRC-19 上研究解决。

二、拍卖仍是世界各国优化配置商用频谱的主要方式

无线电频谱资源是经济社会发展不可或缺的重要战略性资源。以无线电频谱为基础资源的无线通信及其他应用，在服务国民经济增长、保障社会安全稳定、推动现代化国防建设、促进文化事业繁荣等方面均有着不可替代的重要作用。面对各领域对频谱需求的快速增长，尤其是商用领域（当前最典型的是移动通信）需要科学配置和利用有限的频谱资源，使其具有最大的经济和社会价值。选择适合的频谱分配方式是实现频谱高效利用的一个重要环节。由于拍卖被认为是基于

市场信号的，能够更准确反映频谱的价值，并被认为是能使频谱更加有效利用的一种分配方式，因此从 20 世纪 90 年代以来，拍卖这一频谱分配方式吸引了一些频谱管理者。拍卖的拥护者们一直强烈辩称，精心设计的拍卖程序所带来的结果比行政程序对社会更有利 。同时人们普遍认为，拍卖的优越性也在于其客观和透明性，这种方式目前已经被世界大多数国家和地区所接受。2015 年，世界各国商用频谱的配置方式仍然以拍卖为主。

（一）美洲

● 2015 年 1 月，美国结束了对 AWS−3 频段中 65MHz 频率的拍卖，此次拍卖价格高达 449 亿美元，是美国频谱拍卖历史上新的最高纪录。

● 2015 年 5 月，加拿大完成对 2500MHz 频段的频谱拍卖，拍卖共收入 7.55 亿美元。

● 2015 年 12 月，巴西顺利完成对 1800MHz、1900MHz 和 2500MHz 频段的频谱拍卖，共收入 1.92 亿美元。

（二）欧洲

● 2015 年 1 月，斯洛伐克电子通信和邮政局将出售 3.5GHz 频段的两段 8×5MHz 频谱和一段 4×5MHz TDD 频谱。两段 8×5MHz 频谱适合用于频分或时分双工（FDD 或 TDD）技术，最低售价为 60 万欧元。4×5MHz TDD 频谱的最低售价为 30 万欧元。

● 2015 年 1 月，德国联邦网络管理局（FNA）咨询委员会批准举行 700MHz、900MHz、1500MHz 和 1800MHz 频段频谱拍卖。

● 2015 年 3 月，斯洛伐克政府顺利完成了对 3600—3800MHz 频谱的拍卖。

● 2015 年 6 月，德国顺利完成对 700MHz、900MHz、1500MHz 和 1800MHz 频段的频谱拍卖，拍卖为政府创收 50.8 亿欧元。

● 2015 年 10 月，波兰电子通信总署（UKE）顺利完成对 800MHz 及 2600MHz 用于 4G 公众移动通信的频谱拍卖，拍卖总价高达 25 亿美元。

● 2015 年 11 月，法国结束 700MHz 频段的拍卖，拍卖价格近 28 亿欧元。

（三）亚洲

● 2015 年 1 月，中国香港特别行政区顺利完成拍卖 1.9—2.2GHz 频带无线电频谱，频谱使用费总额达 24.2 亿港元（约合 19.4 亿元人民币）。

• 2015 年 3 月，印度政府对 800MHz、900MHz、1800MHz 和 2100MHz 频段部分频谱的使用权进行了拍卖，最后拍卖创收 176 亿美元。

• 2015 年 12 月，泰国完成两个 4G 频段的频谱拍卖，拍卖总价高达 1519.5 亿泰铢。

• 2015 年 12 月，中国台湾地区完成 2500—2600 MHz 频段的 4G 频谱拍卖，总共收入 279.2 亿新台币。

第二章 2015年中国无线电领域发展概况

第一节 中国无线电技术及应用发展概况

一、4G生态系统呈爆发增长态势

2013年12月4日，工业和信息化部正式向三大运营商颁发TD-LTE运营牌照，我国开始进入4G时代。由于TD-LTE是对中国移动TD-SCDMA系统的平滑升级，中国移动率先开始进行大规模组网建设。中国联通和中国电信则受制于自身3G制式，选择通过"FDD+TDD混合组网"名义申请试验牌照发展自身的4G网络。2015年2月27日，在TD-LTE 4G牌照发放14个月之后，工业和信息化部正式宣布向中国联通与中国电信发放FDD 4G牌照，意味着我国4G市场进入三家运营商同场竞争的局面。

4G发牌以来，我国4G市场发展日新月异，市场规模井喷式扩张，4G发展速度远远超过3G。一是我国4G用户高速增长，2G和3G均呈加速向4G用户升级转换趋势。根据工信部统计数据，2015年1—10月，移动宽带用户（即3G和4G用户）累计净增1.65亿户，总数达到7.47亿户，对移动电话用户的渗透率达57.4%，较上年末提高12.1个百分点。2G和3G用户稳步向4G用户转换，10月净减2403.3万户。4G用户持续爆发式增长，10月净增2598.6万户，总数达到3.28亿户，占移动电话用户的比重达到25.2%。二是4G终端的出货量明显增长，款式不断丰富。中国移动副总裁沙跃家12月15日在集团全球合作伙伴大会上公开表示，中国移动市场在售4G终端机型已超千款，预计年销量达3亿部。值得注意的是，这仅仅只是中国移动一家运营商的终端销售量和机型数量，如果加上中国联通和中国电信两家的数量，这一数字还有一定上浮空间。相比2014年，我国 4G 手机出货量 1.71 亿部的数字，2015 年同期 4G 终端销量至少增长了 75%。三是手机接入流量呈现爆发式增长。根据工信部统计数据显示，2015 年 1—10 月，我国月户均移动互联网接入流量突破 360M，手机上网流量连续 10 月翻倍增长。受 4G 移动电话用户快速增长、4G 套餐资费不断下调等影响，移动互联网接入流量消费继续爆发式增长。10 月当月移动互联网接入流量达 4.2 亿 G，创历史新高。1—10 月累计达 32.1 亿 G，同比增长 100.2%，比 1—9 月同比增速提升 0.8 个百分点。月户均移动互联网接入流量达到 361.6M，同比增长 88.3%。手机上网流量达到 28.8 亿 G，连续 10 月实现翻倍增长，占移动互联网总流量的 89.7%。

二、物联网部署方面全球领先

根据 GSMA 2015 年发布的《移动经济：2015 年亚太地区》报告，目前中国拥有 7400 万个 M2M（机器对机器）连接，是世界上最大的 M2M（机器对机器）市场，在物联网部署方面已经处于全球领先地位。移动产业 2014 年为亚太经济贡献了 1.1 万亿美元，相当于该地区 GDP 的 4.7%。目前亚太地区的独立移动用户和移动互联数约占全球的一半，未来五年内将以高于全球平均水平的速度继续增长，到 2020 年增加 6 亿新独立用户。迅速扩大的 4G 网络覆盖范围和日益普及的 4G 智能手机，确保了中国等市场正以快于欧洲和北美等发达地区的速度向 4G 网络和服务迁移。

目前在中国有数百万消费者拥有多台互联设备，物联网体验已深入到日常生活之中。特别是可穿戴设备市场，包括智能手表、跟踪设备和内置互联功能的健身腕带，另外互联汽车市场也正经历着飞速发展。有市场研究机构预测，在互联汽车领域提供服务的车辆平台等互联设备的数量，将从 2015 年的 1600 万增加到 2020 年的 678 亿，到 2024 年将达到 1300 亿，使中国成为继俄罗斯之后的全球第二大互联汽车市场。

三、5G技术与标准研发稳步推进

一是发布 5G 概念白皮书。2015 年 2 月 11 日，IMT–2020(5G) 推进组（简称推进组）在北京召开了《5G 概念白皮书》发布会。白皮书以未来应用场景和实际需求为导向，总结出未来 5G 技术的主要特点，包括连续广域覆盖、热点高容量、低功耗大连接和低时延等。此次 5G 概念白皮书的发布将对全球业界在 5G 概念、技术路线及关键技术尽快达成共识起到重要的推动作用。

二是发布 5G 技术白皮书。2015 年 5 月，推进组在北京召开了第三届 IMT-2020(5G) 峰会。本届峰会正式发布了《5G 无线技术架构》和《5G 网络技术架构》白皮书。两份白皮书分别从空口技术框架和网络结构两个方面，阐述了未来 5G 时代的技术演进趋势。

三是推进组与欧盟 5G 基础设施协会 (5G PPP) 签署 5G 合作备忘录。2015 年 9 月，推进组与欧盟 5G 基础设施协会 (5G PPP) 的 5G 合作备忘录正式签订。此次 5G 合作备忘录的签订，确立了中欧在 5G 领域的多层次战略合作伙伴关系，是全球 5G 发展中具有里程碑意义的重要事件，不仅为中欧产业界开展全面深入合作奠定了基础，同时也为全球统一的 5G 标准及其后续发展创造了条件。

四是 5G 研发 "官产学研用" 机制初步形成。一方面，我国政府对 5G 研发给予了高度重视和相关的政策扶持。在 2015 年全国工业和信息化工作上，工业和信息化部部长苗圩曾表示，工信部将开展 5G 技术试验和商用牌照发放前期研究，积极参与国际标准制订。而在 2016 年 1 月 7 日工信部举行的 "5G 技术研发试验" 启动会上，更是明确了我国 5G 技术研发试验将在 2016—2018 年进行，分为 5G 关键技术试验、5G 技术方案验证和 5G 系统验证三个阶段实施的研发推进计划。另一方面，企业和学校及科研机构的合作也在如火如荼地展开。中国移动已经联合华为等企业研发了 5G 核心网原型，初步验证了 C/U 分离的核心网功能，并且拟在 2018 年推出 5G 网络试用。中国电信方面，除了实验室验证，也在多个地方进行试点，推进 5G 技术发展，如 2015 年 11 月，中国电信联合华为 2012 实验室、北京邮电大学、上海无线通信研究中心在上海进行新型大规模天线信道测量工作。中国联通也即将进行 5G 实验室试验，其目标是在 2017 年建立 5G 现场展示馆，并在 2018 年进行 5G 的实验室试验。

四、提速降费进入实质性阶段

一是国务院为全国范围内提速降费指明了方向。自 2015 年 3 月份全国两会以来，李克强总理开始对我国宽带网速及资费问题多次表态。在 2015 年的政府报告中，"互联网" 成为最高频的关键词之一，也成为历年之最。在李克强总理连续多次督促 "提网速、降网费" 后，国务院办公厅在 5 月份印发了《关于加快高速宽带网络建设推进网络提速降费的指导意见》，提出包括宽带提速和电信资费下降的 14 条具体意见，为各省（自治区、直辖市）和国务院各部委等有关单位具体落实提速降费指明了方向和明确了目标。

二是工业和信息化部一贯重视网络提速降费工作的推进。在 2015 年 5 月举行的国务院政策例行吹风会上，工业和信息化部发布《关于推进网络提速降费相关政策简要情况》，就提速降费的推进提出了 14 条举措和 2017 年发展目标。此后，中国电信、中国移动、中国联通三大运营商公布了各自的提速降费方案，资费最高降幅 35% 以上。根据工信部 2015 年 12 月底对外公布的数据，截至 10 月底，我国固定宽带单位带宽资费水平比 2014 年底下降 50.6%，移动流量平均资费水平下降 39.3%，"提速降费"年度目标超额完成。更值得一提的是京津冀区域，为配合中央政治局会议审议通过的《京津冀协同发展规划纲要》，工信部提出"自 2015 年 8 月 1 日起取消京津冀手机长途漫游费"，即用户在京津冀的任何地区，拨打三处电话，统一按市话标准收费，可以说在京津冀地区实现了"通信一体化"，这是三地协同发展的基础保障，也是《纲要》提出实现公共服务资源共建共享的具体体现。京津冀取消手机长途通信漫游费不仅减轻了三地用户的通信负担，更是对今后全国范围内取消长途漫游费起到了引领带头作用。

三是各地陆续出台落实网络提速降费的政策措施。例如，北京市采取了成立北京市通信行业宽带中国战略实施领导小组、下发《关于落实〈国务院办公厅关于加快高速宽带网络建设推进网络提速降费的指导意见〉的实施方案》等具体措施；宁夏回族自治区下发了《关于加快高速宽带网络建设推进网络提速降费的实施意见》，对小区光纤改造、百兆光纤接入能力、4G 网络覆盖、移动宽带流量等指标都做了具体的量化要求。多项措施的出台，为运营商对于网络提速降费方案的落实起到了强有力的督促作用。

五、无人机标准和市场均在加速成熟

近年来国内无人机产业市场规模以年均 20% 的速度壮大，总体设计、飞行控制、组合导航、遥控遥测、图像传输等相关技术突飞猛进，无人机在警备、消防、基建、物流、农业、救灾等领域大显身手。任何一个新兴产业的发展都离不开标准的引领和规范。只有制定符合我国实际的行业标准，才能进一步加强技术交流、提升企业竞争力、打造高效产业链、规范市场秩序。2015 年，我国无人机标准和市场都取得了不小的进步。

标准方面，2015 年 12 月，无人机系统标准化协会理事会及技术委员会成立大会在北京召开，包括工信部、民用航空局、国标委、中航集团等 59 家单位的

160 位代表出席。与会专家讨论并通过了《无人机系统术语》《民用无人机系统分类和分级》两项团体标准。其中,《无人机系统术语》针对无人机系统设计、生产、消费、使用和监管,主要规定基础术语、无人机平台、任务载荷、控制站、数据链、保障与维护等 6 方面的术语定义;《民用无人机系统分类和分级》标准针对民用无人机系统的安全监管和研制生产,主要规定了民用无人机系统按平台构型、起飞 / 空机重量或气囊体系、动能、目视视觉接触操作、控制方式,感知与规避能力、最大设计使用高度、最大空速、实时操作距离、续航时间等 16 个维度的分类和分级要求。

市场方面,目前我国从事无人机行业的单位有 300 多家,其中规模比较大的企业有 160 家左右,形成了配套齐全的研发、制造、销售和服务体系。目前在研和在用的无人机型多达上百种,小型无人机技术逐步成熟,战略无人机已试飞,攻击无人机也已多次成功试射空地导弹。保守估计,中国无人机当前产值在 36 亿—40 亿元人民币之间。未来我国军用和民用无人机将由 2013 年的 6.2 亿美元增至 2022 年的 22.8 亿美元,十年 (2013—2022 年) 需求总额将超过 134 亿美元,十年复合增长 15.57%。

第二节　中国无线电管理发展概况

一、频率使用情况核查专项活动成效显著

一是制定专项活动工作方案,明确核查规范,框定核查范围,整合提升现有监测、检测、信息化等技术手段。二是重点对公众移动通信、230MHz 数传、广播电视、3400—3600MHz、14.25—14.5GHz 等频段使用情况进行监测比对。三是组织对核查活动情况及效果进行监督检查和讲评。通过活动,共梳理频率规划、分配和指配文件 2.7 万份,频率数据信息填报入库 10 万余条,涵盖公众移动通信、民用超短波对讲机、集群通信、数字微波、雷达、卫星固定业务等 31 种通信系统的频率规划、使用现状及历史情况,理清了历年来的频率规划、分配和指配情况,建立了频谱资源信息化系统,实现了频率数据和电子文件的查询、统计和分析,摸清了"家底",夯实了基础,为频率规划、重耕,精细化管理,以及加强事中事后监管提供基础数据。

二、无线电管理法规制度建设进一步完善

为适应无线电技术快速发展趋势，满足打击利用无线电技术手段进行违法犯罪活动的现实需要，部无管局在全力做好新《中华人民共和国无线电管理条例》（以下简称《条例》）修订的同时，积极推动相关法律条款修改，加强重点规章建设，统筹推进无线电管理法制建设工作。

（一）《条例》修订取得实质性进展

一是着力破解重难点问题。2015年3月，国务院法制办对《无线电管理条例（修订草案）》进行了审查。部无管局会同政法司就审查提出的一系列问题一一作了详细说明和回应。二是深入一线调查研究。在前期大量工作基础上，2015年8月5至11日，由国务院法制办和工信部组成联合调研组赴西藏进行立法调研，其间召开了两次座谈会，听取了边境无线电管理工作汇报，有力推动了《条例》修订工作。三是积极开展部门沟通。为进一步厘清工信部与相关部门在无线电管理中的职责定位，为《条例》出台铺平道路，先后与国家铁路局、工商总局、中央编办、海关总署等部委进行多轮次协调，基本达成一致意见。目前《条例》修订稿已通过国务院法制办复核，报请国务院常务会议审议。

（二）推动《刑（九）》涉及无线电管理条款的修改

一是主动与全国人大法工委刑法室联系，推动涉及无线电管理内容的原《刑法》第288条"扰乱无线电管理秩序罪"的修订出台，降低了入罪门槛，为打击"伪基站""黑电台"提供有效法律手段。二是积极参与公安部牵头开展的在《刑法修正案（九）》中增加"考试作弊罪"的有关工作，结合无线电安全保障实际情况，为"考试作弊罪"制定出台提供了第一手素材和现实依据。

（三）完善无线电管理配套规章和规范性文件

加强边境频率协调、无线电台站管理、空间业务资源储备等重点领域和关键环节的配套法规制度建设。一是发布《边境地区地面无线电业务频率国际协调函件处理程序》，制定了《卫星网络国内协调会议工作规则（暂行）》和《地球站国际协调和登记管理暂行办法》，印发了《关于进一步加强和改进卫星网络国际信函协调工作的通知》。二是推动《边境地区（陆地）地面无线电业务频率和台（站）协调管理办法》进入立法审查阶段，开展《移动通信基站管理规定》的部门规章立法研究工作，会同国家铁路局开展铁路无线电管理规定修订工作，起草并完成

了《卫星网络国际申报与协调管理办法》。三是加强对湖南、福建、广东、四川等省无线电管理机构法制建设的指导，帮助地方出台了一系列规章制度。

三、抗战胜利70周年纪念活动的无线电安全保障工作顺利完成

一是建立健全组织机制。经中央批准，在抗战胜利70周年纪念活动安全保卫工作领导小组下设无线电管控组，工信部刘利华副部长任安保领导小组副组长兼无线电管控组组长，部无管局为管控组牵头单位，军队、公安、广电、民航、武警等相关部门，北京、天津、河北无线电管理机构单位参与，构建了军地协调、上下联动、部门协作的工作机制，组建了以北京地区无线电管理机构为主体，周边省市无线电管理机构配合的工作队伍。二是明确管理政策。会同公安部发布了纪念活动无线电管理规定，北京市、天津市、河北省发布了在部分地区实施无线电管制的通告。三是统筹频率资源。收集中央国务院系统、国务院系统相关部委、北京市各委办局、外国政要频率需求，制订频率指配计划，协调满足了纪念活动广播电视、安全保卫、指挥调度、要人警卫、新闻报道等频率需求。四是切实整顿台站。在北京市五环范围内开展台站清查工作，涉及大功率无线电台站700余个；组织对县、街、乡开展联合执法检查，发放责令整改通知书37份。严格电磁管控。五是核发专用电台标签。落实核心区无线电管控要求，对进入核心区的无线电发射设备抽检，并逐一贴标，发放标签66000余枚；活动期间，派出115人在各安检口配合进行协查。六是净化电磁环境。对重点频段、重要区域进行保护性监测，打掉"伪基站""黑电台"各百余起。执行任务期间，指挥体系运转高效，各要素配合紧密，频率使用秩序井然，核心区电磁环境平稳有序，各类无线电通信设备工作正常，没有发生一起影响纪念活动的有害电磁干扰，确保了纪念活动无线电频率使用安全。

四、在WRC-15大会上扮演更重要的角色

一是在WRC-15准备工作机制框架下，统筹推进各议题研究工作，协调相关部门和行业的立场，完善参会预案，围绕IMT频率划分、全球航班定位、机载内部无线通信、汽车短距离测距雷达、船载通信电台数字化、船只自动识别系统、公共应急救灾减灾系统宽带化等热点议题，共提交数十篇文稿。二是利用双、多边场合最大限度争取支持，分别和俄罗斯、美国、中国香港等国家和地区召开专题会议协调立场，完成WRC-15第二次筹备会议（CPM15-2），亚太区域准备

工作第四、五次会议（APG15-4、APG15-5）和WRC-15区域间交流会等重要国际会议，在重点议题上，与有关国家扩大了共识、缩小了分歧、增进了理解。三是推荐的6位专家全部成功当选国际电信联盟无线电通信部门（ITU-R）研究组管理层职位，努力实现从参与者到管理者的转变。四是会议取得重要成果，会议最终形成的对国际电联《无线电规则》的修订和相关决议基本符合我国参会预案，成功为我国重要基础设施建设和重大工程项目实施争取了规则保障和频谱资源；积极维护了我国防用频权益和电磁空间安全；为我建设网络强国、实施"互联网+"计划储备了频率资源；为助力"一带一路"和"走出去"战略的实施创造了有利的规则环境；为国内相关产业发展寻得了新的频谱资源；提升了水上、航空等无线电业务的安全性，有效支持了社会各行业无线电应用的发展，促进了公共救灾减灾频谱的全球一致。

五、积极开展"十三五"规划编制工作

一是深入开展交流座谈和专题调研。在成都专题组织召开"十三五"规划编制工作座谈会并进行调研。此外，组织40余次调研座谈活动，认真听取地方无线电管理机构、科研院所、监管设备厂商的意见建议，并组织召开专家论证会。二是发布《省级无线电管理"十三五"规划技术设施建设指导意见》，为省级无线电管理机构"十三五"期间技术设施建设提供了依据。三是加快《国家无线电管理规划（2016—2020）》的编制进度，目前已经形成初稿。

六、统筹协调各行业发展用频需求

（一）支撑保障IMT等信息基础设施建设

一是配合4G牌照发放，为中国电信和中国联通正式分配了LTE混合组网频率，促进TD-LTE和FDD-LTE协调发展。二是落实李克强总理"提速降费"指示精神，为三家运营商增加分配了45MHz频率，以提高手机上网速率，提升用户体验。三是保持现有GSM网络平稳运行，妥善做好中国移动、中国联通GSM移动通信频率使用延期及调整工作，统一2G网络频率使用截止时间，为IMT系统技术演进和频率调整及重耕奠定了基础。四是积极推动5G频率技术试验相关工作，对5G系统与相关业务应用兼容共存的技术规范和管理措施进行研究探索，支撑国际标准研制。五是为预防和减少LTE混合组网系统间干扰，组

织开展 TDD 与 FDD 系统间干扰测试，发布 1800MHz、2100MHz 的 FDD 系统和 1900MHz 的 TDD 系统的射频技术指标和台站设置要求，在地市一级建立了相应的基站无线电干扰预防和协调机制，保障 4G 网络平稳有序运行。

（二）统筹协调各行业领域信息化发展用频需求

一是发布了无人驾驶航空器频率规划，对其工作频段、具体用途、系统带宽、射频技术指标等予以明确，引导和规范相关部门研发、试验和使用环节的用频行为。二是新规划了 1.4GHz 频段 20MHz 频率用于宽带数字集群专网系统，满足政务、公共安全、社会管理等方面的通信需要；调整原有规划，在 1785—1805MHz 频段引入宽带系统，促进交通（城市轨道交通等）、电力、石油等行业专用通信网和公众通信网的宽带化应用，实现宽带专业通信系统频谱条块化保障。三是为地铁、石油、钢铁等行业部门分配 800MHz 数字集群通信频率，调整了 230MHz 电力负荷监控系统频率使用范围，用于有关单位指挥调度、应急通信和安全生产。

七、加强频率和卫星轨道资源管理能力建设

一是加强顶层设计，经国务院、中央军委批准，工业和信息化部、国家国防科技工业局、总参谋部、总装备部联合发布了《关于加强卫星频率和轨道资源管理工作的指导意见》，就加强卫星频率和轨道资源使用论证等工作提出了明确的措施要求，是近年来空间业务管理领域发布的最高层级的文件，对今后一个时期加强卫星频率和轨道资源管理工作具有重要的指导意义。二是加强空间业务资源储备，指导相关单位抓紧开展卫星遥感、通信广播、导航定位等业务的频率轨道资源申报储备工作，初步建立了 L 频段卫星移动业务频率轨道资源的统筹申报储备机制。三是做好空间业务资源论证、申报、协调等基础工作。协调有关部门，确保高分四号如期申请电台执照，按期出厂发射；推动 S 频段移动通信卫星的用频协调工作，确保我国第一颗静止轨道移动通信卫星 2016 年如期发射；处理国际间协调函电 996 件，组织国际、国内协调各 3 次，特别在中俄会谈中，基本完成了北斗卫星导航系统与俄罗斯 GLONASS 系统在 L 频段 RNSS 业务的协调，至此，北斗已全部完成与全球主要导航系统在 L 频段卫星无线电导航业务的协调。

八、无线电台站设备管理进一步加强

一是建立全国无线电台站数据质量检查分析制度。作为台站属地化后加强事

中事后监管的有力措施。二是有序规范业余无线电活动。指导中国无线电协会进一步规范各地业余无线电操作能力验证服务工作；与香港特别行政区电讯管理局同步发布了方便内港业余无线电爱好者交流活动的管理政策，实现了内地与香港地区业余无线电台操作资格互认。三是明确可采用电子化形式标明无线电发射设备型号核准代码，顺应了科技进步趋势，降低了成本。

九、空中电波秩序得到进一步规范

一是巩固扩大非法设台专项治理成果。进一步强化多部门联动，巩固打击"伪基站"长效机制，推动建立打击"黑广播"长效机制，实现多部门联合打击非法设台工作制度化、规范化和常态化。截至10月底，全国无线电管理机构配合公安等部门立案查处"伪基站"违法犯罪案件1449起，鉴定"伪基站"设备1294台（套），缴获违法犯罪设备631台（套）；配合有关部门立案查处"黑广播"违法犯罪案件1738起，缴获"黑广播"违法犯罪设备1507台（套）。非法设台违规用频蔓延势头得到有效遏制。

二是切实发挥民航、铁路专用频率保护和防范考试作弊长效机制作用。成功处置广州白云机场、沈阳桃仙机场地空通信频率突发严重干扰；加强和教育部、人社部、国家公务员局、财政部等国家重大考试主管部门的沟通协调，密切与公安部的保障配合，组织地方无线电管理机构完成全国普通高考、会计师资格考试、中央机关公务员招考、研究生入学考试等四项全国范围重点考试无线电安全保障任务。

三是做好重大任务、关键节点无线电安全保障工作。指导地方无线电管理机构做好纪念西藏自治区成立50周年、新疆自治区成立60周年、环青海湖自行车赛等重大活动无线电安全保障工作；坚持外交无小事原则，应外交部要求，完成70批次外国政要访华临时频率审批和保障工作。

十、双多边场合无线电协调工作有序开展

按计划开展边境频率机制性谈判。召开中俄有效使用无线电频率和边境地区无线电频率协调常设工作组会议，两国无线电主管部门共往来函件190余封，完成了涉及广播、移动固定等多种业务共3455个具体台站的协调；应蒙方要求，经商外交部，于2015年9月29—30日在呼和浩特与蒙古无线电主管部门举行了第一次中蒙边境频率协调会谈，建立了无线电主管部门间频率协调机制；与香港特别行政区无线电主管部门在深圳举行了4次内港无线电业务频率协调专题会谈。

专题篇

第三章 无线电技术及应用专题

第一节 公众移动通信

信息消费成为主要的经济增长方式，移动化、宽带化和智能化为发展趋势的移动通信深刻地改变了人们的生活方式。当前，4G商用时代已经来临，全球各个主要国家已在5G研发上投入了极大的热情，并且愈演愈烈。

一、发展现状

（一）4G

2015年，4G通信在全球大规模展开。截至2015年7月，全球143个国家部署了422张LTE商用网络。3月底，全球4G在网用户总数为6.35亿。截至10月底，我国拥有3.28亿4G用户，全年三大运营商固定资产投入额达到3300亿元，同比增加13.2%。

（二）5G

2015年，全球已经开展了广泛的5G研发。为了占领5G研发的制高点，全球各主要国家、组织和IT巨头投入了大量的人力和物力，主要开展了前期的应用需求、关键技术、标准及频谱应用等研究，美日韩中等国家纷纷启动了5G商用发展计划。ITU、3GPP、IEEE三大全球IT标准化组织先后开展了基于5G概念及关键技术的关键性研究，加速推进5G标准化。

根据5G的需求和应用的需要，5G系统的用频将涵盖高中低频段：高频段部分利用带宽大的特点，解决流量高速增长的需求，利用中频和低频段实现网络可大范围覆盖的需求。

为了解决频谱短缺问题，通常采用的方法是技术升级和拓展频段。其中 5G 用频新技术有非正交传输、全双工和大规模天线阵列等技术。在扩展频段方面，一方面可以利用已规划给 2G/3G/4G 系统的 IMT 频段和部分已规划未分配的频谱，另一方面又可以向高端拓展新的频谱。

1. 国外 5G 频谱研究现状

业界普遍认为 5G 用频应包括高、中、低频段的全频谱资源。5G 频谱需求量大，业界一致认为应在 6—100GHz 频段寻求新频率资源。并且提出了更为聚焦频段使用方法。例如，欧盟按高、中、低优先级提出了可用于 5G 系统的候选频段。英国和美国广泛征求了高频段 5G 用频的使用意见，从而初步确定了 5G 用频的候选频段。其他国际组织也已提出了区域性关注的重点频段。根据 WRC—15 大会上提出的第 COM6/20 号决议，决定在 24.25GHz 至 86GHz 频率范围内确定 8 个移动业务的主要频段（24.25—27.5GHz、37—40.5GHz、42.5—43.5GHz、45.5—47GHz、47.2—50.2GHz、50.4—52.6GHz、66—76GHz 和 81—86GHz）和 3 个候选频段（31.8—33.4GHz、40.5—42.5GHz 和 47—47.2GHz）。

对于低频段，从规则上允许其使用规划给 3G/4G 的频率。另外，470—694/698MHz、1427—1518MHz、3300—3400MHz、3400—3600MHz、3600—3700MHz、4800—4990MHz 频段或其部分频段也将可以规划给移动通信领域使用。

2. 国内 5G 频谱研究现状

在国内，IMT-2020 推进组频率子组主要负责 5G 频谱规划和使用的研究工作。在频谱需求研究方面，我国已采用不同的预案，初步估算出未来带宽需求，随后将结合国际标准和发展需要对需求预测结果进一步作出完善和修改。当前主要调研了 6—100 GHz 频段的划分、使用、拟规划的情况，并且结合现有技术和应用发展需要，初步确定了候选频段。当前，我国已将 IMT 规划的 687MHz 频谱作为 5G 可用频谱。同时 450—470MHz、698—806MHz、3400—3600MHz 等频段也将成为我国 IMT 未来使用的潜在频段。

二、主要问题

（一）5G 网络设备研发面临挑战

5G 网络将是多业务、多接入技术和多层次覆盖的系统，融合并合理利用，提供良好的用户体验和强劲的网络功能是摆在我们面前的主要问题；另外，为了支持 5G 组网，设备技术研发难度加大，网络基础设施建设费用增加，运营维护等都需要面临全新的挑战。此外，面向 5G 的移动终端可能要同时支持十多个、不同制式的无线通信技术，芯片设计难度更大，从网络传输架构角度再考虑网络虚拟化技术、SDN、NFV 等等技术，也需要在无线移动通信网络建设过程中深入研究和设计。

（二）5G 的高频段无线电监测难度大

当前国内无线电监测主要集中在 3GHz 以下频段，但 5G 需要扩展到 6GHz 甚至更高频段，因此无线电监测设备应该向高频段扩展。传统的固定站监测方式已不能满足 5G 应用需要，需要广泛地展开网格化频谱监测，并且多种方式利用先进的大数据技术进行深入分析，获取频谱应用趋势，监测设备在联网、存储、数据处理等方面面临的更高挑战；5G 接收机的实时带宽、分析处理能力都需要随之改变和升级。

三、对策建议

（一）充分利用现有频率资源

管理机构应根据需要，允许运营商根据市场需求自行采用合适技术，鼓励频率的高效利用，积极促进网络升级，挖掘 850/900MHz 频段的使用效率，为 5G 发展，提高频率覆盖范围。为了充分利用频谱资源应积极倡导 FDD/TDD 融合发展，提升频率使用效率。将 FDD 和 TDD 作为统一技术制式的两种不同频率资源使用方式。更好地发挥 FDD 和 TDD 各自的频率和技术优势。助力我国 TD-LTE 产业未来的全球化发展，提升我国在 5G 网络技术标准方面的影响力。组织运营商及时开展以 TDD 为主的 FDD/TDD 融合组网，在 3GPP、GTI、NGMN 及 GSMA 等国际标准化组织或行业组织中积极推广成功应用经验，实现 5G 时代的进一步融合和 FDD/TDD 融合发展的全球规模化发展，为实现我国实现 5G 的全面引领打下重要基础。

（二）向上向下努力争取频率资源

在国际上全力主推我国提出的低端频段成为 IMT 频率，在国际上形成以我国为基础的全球产业链。积极进行高频段研究和产业化的推进，推动我国建议的频段成为国际电联的主流 5G 工作频率，面向 6GHz 以上储备 5G 高端频率。在当前 5G 研究的阶段性成果的基础上，进一步明确 5G 重点使用频段，引导民间资本投入到 5G 的预研和产业化中，前瞻性地对知识产权和产业化做出布局，为未来的产业化营造良好的生态环境。组织国内企业积极参与 3GPP 中高频段研究工作，实现有利于我国的标准化节奏和方向。做到 5G 频率的"早确定、早划分、早标准、早实现、早应用"。

（三）积极制定 5G 频谱应用策略

坚决贯彻高低频率协同发展，提升频率使用效率，增取新频率资源。一方面，充分挖掘已有频率资源的利用效率，做好通信网络的技术升级，促进 FDD/TDD 网络的融合发展，以低频段资源供给保障 5G 的基础覆盖和移动性需求。另一方面，在国际上为 IMT 争取更多的 6GHz 以下频率，积极推动低频段频谱的全球规划一致性，充分使用 6GHz 以下频率。积极参与以及在 3GPP 中开展 5G 高频段的研究及标准化，明确我国在 5G 高频领域需要重点推动的频段，争取将我国在主推频段的话语权，及早完成 5G 低频段及高频段整体技术标准工作。

（四）前瞻性地开展 5G 产业化布局

前瞻性地重视 5G 产业的提前布局，尤其针对我国在移动通信产业链的薄弱环节，加大研发投入力度，以市场需要为导向，加强产学研结合力度，力争在 5G 时代提升我国的全球话语权，在标准制定，专利申请等方面走在世界的前列，形成国际市场的核心竞争力，实现我国移动通信产业全产业链的健康发展。

第二节　大数据

"大数据"是一个体量特别大，增长率特别高以及数据类别多样化的数据集，其一般的数据量级在 10TB 以上，"大数据"对数据传输的速度要求很高，这样庞大且高速增长的数据集无法用传统数据库工具对其中的内容进行提取、管理和分析处理，而是需要采用全新的数据处理模式。大数据一词由有数据仓库之父之称的 Bill Inmon 最早于 20 世纪 90 年代首先提及，即"Big Data"。2011 年 5 月，EMC 在 EMC World 2011 会议中，推出了 Big Data 概念，因此，2011 年被公认为是大数据元年。大数据的基本特征主要是数据规模大、类型多、有效信息密度低和数据处理速度快。

一、发展现状

（一）国际

美国 2012 年提出全世界第一个大数据国家科技战略"大数据研究与开发计划"，目标是实现搜集处理海量数据信息的能力。2012 年，IBM、微软等传统 ICT 巨头对大数据技术投资达到 4 亿美元。2013 年 2 月，IBM 计划在 2015 年前支出 145 亿美元实现公司向大数据业务的转型。同时，美国政府认识到大数据的发展对美国国家安全造成了重大挑战。为此，美国已开始投入巨资，应对大数据技术对国家安全的挑战。英国 2013 年和 2014 年分别投资 1.89 亿英镑和 7300 万英镑发展大数据技术。投资重点领域包括，在政府数据分析项目中开展大数据应用，依托高等院校建设大数据研究中心，积极培养大数据专业人才。澳大利亚 2013 年正式发布了旨在通过大数据提升公共服务质量，增加服务种类，为公共服务领域带来变革，使澳大利亚成为政府公共服务领域全球领先国家的《公共服务大数据战略》。同年 2 月成立了旨在统筹规划和整体协调的大数据工作组。日本 2012 年发布了《面向 2020 的 ICT 综合战略》。2013 年 6 月，推出 2013—2020 年发展大数据、云计算为核心的 IT 新战略——《创建最尖端 IT 国家宣言》。2013 年，韩国科学、ICT 和未来规划部合作建立了韩国大数据中心作为服务大数据企业的一个实验基地，以帮助中小型企业、风险企业、大学和普通公民利用大数据技术解决业务或者研究方面的问题，并为大学培养研究人员。

（二）国内

国内对大数据技术的研究、推广和应用投入了极大的热情。以 2011 年大数据元年为开端，我国成立大数据委员会，开始进行系统性的大数据研究工作，在国家相关部委发布的《中国云科技发展"十二五"专项规划》和《物联网"十二五"发展规划》中对大数据技术研发和产业化予以重点扶持。其中在工信部发布的《物联网"十二五"规划》中，把与大数据相关的海量数据存储、数据挖掘、图像视频智能分析技术作为关键技术创新工程。地方政府积极加强大数据推广应用工作，广东率先启动了大数据战略以推动政府转型、上海推进实施了大数据研究与发展三年行动计划、佛山顺德区政府启动了大数据时代政府信息化建设项目。为了加强企业、科研机构、高等院校和用户间共同推进大数据相关理论研究、技术攻关、数据开放共享和创新成果应用推广，参与有关产业政策制定的能力，多地分别成立了大数据产业联盟。中关村大数据交易产业联盟是以推动数据资源开发、流通、应用为宗旨。还有，深圳大数据产学研联盟、贵州大数据产业和应用联盟、浙江省大数据应用技术产业联盟、山东大数据产业技术创新战略联盟等也相继成立。

在大数据产品的自主研发方面，当前我国能够掌握大数据技术的企业并不多，其中，北京永洪科技推出的 Z 系列大数据应用分析产品在国际上处于领先地位。其在与大数据技术相关的分布式计算、数据分析等领域拥有多项发明专利，具备自主创新的核心竞争力。在应用方面，移动、联通和电信三大电信运营商正在积极开展大数据技术应用推广工作，已取得了较好的成效。电子商务企业阿里巴巴结合自身条件，提出要做中国数据分析第一平台。它通过自身掌握的其他企业交易数据，借助大数据技术自动判断分析企业的运营状况和发展潜力，决定是否向其他企业放贷。在这一技术的帮助下，阿里巴巴已经放出的 300 多亿元贷款中，坏账率仅为 0.3% 左右，远低于其他商业银行 1% 的坏账率。

二、主要问题

（一）开发专业的大数据应用软件难度较大

一是在大数据应用开发方面，开发工具过于复杂，不易掌握。众所周知，当前开发大数据应用软件最常用的工具是 Hadoop，但业界公认使用 Hadoop 建立大数据系统，实施难度大而且复杂，严重影响大数据技术的开发和应用。二是现有产品成熟度不高。在专业化大数据产品应用方面，目前的大数据市场产品尚不成熟，且缺乏成功案例，更缺乏专门应用于无线电管理领域的大数据产品，这是大数据在无线电管理领域进行市场化、产品化面临的最大难题。缺少成熟的产品，没有成功的案例可以借鉴，直接导致大数据技术在领域内的推广、应用难度加大。

（二）无线电管理人员对大数据技术的使用能力有限

大数据技术是最近几年新兴起的前沿信息技术，还处在应用推广的初级阶段，因此信息技术人员对大数据技术的掌握和理解还有待进一步提升。一方面，从当前大数据技术的应用发展现状来看，我国大数据分析人员已初步掌握了处理已经发生的问题的能力，能够及时找出问题根源所在，可以快速解决已有问题，但对预测和发掘未知问题的能力还需要进一步加强研究和学习。造成这种情况的主要技术原因是大数据技术管理人员多从架构和并行等方面考虑解决高并发数据存取的性能要求及数据存储的横向扩展，对实现大数据资源化、知识化、普适化的核心的非结构化数据的内容理解仍缺乏实质性的突破和进展；另一方面，无线电管理人员应用大数据技术的积极性不高，因为大数据技术还处于应用发展的初级阶段，无线电管理行业严重缺乏新型的大数据处理系统管理员、大数据处理平台开发人员和大数据分析员等，而且部分无线电管理人员在日常工作中仍然习惯性地沿用原有的工作方式制作大量的书面记录或纸质资料，缺乏使用先进信息化技术和设备的积极性和主动性，对信息化设备的操作应用能力不能适应社会发展的需要，严重阻碍了大数据技术在无线电管理领域的推广、应用和普及。

（三）缺乏统一标准，原始数据质量差

在无线电管理领域应用大数据技术，对采集到的原始数据的质量要求较高，因为原始数据质量的高低，直接影响数据挖掘的准确性和实时性。目前，行业内由于采用的检测和监测设备输出数据格式没有统一，而且各级管理部门间的信息化建设程度不一致，造成采集到的数据颗粒度不一致，在获取数据的及时性、完整性和一致性方面不够完美，数据来源缺乏唯一性和必要的准确性。另外，在个别部门还存在信息化数据处理程度差导致部分数据尚需手动输入的情况，信息采集效率欠缺。为了从海量数据中提取有价值的信息，需要制定一个严格的数据采集标准规范，从实时性和精确度方面进行规范，从而保证数据挖掘的科学性和有效性。

（四）数据共享能力差，信息孤岛现象严重

应用大数据技术的基本前提就是海量数据间的融会贯通，只有这样才能从关联复杂的数据中挖掘出有价值的信息，解决现实工作中面临的实际问题。但是由于多种原因导致当前在无线电管理领域积累的数据资源融合贯通困难。一是数据库建设混乱，缺乏统一标准。长期以来无线电管理机构产生的监测和地理信息等数据，在很大程度上依赖采用的监测和检测设备自定义的数据格式，由于这些设备产品规格各不相同，在设计之初缺乏统一的数据产生标准，因此生成的数据内容和格式多种多样，造成数据共享难度较大。二是系统建设缺乏统一领导。现在各级无线电管理部门都建立了自己的无线电管理信息系统，由于在建设过程中缺乏统一规划，无线电管理部门缺乏行业层面的数据模型定义与数据管理标准，各级管理部门的数据口径不一致，导致数据壁垒普遍存在，因此部门间的数据不能实现互通共享，各自形成了一个个独立的信息孤岛。在无线电管理信息系统建设过程中，需要统一思想提高认识，从顶层设计出发，建立一个统一的信息整合平

台，统一协调各类信息，以实现部门间的信息互联互通、资源共享。

（五）硬件基础设施建设投入力度不够

海量的无线电管理数据爆发式增长，在无线电管理领域进行大数据技术的推广和应用离不开大规模数据中心的建设，这样就对以数据中心为基础的信息基础设施建设提出了更高的要求。目前，我国的无线电管理领域建设的数据中心仍以中小规模的传统数据中心为主，这些数据中心承载能力不足，在基础设施建设方面有待进一步完善。由于技术、资金和人才等原因，普遍存在着能效差、管理水平低、重复建设严重等问题，这些数据中心在数据传输、存储和处理能力等方面，都无法满足大数据技术在无线电管理领域的应用需要，仅仅能够实现对日常业务的处理要求。同时，由于数据中心维护技术复杂、运行成本高、运维困难、应用需求变化迅速等原因，大多数数据中心难以跟上信息技术革新步伐。

（六）数据安全隐患急剧增加

大数据技术的应用包括了海量的数据，大量的敏感信息，以及需要面临的更加严重的网络安全隐患。无线电管理机构遍布全国，覆盖范围广阔，从国家到地方的无线电管理机构信息安全水平不一致，部分偏远地区安全防护体系尚未全面建立，信息安全问题突出。随着大数据技术的应用，导致信息安全管理问题更为复杂。应用于无线电管理领域的大数据平台在提供服务的同时，收集和汇聚了大量的敏感数据信息，这些信息对国家经济发展和国防建设至关重要，数据的集中存储导致了数据泄露而造成的损失进一步加大，因此对信息安全防护能力也提出了更高的要求。

三、对策建议

（一）加强大数据技术人员培养

重视培养精通大数据的无线电管理人才。结合在无线电管理方面对大数据技术的应用发展需要，在行业内统筹规划，开展无线电管理大数据人才的培养工作，完善大数据人才培养和引进机制，引进一批大数据技术应用开发高级人才。依托培训机构和科研院所有层次、有步骤地采用多种形式培养高素质、多层次的大数据专业人才，为无线电管理大数据技术的应用发展提供坚实的人才保障。使现有无线电管理人员能够深入了解大数据技术、具备数据探勘等统计应用知识、熟悉大数据应用分析工具，在此基础上逐步提升人才培养层次和水平。使无线电管理人员能够合理有效地在工作中利用大数据技术分析海量数据，挖掘出当前在无线电管理中存在的问题，找出解决问题的方式和方法，提升利用大数据技术进行无线电管理的能力和决策水平。

（二）加强大数据技术的应用和普及

制定长期的无线电管理领域的大数据应用策略，积极开展前期的调查研究工作，从数据规模、增长情况、数据复杂度等方面入手，全方位论证大数据技术在无线电管理应用方面的发展方向，制定中长期无线电管理大数据技术发展规划，结合无线电管理业务性质以及发展需求，从简单到复杂，逐步深入开展无线电管理大数据实践应用活动。为配合大数据技术在无线电管理领域的应用发展需要，要求在国家无线电管理机构内部整合各类数据资源，构建超大规模的数据存储集群，实现无线电管理业务工作的信息融合共享。

（三）加强大数据技术研发和基础设施建设

一是建立相关研究计划，引导和推动相关科研院所和机构对大数据技术在无线电管理中的应用进行深入研究。加强大数据技术应用创新，提高挖掘高价值数据的能力，加强对数据库中结构化和非结构化数据的分析计算能力，注意相同结构和不同结构数据间存在的相互关系，结合无线电管理业务的当前和今后一段时间的需求，进行高级别的数据挖掘工作，分析无线电管理工作中可能出现的新问题，逐步建立科学化的辅助决策系统，以数据说话，实现管理决策的科学化和前瞻性，满足无线电管理工作适应新形势的发展需要。二是将大数据技术的基础设施建设提升到国家战略层面，有明确的产业规划，从国家战略层面通盘考虑大数据在无线电管理发展中的战略规划。各有关部门要明确用户和服务对象，按照职责分工，落实工作责任，加强协调配合，抓紧出台配套政策措施，推进大数据基础设施项目建设，共同推进大数据技术推广应用。

（四）加强大数据技术安全保障体系建设

以保障大数据信息安全为主要目标，强化顶层设计，加快无线电管理领域的大数据信息安全保障体系建设。在大力发展信息化基础设施建设过程中，要加强对大数据信息系统安全防护措施的建设工作，提升大数据信息系统安全保障能力和防攻击能力。

在无线电管理大数据中心基础设施的建设方面，要结合大数据技术在无线电管理领域发展的特点，综合考虑业务需求和信息安全保障等因素，完善信息安全基础设施建设，注重用于与无线电管理大数据技术应用发展相适应的信息安全监管手段。建立大数据信息安全审查制度，加强重要无线电管理信息系统的安全防护和管理，建立安全测评和风险评估制度，提高大数据系统安全漏洞分析评估能力建设。加强以大数据应用为主要内容的信息安全法治建设，加强大数据的监督和执法能力。

第三节　物联网

经过前期的充分准备和发展，物联网已经进入实质性推进和规模化发展阶段，在多个领域加速渗透并产生了爆发式增长，成为全球经济可持续发展的关键基础与重要引擎。

一、发展现状

（一）国际

从 2013 年到 2015 年，全球物联网产业复合增长率达到 21.1%，到 2015 年达到 624 亿美元，同比增长 29%。预计到 2018 年将达到 1041 亿美元。2014 年新增物联网接入设备（嵌入式系统、传感器、仪器、汽车、控制器、摄像头、可穿戴产品及其他）达 4.1 亿，同比增长 45%。预计 2015 年将达到 5.74 亿个，同比增长 40%。预计 2015 年物联网装机量将达 132 亿，2020 年将超过 250 亿。

1. 各国政府出台政策，积极支持物联网产业发展

2015 年 10 月 23 日，日本政府成立"物联网推进联盟"，制定物联网技术发展的研发测试和先进项目的示范计划，该联盟不但需要向政府提出物联网发展的政策建议而且还需要提供相应的网络安全方面的建议。2015 年 10 月 13 日欧盟为了推动科研与创新，宣布将在未来两年内投资约 160 亿欧元。其中，约 10 亿欧元投入智能制造产业。

2. 各大 IT 巨头投入极大热情，开发新型物联网产品和应用

2015 年，IBM 的沃森（Watson）物联网全球总部营业，开放了强大的 API 允

许用户为自己的产品加入复杂的新功能和用户界面。亚马逊在 2015 年全球云计算技术大会上发布了一个物联网平台，这个云平台可以让联网设备轻松且安全地跟云应用和其他设备进行交互，进行物联网应用研发、基础架构管理和数据分析。高通、英特尔、博通、Marvell、联发科、德州仪器等芯片公司将为这一平台提供物联网方面的基础支持。微软推出了面向物联网设备的超轻量级 Windows10 操作系统，Windows10 物联网核心版，物联网的开发商可以根据需要为不同的物联网设备开发不同的应用界面，支持大量的开源开发语言和工具，方便外部开发行业软件和程序。

3. 国际标准组织适应产业发展需要，适时推出技术标准

2015 年，蓝牙技术联盟 (SIG) 宣布蓝牙 LE 或智能蓝牙将在不增加能耗的基础上将覆盖范围从现有的 100 米扩大到 400 米，同时将传输速度提升一倍。这样蓝牙技术将会更多地应用在工业自动化、基于位置的服务和智能技术设施等方面。工业互联网联盟和 IEEE 标准协会将合作为工业物联网提供一份规范标准的草案，确保稳健和可互操作的物联网向高效性和经济性的方向发展。

（二）国内

2015 年我国物联网产业市场规模将达到 7500 亿元，初步形成完整的产业体系，在众多领域形成规模性应用。我国首先提出的物联网顶层设计标准已全面被国际物联网标准组织采纳，这标志着我国在国际上已经具有了一定的话语权。

1. 国家物联网名城无锡创新示范效果显著

无锡作为我国唯一的国家传感网创新示范区，形成了覆盖信息感知、网络通信、处理应用、共性平台、基础支撑等五大架构层面的物联网产业体系。2015 年，无锡物联网及相关企业突破 2000 家，从业人员 15 万人，承担近千项研发项目，获得 2541 项物联网领域专利，累计制修订物联网标准 49 项，物联网及相关产业规模超过 2000 亿元。无锡物联网产业研究院提出的物联网三层架构、共性平台 + 应用子集产业化架构与发展模式等物联网顶层设计已被采纳为物联网领域的国际标准，为我国赢得了绝对的话语权。

2. 互联网企业成为物联网发展的重要支撑力量

我国互联网巨头采取产品、服务、投资和战略合作等多种手段进军物联网领域，成为当前我国物联网行业发展的一大亮点。2015 年，百度发布了物联网平

台 BaiduIoT，正式进军物联网领域；阿里巴巴与美的合作，在智能家居领域意图实现智能家电的远程控制管理；小米、360、百度、迅雷等互联网企业，以智能路由器为核心打造智能家居生态圈。在车联网领域，将用户智能手机与车载系统无缝结合，推出车联网产品 Carnet；腾讯携手中国人保、壳牌共同成立"i 车生活平台"，打造一站式汽车生活服务；在智慧医疗领域，国内 BAT 三大互联网企业均投入大量资金，开展多种形式的互联网医疗服务。

3. 技术研究不断取得新突破

我国积极开展物联网技术研究，在芯片、传感器、M2M 等方面取得了一定的成果。2015 年 9 月 22 日，重庆邮电大学发布了全球首款 433/470MHz 赫兹频段工业物联网核心芯片——CY4520。这款物联网芯片长宽都只有 6 毫米，信号传输距离远、穿透性强、集成度高，可广泛应用于智慧工厂建设等，目前，该款芯片已经开始小批量试制。我国传感器企业研发了 MEMS 加速度计技术、基于专有热力学检测方法的 MEMS 传感器芯片和生产测试技术、基于背照技术的 500万像素 CMOS 图像传感器、CMOS-MEMS 全薄膜封盖 MEMS 工艺和晶圆级集成封装工艺等核心技术，目前已在安防监控、汽车电子、消费电子等领域广泛应用。

二、主要问题

（一）缺乏国际物联网产业发展的主导权

在全球物联网领域谷歌、IBM、思科、英特尔、高通等国外公司通过其核心技术能力和战略联盟对产业的发展形成了垂直化整合和水平化扩张，对物联网产业的发展起到了引领的作用。然而我国在这一领域当前极度缺乏国际领军企业，尤其在产品应用和集成，基础技术研发和产品制造方面处于被动跟跑的地位，短期内难以获得发展的主动权。在传感器技术的产品研发方面仍然薄弱，核心技术专利申请数量远远落后于国外企业，不仅申请量少，而且种类单一。

（二）物联网标准化推进工作进展缓慢

目前，物联网标准的统一规划、推进、部署和协作仍然不足，物联网标准化组织间标准化职责不明确、制定规范的范围界定不清晰，标准的重复制定极为严重，各标准组织间没有形成发展的合力。此外，物联网应用种类繁多，需求差异较大，现有信息、通信、信息通信融合、应用等标准还不能全部满足产业快速发展和规模化应用的需求。面向未来水平化跨领域、开放互联的基础共性标准基础较差，缺乏重点布局。同时，制定流程复杂、推广缓慢，标准化制定工作严重滞后于行业的发展需要。

（三）产业链各环节协同发展能力较弱

一是市场需求与企业发展间缺乏很好的交流和沟通环节，导致产品设计不能很好地满足市场需要；二是缺乏大型骨干领军企业，产业集中度低，低水平同质化竞争较为严重；三是研发投入不足，产学研各方协作能力不强，技术成果转化率低；四是通常物联网应用方案的设计和部署需要多个部门的支持和配合，管理部门间业务协同能力差，直接造成应用实施停滞不前，阻碍产品推广。

三、对策建议

（一）加快行业标准的统筹制定与实施

加强物联网标准制定机构之间的交流和合作，强调国家标准与国际标准相衔接，面向全社会建设物联网标准化的信息发布平台。调动产业界力量，结合实际需要，制定行业技术标准。积极扶持龙头企业主导推荐国家标准的制定，鼓励企业加大技术研发力度，推动商业模式和服务模式等方面的创新，发挥企业作为标准创新主体和标准推动主体的作用。充分发挥标准化组织和产业联盟的作用，加强国标、行标、企标的宣传和推广。

（二）加强核心技术自主研究

重点在网络架构、无线接入技术和芯片开发方面，加强研发投入力度，实现技术突破，并且力争推动相关研究成果纳入国际标准化体系，实现物联网能力的开放共享。重点提高芯片设计及工艺水平自主研发，突破国外公司垄断。合理布局物联网产业链，加强支持我国物联网操作系统研发及产业化，积极推动物联网操作系统在可穿戴设备、智能硬件等物联网终端与设备中的应用。

（三）建立完善市场化公共服务体系

鼓励以培育多种形式的产业联盟和资源共享平台为切入点，加大物联网产业研发、测试等服务能力的开放共享，促进资源流动与整合配置。建立协同机制，促进跨组织、跨部门的资源流动与整合。建立物联网资源共享平台，有效盘活设备资源和服务资源。面向物联网全产业链，提供技术咨询、政策咨询、投融资对接、知识产权代理等公共服务。拓展市场与产业之间，以及产业上下游之间的常态化沟通机制。

第四节　移动互联网

一、发展现状

当前，移动互联网产业正从技术驱动转向需求驱动，全球移动互联网产业规模已经超过 1 万亿美元，并且持续保持高速增长，行业内新业态、新生态、新模式、新产品、新应用层出不穷。

（一）移动互联网产业快速增长

当前全球移动互联网在流量、移动设备拥有率和用户比例方面都出现较快增长。2015 年 12 月 1 日国际电信联盟 (ITU) 发布了年度互联网调查报告显示，全球已有 32 亿网民，全球手机用户数达到 71 亿，手机信号已覆盖全球超过 95% 的人口。据研究咨询机构 IDC 最新研究报告显示，2016 年全球互联网用户数将达到 32 亿人，约占全球总人口数的 44%；其中，移动互联网用户总数将达到 20 亿。IDC 预计，如果没有新型联网设备出现，到 2020 年移动互联网用户的年复合增长率将达到 2%。

（二）移动互联网产业创新层出不穷

可穿戴设备、智能家居产品、智能汽车成为移动互联网产品的重要突破领域；以核心优势构建产业生态圈和跨界拓展新领域新业态为特点的发展模式不断得到发展创新；打车应用、互联网金融、工业互联网、在线教育等是移动互联网应用的典型案例。

（三）移动互联网向其他行业渗透能力显著增强

2015 年 11 月，我国移动互联网用户总数达 9.54 亿，同比增长 9.6%。基于移动互联网的信息消费 2015 年市场规模将达到 2.3 万亿元。2016 年将达到 3 万亿元。移动互联网用户的增长和应用设备的普及，为移动互联网的发展奠定了良好的基础，以互联网金融、交通旅行、在线教育为代表的层出不穷的应用服务加速了移动互联网向市场推广的步伐，成为市场规模快速增长的主要因素。

二、主要问题

（一）数据流量增势迅猛，频谱资源严重短缺

移动互联网与互联网、传统媒体业务加速融合，导致移动网络网络流量爆炸式增长，海量的流量增长与稀缺的频谱资源之间形成的矛盾日益突出。一方面，受技术条件和使用成本限制，当前可用频谱集中在 30GHz 以下，并且同一频率所承载的业务和应用有限；另一方面，据权威机构预测，随着应用需求的不断增长，在无线通信主要应用领域，频谱缺口巨大，有限的频谱资源难以满足急剧增长的应用需求。

（二）知识产权问题严重，阻碍产业发展

移动互联网专利已经成为商业竞争的关键。移动互联网知识产权涉及操作系统、芯片、通信技术、IP 技术、终端技术等诸多领域，专利规模量巨大。国外IT 巨头已掌握了大量专利，然而我国企业专利规模有限、尚未形成体系，而且有限的专利中大多集中在手机外观设计方面，在智能手机核心技术——二基带芯片、射频方面缺乏核心专利，与国外企业难以形成专利共享机制，导致我国的全球市场竞争环境严峻。

（三）网络安全问题错综复杂，内容监管问题突出

移动终端智能化为国家信息安全带来新的挑战，监管难度前所未有。一方面，国外移动智能终端产品在我国具有很大的市场规模，国外企业通过对这些设备设置的数据上传和定位功能能够有效收集、挖掘国内用户的各类信息。另一方面，以苹果产品为例的大量国外移动智能终端产品，采用非公开加密算法，内容安全和网络安全受到严重威胁，一旦被敌对分子利用后果不堪设想，此外安全漏洞也会为淫秽色情等违法有害信息的传播提供利用渠道。

三、对策建议

（一）加强网络基础设施建设，实施国家宽带战略

加强互联网领域的交流合作，推动网络基础设施建设的互联互通。加快网络设施、通信设施建设步伐，大力提升宽带水平，推动新一代移动通信技术的研发和推广，在亚洲基础设施投资银行、丝路基金中将网络基础设施建设作为重点投资领域。适时加快利用新技术、新设备替代落后技术和设备的步伐，通过科学配

置、合理利用无线电频谱资源，扩展无线电新技术、新业务的广泛应用，加强不同业务的频谱共用，提高频谱资源的使用效率，努力满足移动互联网用频需求。

（二）加强产业发展顶层设计，强调产品的自主研发

加强移动互联网发展的顶层设计，推动合作共赢的发展模式，建立以鼓励跨界融合为核心的监管体系，推动移动互联网引领大众创业、万众创新的理念。强调自主创新，在准确洞察技术趋势基础上，紧扣产业发展要素，逐步介入深层次的技术研发，提高技术自主研发能力、以用户需求为导向扩大市场份额、提升产业掌控力、增强产品知识产权意识避免市场风险，逐步建立自主完善的产业生态链。

（三）加强信息安全防范，实施网络监管策略

加强对移动互联网环境的安全管理和日常监测。强化网络运营商在移动互联网服务中的管理职责，规范管理流程，壮大监管队伍，针对一些不良信息、软件和功能及时过滤。在网络内容传播的各个环节，从内容提供方，经过网络分发，到达终端接入的各个环节部署监管力量，增加监督检查力量。增强行业内部的自律性，制定行业自律规范，营造文明健康绿色的网络环境，抵制不良内容传播泛滥。

第四章　无线电管理专题

第一节　无线电管理法制建设

一、现行无线电管理相关法律法规

近年来，随着我国无线电事业持续快速发展，无线电管理法制建设工作也取得了显著成绩。经过不懈努力，我国逐步形成了以《中华人民共和国无线电管理条例》为主体的无线电管理法规体系，为无线电管理机构依法行政提供了法律依据。

中国无线电管理相关的法律法规主要有：涉及无线电管理的一般性法律，无线电管理的专门法规，无线电管理相关行政法规以及地方相关法规、规章等。

（一）无线电管理相关一般性法律法规

涉及无线电管理的一般性法律主要包括《中华人民共和国宪法》《中华人民共和国物权法》《中华人民共和国刑法》《中华人民共和国行政许可法》《中华人民共和国治安管理处罚法》等，这些法律中都有与无线电管理相关的条款。

《中华人民共和国宪法》对自然资源权属问题的法律规范作了明确的阐述。宪法第九条规定：矿藏、水流、森林、山岭、草原、荒地、滩涂等自然资源，都属于国家所有，即全民所有；由法律规定属于集体所有的森林和山岭、草原、荒地、滩涂除外。国家保障自然资源的合理利用，保护珍贵的动物和植物。禁止任何组织或者个人用任何手段侵占或者破坏自然资源。同矿藏、水等资源一样，频谱作为森林和山岭、草原、荒地、滩涂之外的一种自然资源，所有权属性上属于国家所有。对于这个问题，2007年《中华人民共和国物权法》第50条明确规定"无线电频谱资源属于国家所有"，该条款明确了无线电频谱作为国有资源的属性。

2015 年 8 月，第十二届全国人大常委会第十六次会议表决通过刑法第九个修正案。修正案对干扰无线电通讯秩序罪加大了量刑，情节特别严重的干扰行为，最高可处三年以上七年以下有期徒刑，这对于加强无线电管理执法工作力度具有重要意义。原《中华人民共和国刑法》第二百八十八条为：违反国家规定，擅自设置、使用无线电台（站），或者擅自占用频率，经责令停止使用后拒不停止使用，干扰无线电通信正常进行，造成严重后果的，处三年以下有期徒刑、拘役或者管制，并处或者单处罚金。单位犯前款罪的，对单位判处罚金，并对其直接负责的主管人员和其他直接责任人员，依照前款规定处罚。修正案将第二百八十八条第一款修订为："违反国家规定，擅自设置、使用无线电台（站），或者擅自使用无线电频率，干扰无线电通信秩序，情节严重的，处三年以下有期徒刑、拘役或者管制，并处或者单处罚金；情节特别严重的，处三年以上七年以下有期徒刑，并处罚金。"修正案将自 2015 年 11 月 1 日起施行。

2006 年，《中华人民共和国治安管理处罚法》第 28 条增加了对故意干扰无线电业务行为的处罚条款。具体内容是："违反国家规定，故意干扰无线电业务正常进行的，或者对正常运行的无线电台（站）产生有害干扰，经有关主管部门指出后，拒不采取有效措施消除的，处五日以上十日以下拘留；情节严重的，处十日以上十五日以下拘留。"

（二）无线电管理专门法规

无线电管理专门法规主要有《中华人民共和国无线电管理条例》（以下简称《条例》）、《中华人民共和国无线电管制规定》（以下简称《管制规定》）等。此外，部门规章及规范性文件是《条例》的重要补充，已经成为无线电管理不可或缺的重要部分，主要有《中华人民共和国无线电频率划分规定》《无线电管理收费规定》《无线电管理处罚规定》《无线电台执照管理规定》《无线电管理监督检查办法》、《研制无线电发射设备的管理规定》《业余无线电台管理办法》《卫星网络空间电台管理规定》《卫星移动通信系统终端地球站管理办法》等。

现行《中华人民共和国无线电管理条例》由国务院、中央军委于 1993 年联合发布，是中国现行无线电管理方面的最高专门行政法规。《条例》明确规定：在中华人民共和国境内设置、使用无线电台（站）和研制、生产、进口无线电发射设备以及使用辐射无线电波的非无线电设备，必须遵守本条例；国家无线电管理机构在国务院、中央军事委员会的领导下负责全国无线电管理工作。《条例》实行以来，无线电管理工作和无线电事业都取得了长足的进步。但是，随着无线电技术发展，《条例》不适应之处逐步显现出来。例如，条例规定任何单位和个人未经国家无线电管理机构或者地方无线电管理机构批准，不得转让频率，禁止出租或者变相出租频率。这一规定限制了频谱资源市场化改革的空间。条例的修订工作已经进行了多年，目前已经接近完成。目前国务院已经公布修订版《条例》的征求意见稿。2015年《条例》的修订取得新的实质性进展，修订稿已通过国务院法制办复核。

《中华人民共和国无线电管制规定》由国务院、中央军委于2010年联合发布，于2010年11月1日起施行，共13条。《管制规定》明确：根据维护国家安全、保障国家重大任务、处置重大突发事件等需要，国家可以实施无线电管制。

《中华人民共和国无线电频率划分规定》是根据《中华人民共和国无线电管理条例》，参照世界无线电通信大会，并结合中国无线电业务发展的现状，对国际电信联盟《无线电规则》的修订，由工业和信息化部发布。在中华人民共和国境内（港澳台地区除外）研制、生产、进口、销售、试验和设置使用的各种无线电设备，应当遵守本规定，并按照《中华人民共和国无线电管理条例》等规定办理相应的手续。现行的《中华人民共和国无线电频率划分规定》是2013年11月公布，自2014年2月1日起施行。

《无线电台执照管理规定》明确了无线电台执照的申请、设立、变更、延期以及监管等管理措施。规定明确指出：使用各类无线电台（站），包括在机车、船舶和航空器上设置、使用制式电台，应当持有无线电台执照，但中华人民共和国工业和信息化部规定不需要取得无线电台执照的除外；设置、使用无线电台（站）的单位和个人，应当向无线电管理机构提交书面申请和必要的技术资料，经审查批准并按照国家有关规定缴纳频率占用费后领取无线电台执照。

《无线电管理监督检查办法》由国家无线电管理委员会1995年制定。规定指出：无线电管理监督检查是各级无线电管理机构行使政府职能的活动；无线电管理监督检查为定期检查、不定期检查、专项检查和立案检查四种。

1998年制定的《无线电管理收费规定》一直是我国无线电管理收费的重要依据。同时，为了适应经济社会的发展以及无线电新业务和新技术的管理，后来又通过《国家发展改革委 财政部关于第二代蜂窝公众通信网络频率占用费收费标准及有关问题的通知》《国家发展改革委 财政部关于核定第三代公众移动通信网络频率占用费收费标准及有关问题的通知》《国家发展改革委 财政部关于无线电新业务频率占用费收费标准的通知》等行政规章分别针对第二代、第三代公众移动通信网络、无线数据等新业务的频率占用费收费办法和标准进行了调整和完善。

（三）无线电管理相关行政法规

无线电管理相关的行政法规主要包括《中华人民共和国电信条例》《广播电视管理条例》《中华人民共和国民用航空法》《民用机场管理条例》《中华人民共和国水文条例》《电磁辐射环境保护管理办法》《中华人民共和国国防动员法》、《中华人民共和国外国常驻新闻机构和外国记者采访条例》《卫星电视广播地面接收设施管理规定》《关于依法办理非法生产销售使用"伪基站"设备案件的意见》等法规规章和规范性文件。目前，国务院及其部委颁发的有关规章及规范性文件中有 50 余部涉及了频率台（站）管理、空间业务管理、无线电发射设备管理、监督检查和技术标准。

《中华人民共和国电信条例》中规定：国家对电信资源统一规划、集中管理、合理分配，实行有偿使用制度。电信资源，是指无线电频率、卫星轨道位置、电信网码号等用于实现电信功能且有限的资源；电信业务经营者占有、使用电信资源，应当缴纳电信资源费。分配电信资源，可以采取指配的方式，也可以采用拍卖的方式。《中华人民共和国电信条例》为用于电信的无线电频率资源的拍卖提供了直接的法律依据。

《中华人民共和国民用航空法》中规定：国务院民用航空主管部门应当依法对民用航空无线电台和分配给民用航空系统使用的专用频率实施管理。任何单位或者个人使用的无线电台和其他仪器、装置，不得妨碍民用航空无线电专用频率的正常使用。对民用航空无线电专用频率造成有害干扰的，有关单位或者个人应当迅速排除干扰；未排除干扰前，应当停止使用该无线电台或者其他仪器、装置。

《广播电视管理条例》规定：国务院广播电视行政部门负责指配广播电视专用频段的频率，并核发频率专用指配证明；广播电视发射台、转播台经核准使用的频率、频段不得出租、转让，已经批准的各项技术参数不得擅自变更。

《民用机场管理条例》对于民航无线电专用频率和电磁环境保护进行了规定：任何单位或者个人使用的无线电台（站）和其他仪器、装置，不得对民用航空无线电专用频率的正常使用产生干扰；民用机场所在地地方无线电管理机构应当会同地区民用航空管理机构按照国家无线电管理的有关规定和标准确定民用机场电磁环境保护区域，并向社会公布。

《中华人民共和国水文条例》第 35 条规定了对水文无线电频率的保护：水文机构依法取得的无线电频率使用权和通信线路使用权受国家保护。任何单位和个人不得挤占、干扰水文机构使用的无线电频率，不得破坏水文机构使用的通信线路。

（四）地方无线电管理相关法律法规

无线电管理的地方性法规和规章是根据各地的工作实际对《条例》的必要细化，以便于实际操作。无线电管理的地方法规主要由地方人民代表大会（及其常委会）制定，无线电管理的地方性规章主要由地方人民政府制定。目前已有 14 个省（区、市）制定了无线电管理的地方性法规，主要是地方无线电管理条例，例如《江苏省无线电管理条例》《天津市无线电管理条例》，11 个省（区、市）制定了无线电管理的地方性规章，主要是地方无线电管理规定或办法，例如《北京市无线电管理办法》。

二、主要问题

（一）无线电立法工作滞后

首先，无线电管理条例已经不适应当前形势的发展。我国当前的无线电管理是依据 1993 年由国务院联合中央军事委员会发布《中华人民共和国无线电管理条例》赋予的职责来实施的，至今已逾 20 年。这期间正是我国的技术应用大发展的时期，无线电管理的职责也拓展了许多，原来的规定对于许多新情况新问题已无法进行科学合理的规范，在此期间我国中央和地方无线电管理机构也进行了几次大的机构变动。因此，1993 年制定的《管理条例》已难以适应目前无线电管理工作的需要，迫切需要修订补充。例如，对一些新的违法行为界定不清，惩罚力度不足，有时违法成本竟然低于守法成本。条例修订工作已经进行多年，但由于种种原因迄今未能完成。其次，我国当前的无线电立法实践与国际无线电立法趋势不相适应。美国、英国等无线电管理先进国家不仅用立法规范频谱管理，而且都能适时修订以适应新技术新情况。澳大利亚《无线电通信法》自 1992 年出台以来，目前已经修订了 100 多次，可见澳大利亚无线电管理立法的灵活性和及时性。相比之下，我国无线电法律法规的层级明显偏低，只是国务院条例还没有上升到国家法律的层级，而且长达 20 多年的时间没有修订。即使与同为发展中国家的印度、巴西等国相比，我国频谱领域的立法也明显落后。我国的无线电管理机构正是由于缺乏强有力的法律依据难以实现真正的统一领导，在涉及多部门的频率协调中，一些亟待解决的问题需要通过无线电立法来根本解决。

（二）行政执法力量明显薄弱

2000 年以来，我国无线电用户数、用频单位和台站数量都增加了几十倍乃至几百倍，管理任务相应增加，但是无线电管理部门虽然几经改革，人员数量却基本没有大的变化。有限的人员既要管理传统的频率台站，又要管理监测查处、无线电发射设备检测、销售和进口审查等大量的工作，无线电安全保障工作近年来又称为常态化的重点工作，使得有些工作难以到位。特别是执法工作方面，无线电管理有执法的职责，但没有专门执法的编制队伍而且惩罚力度不够，造成执法力量薄弱，事中和事后监管不力，违法行为屡禁不止。在执法任务日益繁重的情况下，部分地区不得不通过监测站技术人员或聘用业务人员承担部分执法任务，这又反过来削弱了执法的权威性。党的十八大以来，国家加强了依法行政的要求，没有执法权的监测人员将不能执行执法任务，如何做好执法工作面临严重挑战。

三、对策建议

（一）统筹安排推进无线电综合立法

推进无线电管理综合立法需要分四步走：一是加快推动《无线电管理条例》修订出台，提高法律法规的及时性和灵活性，这是现行无线电管理最急迫的问题。二是做好物联网、宽带中国、下一代移动通信等重大无线电技术应用频率使用相关技术规范的制定工作，为新一代信息技术中无线电相关技术应用和发展提供更加完善的法律法规环境。三是依托地方无线电管理机构，密切关注可能出现的无线电干扰新形式、新类型，以及恶意干扰合法用频的新违法行为，鼓励有条件的地方先行立法，试点频谱分配和监管新方式。要在严格执法的同时加大宣传，培养全社会依法用频设台的意识，为无线电管理创造良好法制环境。四是提高无线电管理法律层级，逐步推动《无线电法》立法工作，为实现真正统一领导奠定法律依据。此外，机制方面，要推广与司法、公安等部门在打击伪基站过程中建立的长效机制，重视无线电管理联席会议制度，对于执法过程中遇到的重大疑难问题，通过与司法、公安、军队等部门及时沟通，相互配合，快速处置。

（二）多管齐下提高行政执法能力

空中电磁环境的日趋复杂，对无线电监测能力和执法查处能力提出了更高的要求。我国幅员辽阔，各地经济发展水平差距较大，需要针对不同情况综合采取多种手段。一是在城市和无线电台站设备密集区域推进网格化监测，保证重要地区重点频段的无线电安全；在人口稀疏的地区加强应急机动能力建设，包括增加移动监测车辆和设备，完善应急机动大队配置。对于出现的新的干扰形式，通过与现有固定监测设施配合，可以提高应急响应能力，及时查处干扰源。二是有条件的地方可以试点组建类似文化稽查行政执法大队的无线电管理执法大队，根据试点结果决定是否扩大推广至全国。三是推进无线电管理信息化建设，满足新时期无线电管理工作提高效率的需求。建设和完善业务互联互通信息快速共享的信息化平台，建立国家级数据中心，为综合决策提供基础数据支撑。四是要加强面向物联网环境下新型无线电干扰的智能化监测及干扰查处技术研究，丰富监测手段，提升监管能力；要研究探索新形势下的无线电监测手段，增强对新型干扰的监测查找能力。五是加强无线电产品的检测和认证，鼓励和引导企业开发技术先进、性能可靠的无线电技术产品。

四、无线电管理执法工作典型案例

（一）查处无线电频率干扰

2015年7月23日，河北省衡水无线电管理局联合景县文广新局在一酒店一举查获8套卫星电视信号干扰器。7月22日，衡水无管局接到景县文广新局的举报，称有人非法安装卫星电视信号干扰器，请无线电管理部门查处。衡水无管局的监测人员经监测定位，最终将干扰源锁定在景县某酒店内。联合执法人员在该酒店顶层查获了8套卫星电视信号干扰器，当场依法拆除了干扰设备。

2015年7月10日，河南省新乡无线电管理局接到新乡联通公司的投诉，称设置在获嘉县职王村的基站受到严重干扰，请求协助排查干扰。接到投诉后，新乡无管局立即组织执法和监测人员赶赴干扰现场进行监测排查，确认干扰源在一仓库内。监测人员现场测试发现2G网络基本脱网，严重影响联通基站各项指标和该区域周边手机用户的正常通信。执法人员在仓库内发现了4台非法安装的大功率手机信号屏蔽器。在现场拍照取证后，执法人员依法拆除了屏蔽器并予以查扣。目前，案件正在进一步调查处理中。

2015 年 7 月 24 日，北京市无线电管理局接到军队某部航空专用频段受到非法广播信号干扰的协查请求，请求对干扰信号进行排查处理。接到协查请求后，北京市无线电管理局立即安排局机关和监测站工作人员赶赴现场，同时与军队无线电管理机构进行了沟通协调。通过技术监测定位，工作人员准确锁定两个非法广播发射窝点。在属地公安机关的配合下，迅速进入现场，果断切断电源，将涉案设备进行封存，及时消除干扰，保障了该部航空专用频率的正常使用，维护了良好的空中电波秩序。

（二）查处非法用频设台

2015 年 1 月 13 日，邯郸无线电管理局执法人员查处一起某县广播电台擅自更改频点案件。根据群众举报，105.6MHz 疑似为非法广播电台频点，经与数据库对比，无该频点的相关信息。邯郸无线电管理局执法人员赶赴到现场监测，通过走访调查，测向定位，最终将该非法频点发出的信号源锁定在某县广播电视台院内。通过与该县广播电台负责人沟通了解后，查实该广播电台由于设备老化问题，时常会出现频率偏移的情况，导致该电台由原审批频率偏移为私自占用的频率 105.6MHz。于该广播电台的违法行为，邯郸无管局执法人员当场对该县广播电台负责人进行了批评教育，并责令其对广播电台设备及相关技术指标进行整改。

2014 年 12 月 10—12 日，内蒙古自治区无委办联合呼和浩特市文化广播电影电视局和呼和浩特市公安局城南分局，依法取缔了藏匿于市区居民楼内的 2 套非法广播电台。

内蒙古无委办接到了广电部门和群众关于非法广播电台的大量投诉，内蒙古自治区无线电监测站监测发现，在某广播频段出现了两个非法信号，播出内容为性药广告。12 月 10—12 日，内蒙古无委办联合广电、公安等部门展开联合行动。经过三天奋战，执法人员在两处居民楼内分别查获调频发射机 1 台、天线 2 根。非法设备已交由广电部门处理。

2015 年 1 月 6—8 日，山东威海市无线电管理处与相关部门联合执法，连查 2 起"黑广播"。接到群众关于广播电台播放非法医药广告的举报后，威海市无线电管理处工作人员立即开展监测监听，查询台站数据库，确认为"黑广播"，迅速派出监测、执法人员进行巡回监测查找，最终在文登区某小区住宅楼某室窗前发现"黑广播"天线。1 月 7 日上午，威海市无线电管理处与市及文登区文化市场综合执法局、公安局等部门联合执法，在该住宅内查获 1 套"黑广播"，相关设备已由文登区文化市场综合执法局依法登记保存。后续处置工作由文登区文化市场综合执法局负责。1 月 6、7 日两个晚上，监测、执法人员又在环翠区范围内对另 1 起"黑广播"进行查找，最终在某小区楼顶发现"黑广播"天线。1 月 8 日上午，威海市无线电管理处与相关部门开展联合执法，相关设备已由环翠区文化市场综合执法局依法登记保存。

（三）维护空中电磁环境

2015 年 7 月 13—16 日，重庆市无线电监测站会同黔江、涪陵无线电管理机构，对干扰较为严重的某民航航线、重庆市辖区内的重点区域进行了电磁环境测试，完成了区域内主要广播发射台站核查以及民航航空频段的监测。此次航线巡查全程近 1000 公里，涉及重庆东部、湖北西部、贵州南部等部分区域。通过巡查，重庆无管机构初步掌握了该区域内广播电视信号及航空通信频率的电磁环境情况，为进一步查处民航无线电频率干扰、保障航空无线电安全提供了科学依据。

2015 年 6 月 16 日，由江苏省无线电管理局无锡市管理处、江阴市地方海事处、长航公安江阴派出所、长江江阴通信管理处联合对长江江阴段过往的船舶进行了走访服务。冒着蒙蒙细雨，检查人员认真工作，仔细检查船舶水上通信的安全隐患，全力保障水上船舶航运安全。本次长江水上无线电通信秩序联合行动，主要对长江江阴段过往的船舶进行走访服务，一是检查长江机动船无线电通信设备是否配备；二是检查是否合法设置、使用无线电台；三是检查船舶安全通信是否进网登记备案；四是检查水上无线电通信是否符合规定；五是检查船舶 AIS 设备是否正常运行。在联合走访中，共出动检查人员 15 名，出动车、艇船 5 辆（艘），检查船舶总数 15 艘。检查中发现，违规配置大功率 VHF 电台船舶 2 艘，未按要求配置无线电通信设备 1 艘，船舶 AIS 终端故障 1 艘，都已顺利解决。现场还为船员们发放无线电宣传手册 30 余份。

（四）开展无线电安全保障

在 2015 年高考保障工作中，山东济宁无管处根据市委、市政府和考务部门的工作部署，通过全市高考会议安排部署保障任务、召开动员会、举行技术演练、提前测试考场电磁环境等多项措施，圆满完成了考试保障任务。考试期间，山东济宁无管处由陈宏副主任带队，派出考试保障车 5 辆，技术保障人员 14 名，启用设备 20 台套，对重要考点和重点频段进行了全时段、全方位的无线电监测，并抽调巡视组对各县（市、区）考点进行巡查，累计监测时间 10 余小时，发现并成功阻断作弊信号 2 起，圆满完成了考试保障任务。

上海合作组织成员国总理第十四次会议 12 月 15 日在郑州举行，河南省各级无线电管理机构在时间紧、任务重的情况下，圆满完成了此次国家重要外事活动无线电安全保障工作。

保障活动期间，三门峡无线电管理局派出人员 9 名，使用监测设备 5 套，出动保障车辆 3 台，在郑州持续奋战，监测监听 438 小时。在全省开展的清频率清台活动中，三门峡无管局查处非法无线电设备共计 50 台（套），其中，拆除"黑广播"设备 16 套，关停无手续广播 3 个，微波 4 套，非法对讲机 24 部，无线电点菜宝 2 部，"伪基站"设备 1 套。登记对讲机 121 部，发现无人机 4 部。转入重点区域保障后，三门峡无管局负责高铁站点和宴会举行地——喜来登酒店的安全保障工作。三门峡无线电管理局率先在保障的重点区域制高点架设可搬移式固定监测站点。同时，2 个移动监测小组分别在喜来登酒店内部和高铁站点开展监测。保障期间，三门峡无管局检测入场无线电设备 258 部。12 月 13 日，三门峡无管局在 5 分钟时间内快速排除了一单位两系统间同频干扰 1 起。14—15 日，坚持全天候监测，圆满完成了保障工作任务，为上合组织峰会提供了良好的无线电安全保障服务。

（五）无线电发射设备市场监管

从 2015 年 7 月下旬到 8 月初，湖北省无委办黄冈市管理处集中两周时间，对黄州城区新开业的星级宾馆、酒店和大型超市违规使用对讲机的问题进行集中整治。由于种种原因，一些宾馆、酒店和大型超市违规使用无线对讲机的问题时有发生，直接扰乱了无线电秩序。此次集中整治工作中，无线电管理执法人员对 11 家星级宾馆、酒店和大型超市进行了上门巡查，其中四星级以上宾馆 2 家，酒店 7 家，大型超市 2 家；共清理违规使用对讲机 100 余部，发出《限期整改通知书》6 份，要求相关单位在规定期限内到无线电管理机构办理设台审批手续。

2015 年 6 月 23 日，湖北省无委办荆州市管理处与荆州海事局联合开展了水上无线电通信专项整治活动。当天，荆州无管处负责人带领执法人员一行 8 人到辖区沙市、公安长江沿线，对监管水域的船舶无线电发射设备进行全面的检查检测，特别是对运输危险品的船舶、客渡船、沙石船的无线电发射设备型号核准证、船舶电台执照等进行了重点检查，对船舶电台的发射功率、使用频率等主要技术指标进行了现场检测，对擅自加大功率、违反设台规定的船主进行了宣传教育。此次活动共检查船舶 10 艘，检测船舶电台 40 台，办理船舶电台执照年审 5 份，发放无线电台执照 3 份，查处大功率电台 6 台。

第二节　频率资源规划与配置

一、国际频率划分进展

（一）世界无线电通信大会和无线电规则

世界无线电通信大会 (World Radiocommunication Conference，WRC)，是国际电信联盟成员国审议修订国际电信联盟《无线电规则》，立法规范无线电频谱和卫星轨道资源的划分及使用规则的国际会议,每三至四年召开一次。国际电联《组织法》和《公约》以及补充的《行政规则》具有条约地位并对国际电联成员国具有约束力，其中《行政规则》包括《无线电规则》。

《无线电规则》是国际电信联盟用来管理协调各国无线电通信，规范成员国权利和义务的重要国际性法规。《无线电规则》基本目标包括：促进公平地获得并合理地使用无线电频率资源和地球静止轨道；保障有足够的频率用于遇险和安全目的，并确保不受有害干扰；协助防止与解决不同主管部门无线业务间可能出现的有害干扰；促进无线电通信业务经济有效地运行；提供并在需要时规划无线电通信新技术。

世界无线电通信大会有关决议和最终结果直接关系到各国无线电频谱和卫星轨道资源的使用权益，对于成员国来说，是有约束力的国际法，各成员国通信、广播电视、航空、航天、气象、海洋、交通、空间遥感探测、卫星导航定位、雷达等无线电业务的发展均有义务遵守国际电联法规决议的规定，因而涉及各国核心利益。各国特别是经济、军事、航天大国，对于 WRC 大会均越来越重视。我国自 1972 年以来，积极参与国际电信联盟无线电规则制定。特别是近年来，随着我国经济、军事、航天领域快速发展，我国的参与度逐步提高，通过参与国际电联事务、推动制定有利的无线电、电信等规则和标准，为我国无线电相关产业发展提供了重要的基础保障。

（二）我国参加 WRC-15 大会的筹备过程

为办好世界无线电通信大会，国际电联通常组织筹备会议 (Conference Preparatory Meeting，CPM)，一般在两届 WRC 大会之间举行两次会议。会议主要任务是为下届 WRC 大会研究确定议程、议题，并做好初步准备工作。WRC 大会议题的大致范围，一般提前 4—6 年确立，最终由理事会在大会前两年确定。WRC 大会通过提前确定议题，给予各成员国充分讨论和协调的时间，最终根据大会讨论结果通过决议对《无线电规则》进行修订。

2015 年世界无线电通信大会 (WRC-15) 共设 38 项议题，包括常设议题 18 项，新设议题 20 项。

2012 年 2 月 20—21 日，国际电联召开了 2015 年世界无线电通信大会（WRC-15）准备会第一次会议，初步确定了 WRC-15 各项议题。为扎实做好我国 WRC-15 各项准备工作，工业和信息化部无线电管理局于 6 月 5 日组织召开了 2015 年世界无线电通信大会准备工作动员会。会议就 WRC-15 准备工作进行了动员，并就我国参与国际电联无线电频谱管理活动有关工作机制建设、专家队伍建设以及 WRC-15 议题分工等进行了全面安排和部署。

2012 年 9 月 21 日在北京召开了 "WRC-15 准备工作机制落实会"。会议重申了 WRC-15 准备工作机制，并对 WRC-15 各议题研究工作提出了具体要求。

2013 年 4 月 22 日，工业和信息化部无线电管理局在京召开了 "2015 年世界无线电通信大会（WRC-15）准备工作 2013 年中期交流会"。工业和信息化部无线电管理局、公安部、交通部、新闻出版广电总局、民航局等部门无线电管理机构，以及国家卫星海洋应用中心、国家卫星气象中心、中国科学院国家天文台、工业和信息化部电信研究院、国家无线电监测中心、国家无线电频谱管理研究所、航天科技集团、电信运营商、设备制造商等单位的 80 余位专家参加了会议。

2015 年 11 月 2 日，WRC-15 大会在瑞士日内瓦正式开幕，来自国际电联成员、国际组织和相关产业的 3000 多名代表参加了此次会议。

（三）WRC-15 新增多项频率划分

刚刚落幕的 2015 年世界无线电通信大会（WRC-15）就多项新技术新业务划分了新的统一频率。

全球航班跟踪系统频率划分。大会同意以卫星航空移动（航路）业务划分频率，支持在全球下一代低轨卫星系统上转发航空器广播式自动相关监视系统（ADS-B）信息，实现对民航航班的全球实时跟踪。

车载雷达频率。将77.5—78.0GHz频段划分给无线电定位业务，以支持短距离高分辨率车载雷达的发展。

业余无线电新增频率划分。将5351.5—5366.5kHz频段的15kHz频率划分给业余无线电业务，以推动全球业余无线电业务的发展。

卫星探测地球业务新增划分。为满足地球探测卫星对测控频率的需求，在7190—7250MHz频段增加卫星地球探测业务（地对空）的划分。

卫星固定业务增加频率划分。卫星固定业务（仅限用于对地静止卫星）在Ku频段增加主要业务频率划分。其中，国际电联一区增加14.5—14.75GHz（上行）、13.4—13.65GHz（下行），国际电联二区增加14.5—14.75GHz（上行），国际电联三区增加14.5—14.8GHz（上行）。

增加IMT频率划分。将L频段的1427—1518MHz确定为IMT新增的全球统一频率，C频段的3400—3600MHz为国际电联1区及2区IMT统一频率，3区明确将此频段确定为IMT频率的国家进一步增加；3300—3400MHz频段被全球45个国家确定为IMT频率；4800—4990MHz频段在部分国家被确定为IMT频率；在不对邻国广播业务产生任何影响的前提下，国际电联2区和3区的部分国家确定把470—698MHz或其中的部分频段用于IMT。大会还明确了将国际电联1区694—790MHz频段用于IMT的使用规则。

二、国内频率规划进展

（一）宽带专网系统频率规划出台

做好频率规划是无线电相关产业顺利发展的重要基础和前提。继完成第四代移动通信频率的划分和分配以后，宽带专网和无人机频率规划已被提上日程。在公众移动网络加速向3G、4G发展的大背景下，专网通信也呈现出从模拟向数字和宽带转化的趋势。宽带专网不仅支持语音通信，而且支持数据通信和多媒体业务，可以有效提高现有专网的频谱利用效率。我国公安、铁路、交通、民航、电力等行业和领域都正在部署或规划原有专网的宽带化升级。宽带专网的发展亟须制定频率规划，统一用频，以消除制约产业规模化发展的障碍。为此，工业和信息化部于2015年3月发布了《关于1447—1467兆赫兹（MHz）频段宽带数字集群专网系统频率使用事宜的通知》，正式规划了宽带专网系统频率。通知主要内容如下：

频段工作制式。通知明确规定1447—1467兆赫兹（MHz）频段宽带数字集群专网系统采用时分双工（TDD）的工作方式。

无线电通信设备主要技术指标。通知明确了宽带数字集群设备的信道带宽、发射功率限值、载频容限、基站无用发射限值以及其他射频技术指标的要求。

部署模式及审批流程。宽带数字集群专网系统需要与该频段其他合法无线电应用兼容共存，该频段宽带数字集群专网主要应用于大中城市，因此建议以共网模式部署。审批流程上，各省级无线电管理机构提出本地区频率使用规划和分配建议，报国家无线电管理机构批准。

（二）无人机频率规划出台

无人机以其操纵使用方便、实用性强、研发制造成本低等优势，已在我国防灾、电力、森林、气象、地质勘探等多个领域广泛应用。近年来，无人机产业飞速发展，已成为飞机制造领域发展最快的领域。作为新兴产业和应用，我国无人机产业发展的初期是处于一种探索和无序发展的状态，缺乏法律规范和标准。制约民用无人机发展的一个很大障碍就是由于缺乏明确的无线电频率划分导致用频规范不统一，宝贵的频谱资源没有得到有效利用，一方面造成较大规模使用时频谱资源短缺，另一方面造成用频干扰严重，极大地限制了应用的推广和产业的发展。为推动和规范无人机产业的发展，避免用频混乱和干扰，我国频谱资源主管部门工信部于2015年4月发布了《工业和信息化部关于无人驾驶航空器系统频率使用事宜的通知》，正式规范了我国无人机系统用频。以下为通知主要内容。

1. 明确无人机可使用频段

通知指出，根据《中华人民共和国无线电频率划分规定》及我国频谱使用情况，我国共规划了50.5MHz频率满足无人机的用频需求，其中8MHz是警用无人机专用传输频段，因此，其他行业实际分配无人机用频共42.5MHz。考虑上下行及备份通信频率需求，共分配了三段频率840.5—845MHz、1430—1444MHz和2408—2440MHz频段用于无人驾驶航空器系统。

2. 细化上行遥控、下行遥测传输及备份频段

规划明确：840.5—845MHz可用于无人驾驶航空器系统的上行遥控链路。但

841—845MHz 也可采用时分方式用于无人驾驶航空器系统的上行遥控和下行遥测链路。1430—1444MHz 频段可用于无人驾驶航空器系统下行遥测与信息传输链路，其中，1430—1438MHz 频段用于警用无人驾驶航空器和直升机视频传输，其他无人驾驶航空器使用 1438—1444MHz 频段。

2408—2440MHz 频段可作为无人驾驶航空器系统上行遥控、下行遥测与信息传输链路的备份频段。作为备用频段，为提高频谱综合利用效率，通知指出相关无线电台站在该频段工作时不得对其他合法无线电业务造成影响，也不能寻求无线电干扰保护。

3. 其他相关要求

上述频段的信道配置，所用无线电设备发射功率、无用发射限值和接收机的邻道选择性应符合相关要求（具体请查阅通知正文）。频率使用、无线电台站设置和所用无线电发射设备应符合国家无线电管理及无人驾驶航空器系统管理有关规定。

（三）1.8GHz 频段无线接入系统频率规划

为适应 1800MHz 频段本地无线接入技术的发展，满足交通（城市轨道交通等）、电力、石油等行业专用通信网和公众通信网的应用需求，根据我国无线电频率划分规定及频率使用现状，工信部发布了《工业和信息化部关于重新发布1785—1805MHz 频段无线接入系统频率使用事宜的通知》，就 1785—1805MHz 频段时分双工（TDD）方式无线接入系统使用频率事宜做出了明确规定。主要内容如下：

1.1785—1805MHz 频段主要用于本地无线接入。

2. 频率使用技术指标

（1）双工方式：时分双工（TDD）。

（2）信道带宽：250kHz、500kHz、1MHz、1.4MHz、3MHz、5MHz、10MHz。

（3）天线端口发射功率：基站，小于等于 33dBm/MHz；终端，小于等于 23dBm/MHz。

（4）基站频率容限：$0.1 \times 10{-}6$。

（5）终端其他技术指标参照相关标准执行。

（6）设台耦合损耗：上述频段的基站在设台时，与工作于 1710—1785MHz 频段的 IMT 系统基站间的耦合损耗应不小于 50dB。

3. 频率审批与管理权限:具体频率分配、指配和无线电台站管理工作,由各省、自治区、直辖市无线电管理机构负责。频率占用费的收取按国家有关规定执行。

4. 生效说明:通知自发布之日起施行,以往相关规定,凡与新通知不符的,以新通知为准。

三、主要问题

(一)频谱供需矛盾日益凸显

在现有的技术条件下,可利用的频谱资源是有限的。随着移动宽带、M2M、5G、物联网等新的应用不断发展和推广,频谱需求也在快速增加。英国 Ofcom 2014 年预测,按照中等增长速度计算,到 2030 年移动数据需求将增长 80 倍。2013 年 Cisco 预测到 2017 年进行 M2M 通信的设备数量将超过人类总数。按照 ITU 关于 IMT 的频谱需求估算,到 2020 年,先进市场的频谱需求为 1720MHz,后进市场约为 1280MHz,才能满足 2020 年前 IMT 发展所需的频率需求,这对 IMT 的持续演进发展具有十分重要的意义。当前我国移动通信市场规模世界第一,正在大力推进 4G TDD–LTE 模式的国际化,推进 5G 技术研发和新标准的制定,以抢占全球移动通信产业发展的制高点,确保 IMT 发展所需的频率资源对于推广 TDD 模式和 5G 发展至关重要。现在我国规划给 IMT 的频率带宽还远少于这个数量,频谱供需缺口较大。

在频谱短缺的同时,我国部分频谱资源的利用效率存在偏低的问题。在当前的基于行政审批的频率资源配置格局中,由于技术进步、缺乏回收依据等种种原因,在频谱实际利用上存在一些分配的频段内无线电业务拥挤繁忙,而另一些分配频段经常处于闲置的情况。中国移动研究院开展的北京地区频谱占用度测试项目表明,已分配频谱的总体利用率偏低,大部分频段的占用度低于 5%,部分频段完全空闲。此外,各种新业务新技术的发展需要不断建设新的网络,原有网络又常常不能及时退出,使得频率和站址资源日趋紧张,也影响到频率资源的利用效率。可以说,频谱短缺的部分原因是缺乏充分管理导致的人为短缺。

(二)频率分配方式有待改进

我国对无线电频谱资源的分配和指配目前主要基于行政审批的方式,采取的是固定频谱分配策略,这种管理模式具有管理简洁的特点,可以有效监管频谱使用者、防止频谱干扰,保护既有合法频率用户的权益。在固定频谱分配的方式下,即使授权用户在某一时间地点没有使用其授权频谱，其他非授权用户也不能使用该频段，因此导致频谱资源时间和空间上的浪费，频谱利用率低下，不适应无线电技术的高速发展。随着无线电技术不断取得新突破，各种新技术新应用层出不穷，新一代信息技术和战略性新兴产业快速发展，这些新技术对频谱资源管理产生了多方面的影响。现行的基于行政审批的无线电频谱资源管理模式已经不适应经济社会发展的需要，逐渐显现出其不适应性。一是不能真实反映频谱资源的经济价值，二是不能发挥市场对频谱资源配置的基础性作用，三是无法激励频谱资源利用率的有效提高。同时，能够有效促进新技术新应用发展、提高频谱利用效率的无线电法律法规亟待完善，政策措施协调配套不足、支持力度不够。对此，我们必须高度重视，积极推动解决。

此外，目前国家对各省（自治区、直辖市）频率资源的分配方式是等分方式。由于经济发展的不平衡性，无线电在各地区的应用差异较大，频谱等分的分配方式不能充分地利用宝贵的频谱资源，以适应无线电业务飞速发展的需求。

（三）非法使用频率资源现象层出不穷

由于无线电业务种类繁多、大量设备拥挤在狭小的区域内，加上社会上依法用频的意识还比较薄弱，一些单位拒不缴纳频占费，非法使用频率资源、非法设置使用台站或违反技术标准设置使用台站的情况还比较严重。非法使用对讲机是非法用频设台比较集中的一个领域。由于对讲机具有操作简单、通话成本低、不受网络限制等优点，因而在物业、建筑、商场等领域得到广泛的应用，社会存量非常大。同时，对讲机的购置又非常方便，很多渠道缺乏监管，加上很多单位和个人依法用频的意识薄弱，使用时只考虑方便，导致社会存量对讲机中大量非法使用的现象。同样道理，一些单位为解决信号盲区，不去无线电管理机构登记办理手续，私自设置使用直放站的现象也较常见。至于近年来引起广泛关注和政府高度重视的伪基站、黑广播等现象更是非法用频的突出表现，已经构成犯罪行为。

（四）空中电磁环境日趋复杂

随着城市化的发展，我国大部分人口已经居住在城市中，城市高楼林立使无线电信号的传输和覆盖都受到影响，辐射杂波增多。无线电技术设备呈现集成化、模块化、微功率化的趋势，造成监控困难。大量的无线电台站设备在同一时间、同一地域内使用，在占用大量频段资源的同时，也可能造成复杂的用频干扰，使空中电磁环境日趋复杂。

四、对策建议

（一）合理引入市场机制，优化频谱资源配置

按照党的十八届三中全会关于发挥市场在资源配置中决定性作用的要求，改变单一行政指配的频率分配模式，建立以市场为导向的多重频率分配模式势在必行。需要注意的是，市场机制并不是指完全"自由"、毫无约束的频谱资源的使用，这样的"自由"市场并不能使频谱资源得到最大化的利用。应该在参照国外成功经验的基础上，认真考虑我们国家的国情，在依托行政管理的基础上积极探索，通过拍卖、交易、财政补贴、经济补偿、税收优惠等多种手段相结合，逐步建立我国频谱资源的市场化管理新手段新方式。推进过程中应先选择部分合适的频段，选择几个典型地方开展频谱资源市场化的试点，积累经验后再扩大推广至全国，切实推动我国无线电频谱资源合理配置和利用。同时，鉴于市场机制失灵带来的弊端，为保障人民群众基本需求，激励部分社会价值较大而经济价值较小的无线电业务发展，要考虑建立政府补偿机制，同时探索更合理的频谱配置方式。

（二）引入频谱审计机制，提升频谱使用效率

国外频谱审计实践表明，实行频谱审计有助于频谱回收和优化配置，提高频谱综合利用效率。建议委托权威的专门机构或人员，综合考虑经济效益、社会效益、工程效率和国防需求等几个方面，设置好频谱审计指标，重点针对 3GHz 以下黄金频段的主要用频单位、行业部门开展审计。

一是借鉴国外频谱审计经验，确定审计目标。总结发达国家频谱审计的特点，可分为三类目的，即以宽带发展为目的、以频谱优化为目的和以频谱回收为目的。国外频谱审计的经验显示以评估频率使用效益、经济效益、需求等为审计内容，可以协助和指导合理划分频段、加强频率管理、提高频率使用效率以及回收再利用频谱等。根据我国无线电监管的具体实际，确定应当结合这三类目标，以优化频率配置目的为主，首先掌握已分配频谱的实际使用情况，然后全面评估其使用效率，进而作为制定未来无线宽带和移动宽带和频谱回收政策的依据。

二是建立频谱审计机制，尽快启动审计工作。在频率资源日益紧张的形势下，应当尽快展开频率审计的相关工作，形成完善的审计机制。建议国家首先出台相应的法律条文，国家无线电管理局依据我国无线电法规等，设计审计的量化指标

体系，委托独立的专职机构或人员作为审计主体，对用频单位、行业和无线电业务开展周期性的频率审计工作。频谱审计工作程序可以分为四个阶段，即制定方案、数据稽核、数据分析和生成报告。此外，对不同种无线电业务实施适宜的差异化审计，例如审计重点和周期的不同。对热点和重点无线电技术重点审计，对移动通信、无线专网等技术发展快、频谱占用多的频段实行较短周期的审计。

三是完善频谱审计内容，通过技术手段提升审计质量。结合我国实际情况，逐步完善频率规划、使用、管理各方面的频谱审计内容，包括频率需求评估、频率占用度评估、台站评估、效益评估、技术评估和业务评估等方面。形成频率审计报告，为审计结果建立标准的、专用的数据库，利用大数据等先进技术进行处理，对数据库定期更新，并将高质量的审计数据纳入无线电管理信息决策支撑系统和统计分析系统，供频率规划、频率管理、台站管理、未来需求分析和政策制定等方面的有效使用。同时，可以使频谱监管的效果更加透明。

（三）推进无线电综合立法，提高行政执法能力

一是尽快出台新版《无线电管理条例》，提高法律法规的及时性和灵活性，这是现行无线电管理最急迫的问题。同时逐步推动《无线电法》立法工作，为实现真正统一领导奠定法律依据。二是鼓励有条件的地方先行立法，探索试点有效的频谱分配和监管新方式。

空中电磁环境的日趋复杂，对无线电监测能力和执法查处能力提出了更高的要求。我国幅员辽阔，各地经济发展水平差距较大，需要针对不同情况综合采取多种手段。一是在城市和无线电台站设备密集区域推进网格化监测，保证重要地区重点频段的无线电安全；在人口稀疏的地区加强应急机动能力建设，包括增加移动监测车辆和设备，完善应急机动大队配置。对于出现的新的干扰形式，通过与现有固定监测设施配合，可以提高应急响应能力，及时查处干扰源。二是有条件的地方可以试点组建类似文化稽查行政执法大队的无线电管理执法大队，根据试点结果决定是否扩大推广至全国。三是推进无线电管理信息化建设，满足新时期无线电管理工作提高效率的需求。建设和完善业务互联互通信息快速共享的信息化平台，建立国家级数据中心，为综合决策提供基础数据支撑。四是要加强面向物联网环境下新型无线电干扰的智能化监测及干扰查处技术研究，丰富监测手段，提升监管能力；要研究探索新形势下的无线电监测手段，增强对新型干扰的监测查找能力。五是加强无线电产品的检测和认证，鼓励和引导企业开发技术先

进、性能可靠的无线电技术产品。

第三节　无线电管理收费

一、无线电频谱资源收费的必要性

（一）无线电频谱资源的合理配置和使用的需要

无线电监管机构一般会综合利用行政、法律、经济和技术等手段对频谱资源进行合理的监管，从全球无线电管理的发展历史来看，近些年经济手段在世界各国无线电管理当中扮演的角色越来越重要，而频谱资源收费正是运用经济手段实现频谱资源合理配置和使用的重要途径之一。ITU 在发布的《频谱管理的经济方面》报告中明确指出频谱是一种稀缺资源，有关频谱管理的决定应从经济的角度进行考虑。

（二）提升无线电管理工作水平的需要

我国早在 1986 年就开始借鉴国际上的主流做法，向使用无线电频率的单位或部门收取无线电频率占用费。频率占用费的收取为全国无线电管理基础设施建设和技术装备的完善提供了重要的资金保障，对无线电管理工作的提升发挥了巨大的作用。目前，全国各地已建成若干个超短波固定监测站，基本满足了重要区域 20—3000MHz 频段范围的监测需求，而超短波移动监测站和可搬移监测设备的规模也在不断上升，便携式监测设备的配置更是增强了移动应急处置能力。除此之外，省级无线电设备检测实验室的建设取也得了很大的成效。在信息资源互联互通方面，目前已建成全国各级无线电管理机构的信息网络。得益于已建成的无线电管理基础设施和配备的技术装备，全国各级无线电管理机构能够在无线电频率监测、无线电干扰查处、无线电设备检测等方面更高效地开展工作，为全面贯彻落实无线电管理"三管理、三服务、一突出"的总体要求发挥了巨大作用。

（三）国家对频谱资源的所有权的体现

自然资源有偿使用制度，是指国家以自然资源所有者和管理者的双重身份，为实现所有者权益，保障自然资源的可持续利用，向使用自然资源的单位和个人收取自然资源使用费的制度。

无线电频谱资源与土地、矿产、水、森林资源一样，同属于国家所有的自然资源。早在 1993 年出台的《中华人民共和国无线电管理条例》第四条就明确规定："无线电频谱资源属国家所有。国家对无线电频谱实行统一规划、合理开发、科学管理、有偿使用的原则。"这是在行政法规层面上第一次明确了无线电频谱自然资源的属性。此后在 2007 年出台的《中华人民共和国物权法》第五十条明确规定："无线电频谱资源属于国家所有。"这是我国在更高层级的法律层面上第一次明确赋予了无线电频谱自然资源的属性。

基于此，依照现行的法律法规，对使用无线电频谱资源进行收费完全符合我国实行的自然资源有偿使用制度。

国家对自然资源实行有偿占用的原则，任何人要使用国家资源，都应该交纳一定的费用（国家规定免收频率占用费的除外）。收费体现了国家对频谱资源的所有权，也表明了用户在一定条件下取得国家允许使用频率的合法性。

二、我国无线电频谱资源收费现状

（一）收费机制

1. 收费政策

1998 年以来，《无线电管理收费规定》一直是我国无线电管理收费的重要依据。同时，为了适应经济社会的发展及不断发展的无线电新业务和新技术，后来又分别针对蜂窝公众通信、无线电新业务、原铁道部和中国移动通信集团公司共用蜂窝公众通信网络、"村通工程"无线电通信和"村村通工程"无线电广播电视传输发射台站、第三代公众移动通信网络等业务的频率占用费收费办法和标准进行了调整和完善。

2. 收费方式

（1）主要收取频率占用费

1986 年之后，我国各地方无线电管理部门开始收取频率占用费。1989 年国务院正式批准，按照原国家计划委员会确定的统一价格在全国收取频率占用费。我国对无线电频率资源的分配方式，一直沿用行政审批的单一模式，即由需要使用无线电频率资源的用户向有管辖权的国家或地方无线电管理机构提出申请，由国家或地方无线电管理机构依职权进行分配和指配。国家和各级无线电管理机构对合法的频率使用情况进行监督检查。确定频率占用费标准的基本原则是"成本回收及以收取的费用能抵消从事管理的成本"。

（2）市场化收费方式的探索

为了使频率资源的分配适应市场经济的发展，并充分体现频率资源的巨大经济价值，国家无线电管理部门开始探索新的适合我国发展需要的频谱使用权有偿出让方式。2002 年底至 2004 年初，国家无线电管理局进行了关于 3.5GHz 频段地面固定无线接入系统频率的招标会。此次招标会的成功举办是新中国成立以来国家对无线电频率资源配置方式的一次重大改革，是以市场机制优化资源配置的一次有益尝试。采用招标方式实现对 3.5GHz 宽带接入频段的成功分配，表明我国对频率资源的分配正逐步进入以市场机制配置频率资源的新阶段，也表明我国对无线电频谱资源市场化收费方式的第一次探索。

（二）收费标准

1. 收费结构

2005 年以前，我国无线电管理收费包括：注册登记费、频率占用费和设备检测费。此后，根据国家财政部、发改委财综〔2004〕87 号文规定，注册登记费于 2005 年 1 月 1 日起取消；根据国家财政部、发改委《关于公布取消和免征一批行政事业性收费的通知》，自 2013 年 8 月 1 日起，今后设台单位新设或更换无线电台站，无须缴纳设备检测服务费。自此，我国无线电管理收费只包含频率占用费一项。

2. 收费业务种类及标准

我国无线电管理收费的业务种类目前主要有蜂窝公众通信、集群无线调度系统、无线寻呼系统等 17 类业务，每一类业务都有各自的收费标准。

三、我国无线电频谱资源收费体系存在的问题

（一）收费方式需要进一步完善

长期以来，我国对无线电频率资源的分配一直沿用行政审批的单一模式，由于未引入相适应的市场机制，市场在频率资源的配置中没有充分发挥作用。相应地，我国频谱资源收费方式也一直是以行政性收费的形式进行收取，并且如前文所述总称为"无线电管理收费"。尽管我国在 2001 年到 2004 年之间进行过 3.5GHz 频段使用权招标的尝试，但是后期并没有进行大规模推广，而拍卖、二级市场交易等高度市场化的频谱分配模式一直未在国内进行过尝试。因此，在目前单一的行政审批分配频谱资源的背景下，我国无线电频谱资源收费方式也一直未有突破，仍然沿用过去收取"频率占用费"的模式对无线电频谱资源的使用进行收费。

（二）无线电频谱自身价值需要进一步凸显

在现行收费体系下，我国无线电频谱资源收费结构中"无线电管理收费"名目下目前仅剩下"频率占用费"这一项，列入《全国性及中央部门和单位行政事业性收费目录》（以下简称《收费目录》）中。

客观来说，对无线电频谱资源被占用或者使用的收费更偏向于"国有资源有偿使用费"性质，而现在将其列为行政性事业收费项目，在很大程度上未能凸显出无线电频谱作为国家自然资源的巨大价值。以土地资源为例，近几年我国政府不断简政放权、深化改革，最新的《收费目录》显示，目前国土资源部门行政事业性收费关于土地资源的项目仅有"土地复垦费""土地闲置费""土地登记费""耕地开垦费"和"地质成果资料费"5个项目。在土地资源分配模式方面，除了行政划拨以外，"招拍挂"等市场化方式渐成主流。而采取"招拍挂"等市场化方式出让土地使用权的"土地出让金"并没有出现在《收费目录》中。并且，根据财政部的统计数据，2014年全国土地出让金为4.29万亿，远超与土地资源有关的行政事业性收费总额。土地出让金产生的巨大经济价值恰恰能够反映出土地资源其本身的稀缺性和重要性。而无线电频谱资源同样作为稀有的国家战略资源，其巨大的经济价值需要通过更合理的收费体系来深入挖掘。

（三）现行收费范围、结构和标准有待进一步优化

一是现行频占费收费范围有待进一步完善。1998年发布的《无线电管理收费规定》及后续出台的相关文件，已经比较全面地覆盖了我国现有无线电业务，但是随着无线电技术应用的快速发展，新的无线电业务不断涌现，需要对现有频占费收费范围进一步完善。例如广播电视节目制作和特殊事件（PMSE），国外很多国家针对该业务进行收费，而我国暂未将其列入收费范围。

二是无线电管理收费结构需要进一步丰富。目前我国无线电管理收费事项只剩下"无线电频率占用费"一个项目，正如前文所述，征收频占费实际上是对资源使用费的收取，并没有体现出无线电管理机构在发放牌照、后期跟踪监督的管理成本，仅设置频占费一个项目，容易把管理成本和频谱资源的使用费混为一谈，导致收费结构不够清晰。

三是现行频占费收费标准有进一步优化的空间。第一，现行收费标准的颗粒度较粗，例如对广播电视业务的收费，目前收费标准颗粒度只到"广播电视"一级。第二，现行收费标准设置时未充分考虑业务使用地域、人口密度等差异化因素。实际上，当同一段频谱资源应用于同一业务时，其在城市和农村（或者说人口密度高和低的区域）所产生的经济效益并不一样，因而收费标准也应该有差别。

四、对策建议

（一）构建行政定价与市场定价并行的二元收费体系

一是认真研究欧美发达国家的频谱资源收费体系。英国、美国、澳大利亚等国家对于频谱经济方面的研究较早，积累了很多经验。一方面，要深入研究目前欧美国家哪些业务已经实行频谱资源市场化配置方法及其收费方式，哪些业务仍然在沿用传统的行政定价模式；另一方面，要对具体采用的市场化模式进行研究，以对构建我国频谱资源二元收费体系提供有益的借鉴。

二是横向比对我国其他自然资源的收费体系。目前，我国土地、矿产、森林和水等自然资源都采用了二元收费体系，即都存在行政定价和市场定价两种收费方式，并且这些资源的市场化收费方式也都是从行政定价的基础上不断演变而来的。无线电频谱资源与土地、矿产等资源同属国有自然资源，深入研究其他自然资源的收费体系，必将在构建我国频谱资源二元收费体系时发挥积极的作用。

三是在电信业等频谱经济价值高的业务领域进行市场化收费试点。首先，要借鉴国外先进经验并结合我国国情，对适合/暂不适合进行市场化收费的无线电业务进行谨慎的梳理；其次，应在全球市场化收费最典型业务——电信业务中进行试点，通过理论与实践相结合，逐步将频谱资源市场定价与行政定价并行的二元收费体系在我国推广。

（二）尽快探索适合我国国情的市场化收费方式

一是深化改革的要求。《中共中央关于全面深化改革若干重大问题的决定》中明确指出，使市场在资源配置中起决定性作用。无线电频谱资源属于国家所有的自然资源，探索无线电频谱资源市场配置方法及相应的收费方式，完全符合党中央的总体要求。

二是在法律法规中明确允许采用市场化收费方式。为了使拍卖或招标等市场化收费方式在全国有一个统一的法律规范，必须首先在未来出台的《无线电法》

中明确该项内容；其次需要在《中华人民共和国无线电管理条例》中对相应内容进行修订。

三是要在重点商用无线电业务领域适当引入竞争。频谱拍卖或者招标需要在自由竞争的市场环境中实施，因此无论是出于提高频谱利用率的目的，还是以实现频谱社会价值和经济价值的最大化为出发点，都需要在重点业务领域适当引入竞争（如电信市场）。

四是选择合适的频谱资源市场化收费方式。无线电频谱资源市场化收费方式主要包括频谱招标、拍卖和二级市场交易等方式。结合我国无线电频谱资源管理的相关政策法规来看，拍卖和招标方式这两种模式更为合适。

五是全盘清点已规划未分配及有可能释放的频谱资源。由于我国一直沿用行政审批的方式进行频谱资源分配，目前大部分已规划的频谱资源都进行了分配。要想尝试新的基于市场机制的收费方式，就必须找到可以用于新分配的"干净"频段。一方面，要对已规划未分配的频谱进行统计。另一方面，要预研无线电业务的发展趋势，梳理可能重新分配的频谱资源。

六是要强化市场化收费方式下的后期监管。第一，要确保无线电频率资源得到有效利用；第二，要建立完善的频谱回收及补偿机制；第三，要对市场化收费的资金进行有效监管。

（三）进一步优化现行频占费收费范围、结构和标准

从国外的经验来看，无线电频谱资源市场化收费方式所涉及的业务类型大多局限在无线通信、广播电视等经济价值较高的商用领域，因此即使我国对频谱资源实行了市场化收费方式，现行的频占费收费制度仍将发挥很重要的作用。基于此，在重点商用业务领域积极推动频谱资源市场化收费方式的同时，需要继续优化我国现行的频占费收费制度。

一是要及时调整频占费收费业务范围。无线电技术应用发展迅速，随着新旧技术应用的交替，相应的无线电业务也在发生着变化，及时调整频占费收费业务范围才能使频占费收费制度与时俱进，适应新形势发展的要求。

二是要进一步丰富无线电管理收费结构。考虑把无线电管理服务收费与频谱资源使用费分开，将频谱资源市场化收费的部分借鉴土地资源以类似"土地出让金"的形式单独划出。

三是要不断优化频占费收费标准。第一，对原来大业务进行细分，例如对"广

播电视"业务,可进一步制定"国家广播电视业务""地方广播电视业务""社区广播"等细分的子业务收费标准;第二,制定收费标准时引入人口密度、区域经济发展水平等个性化因素,做到更科学、更合理、更精细化地收费。

第四节　推进频谱资源共享

随着移动互联网时代的到来,无线数据流量呈现指数式增长的趋势,引发了急剧增长的频谱资源需求。频谱供需矛盾,已成为各国政府普遍关注的问题。目前各国积极通过立法、市场化、技术等手段不断优化频谱资源配置,支持移动通信等新兴战略性产业的发展。频谱共享是提高频谱利用率、解决频谱短缺的重要手段之一,它的出现为当前频谱紧张局面提供了一种极为有效的解决途径。

频谱共享是指由两个或两个以上用户共同使用一个指定频段的电磁频谱。频谱共享包括授权共享和免许可共享两类。授权共享接入是有限数量用户被授权共享一段频谱的个人授权机制。免许可共享接入是一种基本上不受监管的共享机制,所有用户都将共享的频谱看作是一种无须许可证的公共资源。但是,所有用户都要受到辐射功率、协议等强制性约束条件的限制。共享用户可分为主用户和次用户两类。主用户是指最初被授予频段且愿意与其他接入者共享资源的用户;次用户是指其余被允许按照共享规则使用频谱的用户。

一、我国推行频谱共享的意义

(一)有效缓解频谱资源的供需矛盾

未来频谱供需矛盾将日益突出。根据华为、中兴公司向国际电信联盟(ITU)提交的 5G 预测结果显示,到 2020 年我国移动通信将存在约 1000MHz 的频谱带宽缺口。而以目前的无线电业务使用情况来看,根本无法弥补频谱资源的严重短缺。频谱共享可以为各类业务增加可用频谱的数量。这将大大提高频谱资源的利用率,从而进一步缓解我国 1000MHz 频谱资源的供需矛盾。频谱共享,作为提高频谱利用率、解决频谱短缺问题的重要手段,是应对我国未来无线电业务快速发展带来的频谱供求失衡挑战的内在需求和基本保证。

（二）充分利用频谱资源的潜在价值

我国无线电频谱资源的分配和使用一直沿用基于行政审批的固定分配模式。很多频率以近乎免费的方式分配出去，频谱的初始分配决定了某些用户可以独占频段而不管是否使用这些频率，从而造成一些用频部门注重申请储备大量无线电频谱资源，既造成频谱资源闲置浪费，又使频谱巨大的潜在价值无法得到挖掘。大多数频谱牌照被政府机构、军队、广电、民航以及电信运营商等所掌控，而其他无牌照用户如果未经授权使用了相关频段都将被视为非法。

频谱共享能够在不影响当前牌照持有者频谱使用权益的前提下有效地动态利用空闲的频谱，使多个用户或业务可以和谐地共用某段频谱，进一步利用市场机制可以有效合理地整合各单位的已获得频谱资源，从而能够更加有效地提升频谱利用率和利用效率。推行频谱共享可以缓解频谱利用率的不平衡程度，降低频谱的重置成本，实现频谱资源自身价值的最大释放。

二、我国推行频谱共享面临的挑战

（一）共享频段技术特性直接影响频谱共享效果

频谱共享的效果与共享频段的技术特性紧密相关，如频段大小和频率高低。例如偏远地区需要低频频率，以较低成本扩大覆盖的效果。未来的移动频谱需要非常宽的带宽信道来支持更高速的短距离移动连接，例如连续的500MHz或1GHz的大带宽。高频段可以提供较多的连续大带宽。然而，与低频段不同，大气作用以及雨、雪、雾等天气影响会对高频段的传输损耗产生较大的影响。此外，高频段系统将会使得数据传输速率得到很大的提升，天线将会更加密集。但是，信号处理的功耗也将相应上升。因此，频段的技术特性决定频谱使用的效果，因而也决定频谱共享的效果。

（二）频谱共享会加大技术和管理的复杂性

频谱共享带来的复杂性，包括技术复杂性和管理复杂性。未来的无线电信息通信系统可能会存在多层、多种无线接入技术，并工作在分散于不同载频的多个频段上，使用的频谱接入模式也不一样。因此，共享协议将会涉及多种技术协议，动态共享要求网络设备和产品具有一定程度的复杂性，相应地使用的算法复杂度也会增加。随着越来越多的不同特性的可接入频谱资源的涌现，迫切需要制定新的频谱使用规则加以管理，以实现高效、有序的频谱共享和利用。二是频谱共享带来的潜在风险。包括共享协议的不确定性、频谱共享的动态水平以及与主用户的合同期限等。当共享的动态性不断提升时，技术和管理复杂性均在增加，相应地造成系统稳定性的下降。三是潜在共享条件的影响。例如，共享的地点、时间等运营范围及网络布局条件等限制。这些受限条件会按照影响范围的大小相应地降低共享的经济收益。因此，授权频谱的独占使用仍然是运营商最偏好的频谱使用方式，频谱共享的接入模式可能仅对其起到一些补充作用，从而制约了频谱共享的实践。

（三）运营商的投资意愿可能不高

频谱共享的经济效益大小是由电信运营商的投资决策驱动的，因此，电信运营商的投资意愿也影响着频谱共享的可行性和经济效益。电信运营商必然会仔细斟酌频谱共享所面临的一系列限制因素以及潜在的复杂性和风险，并体现在其商业计划统筹中。这主要包括为频谱共享所做贡献而获得的利润，愿意为额外频段支付的价格，在技术和设施方面的投资规模等。当频谱共享的复杂性过高或实际条件变差时，电信运营商的投资意愿就会下降，从而在一定程度上削弱频谱共享的效果。这不得不使无线电管理机构重新考虑电信运营商投资频谱共享的可能性和热切程度。因此，如何协调频谱共享潜在参与方在技术、管理和经济上的合作，共同推进我国频谱共享将是一个巨大的挑战。

三、对策建议

（一）全面衡量频谱共享效果，制定合理的共享方案

积极开展频谱共享效果方面的研究，积极探讨可能的频谱共享方案。频谱共享效果要受到协议复杂性及一系列约束条件的影响。因此，在制定合理的频谱共享方案之前，必须全面衡量这些因素对共享效果可能产生的影响，评估频谱共享所可能带来的经济效益。有研究提出可以认为频谱在专用情况下所能产生的收益为频谱共享产生的最大收益，进一步根据实际情况，通过对该类最大收益进行适当的折损，从而真实地反映各种可能影响运营商投资积极性和共享效果的因素。

在评估频谱共享的成本和收益时，可以首先考虑三类成本。一是监管机构的管理成本，二是主用户的清频成本。三是主用户的其他额外社会成本。通过事前审核，合理评估各项频谱共享方案所可能带来的潜在经济收益，从而在此基础上做出符合技术、政策、市场全面协调的共享决策。

（二）鼓励各方积极参与频谱共享

为了满足信息通信业务发展对频谱资源日益增长的需求，政府应当采取一系列措施鼓励政府、军方和商业用户之间进行频谱共享。一是在某些频段上探究政府、军方和运营商之间进行频谱共享的可能性，全面清查和评估政府占用频谱资源的使用状况，进行频谱共享的测试等等。二是加速释放业务量和频谱占用严重不成比例的频段，清理移交空闲频谱资源。例如，曾经的寻呼机使用频段，由于寻呼业务在我国已经基本消失，因此，这种类型的频率应该可以收回重新规划作为其他迫切需要频谱资源的技术使用。三是通过市场手段促进频谱动态共享的进程，确立互利共赢的共享机制，推动重要频谱段向商业服务提供商的分时分区开放共享。

区域篇

第五章　华东地区

第一节　山东省

一、统筹安排年度工作任务

2015 年，全省无线电管理机构统筹规划，合理安排全年工作任务。2 月 5 日在济南召开了"2015 年全省无线电管理工作电视电话会议"。在全面回顾总结 2014 年全省工作的同时，提出 2015 年要以"四个全面"为指导，以"走在前列"为定位，以"提升发展标杆、提升工作标准、提升精神境界"为实现条件，认真抓好"三管理、三服务、一突出"中心工作，适应新常态，积极新作为，在深化改革、依法行政、抓住重点、提升能力上多下功夫，全力推动"四个全面"落实，积极服务山东经济文化强省建设；严格按照行政权力清单行使权力，加强行政权力运行的监督管理，进一步转变职能简政放权，切实做到"法定职责必须为，法无授权不可为"；牢固树立群众路线意识，筑牢拒腐防变思想防线，不断提升监管服务能力。要立足长远发展，高度重视规划编制工作；积极开展"频率使用情况核查"专项活动，进一步规范台站管理，切实维护好空中电波秩序。

会议宣读了 2014 年度全省无线电管理综合评议考核结果通报、全省无线电监测技术演练比赛成绩前六名个人和团体表彰通报，并就贯彻落实会议精神、做好春节及两会期间 24 小时安全值班、开展第四个世界无线电日宣传提出了要求。同时，为抓好工作落实，制定了《2015 年度重点工作配档表》，确定了 32 项重点工作及进度安排，并印发全省执行。各管理处根据全省会议要求，也采取不同形式相继召开全市工作会议，研究工作，部署任务，确保了全年工作有序开展。

二、抓好年度综合评议考核

根据《山东省无线电管理工作综合评议考核办法》相关规定，1 月 12 日至 16 日对全省 2014 年度工作进行了考核检查。综合评议考核第一次采取了报送材料的方式进行，成立了综合评议考核领导小组，并组成综合、频管、稽查、监测四个工作组。评议考核采取自评汇报、分组检查、反馈情况、管理处互评、综合评定等方式，保证了综合评议考核公正、公平、公开。印发了《2014 年度全省无线电管理综合评议考核结果通报》，通报了考核结果，并对考核检查中发现的问题提出了改进要求。

5 月 27 日至 29 日组织召开了"山东省无线电管理工作综合评议考核专题研讨会"，对综合评议考核办法进行修订。17 个管理处汇报了本单位对考核办法的意见和建议，经过两天的集中研讨和修改、完善，将综合月调度、频率台站月调度、监督检查月调度和监测月调度制度内容整合到年度综合评议考核办法的相关项目之中，简化了月度报告事项，充实了考核办法内容，使考核办法"月调度、年考核"的特色更加鲜明，更加符合工作实际，更具有导向性、综合性、针对性、实用性和可操作性。

三、积极推进规划编制工作

根据工信部无线电管理局、省经信委关于做好"十三五"规划编制工作的通知精神，在 2 次征求全省意见的基础上，于 4 月 17 日印发了《关于做好山东省无线电管理"十三五"规划编制工作的通知》，明确了规划编制工作的指导思想，确定了因地制宜、注重实效，统筹规划、分步实施，开拓创新、促进应用，安全保障、维护稳定，深化改革、服务发展的五项基本原则，成立了以省办领导为成员的山东省无线电管理"十三五"规划编制工作领导小组，领导小组下设办公室，具体负责规划的编制工作，人员由省办各处站和相关管理处 18 名业务骨干组成。组成山东省无线电管理"十三五"规划编制工作咨询顾问组，负责对规划工作进行指导和评估。

为抓好规划编制，6 月 3 日在济南召开"全省无线电管理'十三五'规划编制工作座谈会"，回顾总结了"十二五"规划建设情况，分析了"十二五"规划建设中存在的问题和不足，研判了无线电管理发展形势，重点讨论了技术设施建设和基于频谱的工业经济（无线电产业）相关问题，同时征求了各管理处的项目

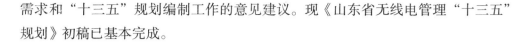

需求和"十三五"规划编制工作的意见建议。现《山东省无线电管理"十三五"规划》初稿已基本完成。

四、建立健全行政审批规范

为认真贯彻落实省委办公厅、省政府办公厅《关于深入推进权力清单制度依法全面履行政府职能的意见》、省编委《关于在全省开展政府部门责任清单编制工作的通知》精神，做好无线电管理责任清单编制工作，3月2日在济南召开了部分管理处参加的"无线电管理责任清单专题研讨会"，全面梳理了责任清单内容，制定省、市两级无线电管理部门职责，厘清职责边界，制定事中事后监管制度，明确公共服务事项，强化责任追究机制，上报后又根据省编办意见再次进行了修改完善。

根据省人民政府《山东省人民政府关于贯彻落实国发〔2015〕6号文件进一步深化行政审批制度改革的意见》、省编委《山东省机构编制委员会关于印发〈行政审批事项业务手册编写规范〉和〈行政审批事项服务指南编写规范〉的通知》精神，5月20日召开部分管理处参加的"无线电管理行政审批事项手册编制工作专题研讨会"，研究讨论了行政许可业务手册和服务指南的结构框架、目录划分、编写格式、注意事项等，完成了省办"无线电台（站）设置审批"等5项行政许可事项的业务手册和服务指南编写，并根据"市、县（区）经济和信息化部门行政许可事项通用目录"编写了"研制、生产无线电发射设备实效发射实验审查"等5项行政许可事项的业务手册和服务指南，供各管理处参考。

五、认真抓好频率台站管理

根据国家无线电办公室在全国开展无线电频率使用情况核查专项活动的统一部署，4月23日下发《关于开展全省无线电频率使用情况核查专项活动的通知》（鲁无办发〔2015〕31号），成立了以省办主要领导为组长的"全省无线电频率使用情况核查专项活动领导小组"，领导小组下设办公室，设在频率台站管理处，各管理处业务科科长为联络员，并明确了专项活动的目的、内容和时间安排，提出了有关要求及事项。5月8日下发《关于全省无线电频率使用情况核查专项活动数据填报有关问题的通知》（鲁无办发〔2015〕35号），对专项活动提出新的要求。目前，全省的频率使用情况核查工作取得了明显成效，圆满完成了各项工作任务。在仔细梳理历年文件基础上，同时进行频率信息电子化与可视化建设，开展了专项监测和频率、台站数据的比对工作，完成了公众移动通信，230MHz 数据传输，3400—3600MHz、14.25—14.5GHz 等应用或频段的监测和频率台站数据比对工作。10 月底，在全国无线电频率使用情况核查专项活动检查交流中，全省取得了优异成绩。

落实无线电台站数据月报工作长效机制，抽取检查电信、联通公众通信网基站、150MHz、400MHz 对讲机、中继台、广播电台、电视台等无线电台站申请表和资料表 272 份，做到数据基本无差错。规范行政许可事项管理，审核各类无线电设备型号核准 18 件，审批进口审查批件 4 件，审批船舶电台呼号 46 个，审批雷达站 1 座。加强业余无线电台管理，引导业余无线电爱好者规范有序开展业余无线电活动，新指配业余无线电台呼号 708 个，新指配业余无线电中继台 13 个，业余无线电集体台呼号 4 个。

六、广泛开展监督检查活动

根据省委组织部、教育厅、人社厅等部门要求，完成了研究生、高考、选调生以及省属事业单位、公务员等考试期间防范利用无线电技术手段作弊工作。一是在考试前认真开展"打击销售作弊器材"专项行动，依法查处不法商家以及涉嫌用于考试作弊的"三无"无线电发射设备。二是在考试期间指派专人与主管部门建立联络机制，及时调度情况，并建立了巡视督查制度，确保工作落实。三是在考试期间开展"净化考点周边环境"专项行动，严密监测电磁环境，对涉嫌考试作弊的无线电信号及时予以定位和查找、阻断，重点打击考点内外串通涉嫌利用无线电设备实施考试作弊等违法违规行为。

主动开展行政执法检查活动，及时排查各类无线电干扰。严格落实监督检查月报制度，明确开展日常监督检查的要求、时限、内容等，使无线电行政执法人员开展日常监督检查成为自觉、成为制度。认真落实无线电干扰受理查处制度，特别对涉及专用频率干扰立接立办，跟踪落实，并适时组织联合排查活动。

七、稳步推进技术设施建设

一是组织了全省 14 市区域网格化无线电监测网的初验收。2 月 2 日至 9 日，省无线电管理办公室组织召开了"山东省无线电管理技术设施'十二五'二期、三期、四期工程"济南等 14 市区域无线电监测网项目的初验收会议。针对初验收和试运行中发现的问题，积极协调相关承建公司进行完善改进，并加强各地网格化无线电监测网设备和平台软件的试运行的协调组织工作。

二是组织了全省无线电台站检测、信号侦测和辐射测量系统设备的移交、初验收和培训。分别于2015年5月、9月组织完成了"全省无线电管理技术设施'十二五'五期、六期工程""4G基站自动检测系统设备"项目、"在用无线电台站专业发射设备检测""无线电信号实时侦测系统",以及在用"台（站）无线电发射设备辐射方法测量系统"项目设备的移交、初验收和培训。省无线电监测站、16个管理处相关负责人和业务技术人员共90余人参加了培训。

三是组织完成了"十二五"七期工程方案和2016年全省技术设施建设需求方案的编制工作。2015年6月对各地2015—2016年无线电管理技术设施需求进行征求意见,在此基础上编制了"十二五"七期工程方案,组织了工程项目的可行性研究和技术方案的专家评审。目前,项目建设按照政府采购相关要求上报省财政厅,年内可完成"十二五"七期工程的政府采购工作。同时,编制了2016年全省无线电管理技术设施建设需求方案。

八、认真做好日常监测检测工作

根据国家下达的无线电频谱监测计划,利用省站中心站、雅居站、黄河站实施无线电监测846小时。完成了济南疾病防控中心、省气象局齐河气象雷达等站址电磁环境测试任务;完成了全省无线电频谱监测月报的任务下达、监测数据汇总、分析和监测月报上报工作,全省累计实施频谱监测356119小时,为无线电频率使用、台站设置、无线电干扰和非法电台查处,以及无线电频谱资源的动态管理提供较好的技术支持。

加强省无线电检测实验室质量体系运行和内部管理工作,制定了质量管理的各类内审、管理评审,内部员工学习培训,仪器设备管理维护、计量和期间核查,质量监督等质量计划,并认真执行;加强设备维护,完成检测机房改造期间的仪器仪表搬移、管理和维护,保证实验室质量管理体系的正常运行。根据CNAS实验室认可复评审要求,完成了质量手册、程序文件的修订;进行了实验室认可检测项目检测标准查新、确认和发布;进行了相关项目的检测比对,完成了实验室认可申请书规定的10类申请表和17类共计60份申报材料的上报。11月6—8日,通过了现场评审。

创新管理,组织实施无线电管理技术设施项目应用技术带头人制度。为进一步加强无线电监测、检测和信息化技术的消化吸收，促进各类技术设施和装备的应用，更好地发挥技术设施的效能，结合重点技术设施建设项目和关键设备使用，在全省范围内推行核心设备使用、关键技术研究和重点项目应用的"项目应用技术带头人"制度。6月份，省办以鲁无办发〔2015〕41号文件下发《关于在全省推行无线电管理技术设施项目应用技术带头人制度的通知》。明确了建立该制度的指导思想、工作职责、项目范围、组织实施、项目应用技术带头人鼓励政策及研究成果应用等。全年共完成各种无线电监测业务技术培训17批、参加培训人员350人次。通过多方面的学习和培训，提升了监测技术人员理论知识，提高了监测人员的业务技术能和理论水平。

第二节　江苏省

一、全面推进"十三五"规划编制工作

"十三五"规划编制工作是2015年初确立的一项重点任务，按照"高起点、高标准、高质量"的要求，省局专门成立了规划编制工作小组，省市协同展开，共谋发展大计，目前已完成了规划（草案）的起草工作。一是广泛开展调研。坚持立足省情做规划，充分发挥集体智慧，集思广益、群策群力，先后在徐州、泰州两市召开了"十三五"规划编制片区座谈会，了解一线的同志对未来五年无线电管理事业发展的建议和意见；组织地市分管领导赴上海市无线电管理局调研区域监测网络和规划编制工作，规划编制小组还专程赴广东、山东、深圳等发达地区调研，学习借鉴兄弟省市的规划思路和先进经验。二是加强创新研究。根据规划编制工作需要，重点对全省台站分类分级管理、技术设施规划、法治能力建设、无线电安全保障等方面的重大问题进行研究，结合全省特点对区域监测网建设思路进行了改革尝试，明确由地市负责区域监测网规划编制工作，专门印发通知提出要求。各地市严格按照省局要求，组织精干力量，深入调查研究，结合当地国民经济和社会发展情况，以及现有站点布局情况，提出了"十三五"时期地区监测网建设思路。三是精心组织起草。在充分调研的基础上，组织收集、整理了大量信息资料，全面回顾总结了"十二五"期间全省无线电管理情况，客观地对未来五年发展形势进行了研判，认真开展了规划框架思路的设计和目标任务的梳理工作。截至11月初，全省"十三五"规划已完成四稿，并向地市管理处及有关

部门征求了意见。工信部无线电管理局谢存副局长在江苏开展专题调研期间，对全省"十三五"规划编制工作给予了充分肯定。

二、规范频率台站管理

一是频率核查专项活动取得明显成效。根据国家局下发的通知，制定印发了《江苏省无线电频率使用情况核查专项活动实施方案》，针对活动中需要把握和解决的重点问题开展了专项培训。在此基础上，通过梳理文件、专项监测、数据比对、实地核查等手段，对全省频率使用情况进行了一次拉网式的摸排。截至11月10日，专项核查文件梳理和频率数据填报工作已完成。全省梳理扫描历史频率指配和分配文件1821份，填报指配、分配记录5343条，涵盖民用超短波、短波、水上甚高频、数传、微波、雷达、集群、寻呼、无线接入等各类业务。对历史文件中发现的频率分配指配不规范、各地市台站设置审批方式不统一等问题进行了整改和优化。二是开展频率需求调研做好重点项目频率保障。为全面掌握150MHz、400MHz频段专用对讲机频率规划使用管理情况，规范对讲机频率管理，提高频率使用效率，在全省开展该频段规划执行情况调查；对南京宽带政务共网、电力宽带专网等使用情况及地铁、交通、海事等需求进行调研，着手开展频率分配规划编制工作。围绕服务江苏省社会经济发展，通过调研走访了解省内各部门各行业重点工程项目频率需求，保障了包括一批省内重点建设项目专用频率需求。为扬子石化400MHz数字集群系统、省信访400MHz数字通信系统、盐城南洋机场有限责任公司建设800MHz数字集群系统、宁沪高速公路数字无线通信系统、省气象系统风廓线雷达等一批新建台站的频率审批开通绿色通道。支持南瑞集团继续开展1.8GHz LTE宽带技术试验，促进智能电网技术发展。跟踪调研南京1.4GHz政务专网运行使用情况，引导共网系统充分发挥其在城市政务、社会管理及应急管理中的作用。组织开展了南京广电中波台迁址站址协调等工作。三是助推无线产业发展。积极研究推出各项服务产业发展、助推产业转型的措施。制定印发了《关于进一步做好为全省无线电发射设备制造企业服务工作的通知》和《江苏省无线电发射设备生产监督抽检工作程序》；组织全省执法力量开展无线电发射设备生产监督抽检工作；优化调整全省无线电发射设备型号核准审批流程，为无线产业转型升级提供更加快捷高效的行政服务；开展相关产业频率规划工作，确定无线产品重点发展方向，为无线产业转型升级争取良好的政策环境。五是规范业余无线电台管理。在做好业余无线电台操作证书考试工作的基础上，组织开展全省旧版操作证书的换发工作。截至目前，全省参加业余无线电台操作证考试人数914人，通过765人，换证2018个，已入库2658个业余无线电台站。积极引导业余无线电爱好者有序开展业余无线电活动，各市无线电管理机构联合有关部门组织开展了业余电台应急通信演练、无线电定向越野赛、无线电测向比赛等活动，进一步扩展影响力。

三、稳步推进技术设施建设

一是大力推进在建项目建设。完成新（改）建固定站项目第二批安装站点的发货协调，南京、淮安、盐城、无锡站及省直南信院站先后完成设备点验和安装工作，投入试运行；顺利完成网络服务器项目和电磁环境测试设备及四个子项目终验工作。二是积极推动待建项目上马。移动监测车项目已顺利完成公开招标和合同签订进入项目实施阶段，与承建单位进行了多次合同执行沟通和技术交流；固定站项目在反复调研、征求意见的基础上，修改完善技术方案，组织了专家论证，11月正式进入项目招标阶段。协同创新平台和检测设备购置项目按照局办公会明确的要求，在调研的基础上，完成了多轮需求梳理和方案拟制工作。三是加强设备安全运维管理。加强系统和设备运维工作规范化，严格执行维护工作巡检巡视制度、工作日志制度、工作交接制度，圆满完成各类系统、设备维修保障任务，做到了故障解决率、回复率、按合同规定巡视率三个100%。全省监测和信息网络的基本稳定，有力地支撑了各项无线电管理工作的开展。

四、强化依法行政工作

一是优化许可流程，缩减许可项目。根据省委、省政府推进行政审批事项改革，深化简政放权工作的有关要求，减少行政许可事项1项，将台站呼号审批并入台站设置审批。完成权力事项精简工作，省局行政许可事项全部进驻省行政服务中心，全部事项办理流程和所需材料已在网上公开，承诺办理期限均降为10天，大幅度提升了服务效能。截至10月底,共在大厅现场受理122件、邮件受理34件，其中频率申请9件、台站设置16件、电台呼号19件、型号核准74件、进关核准4件，均在承诺时间内办结。二是探索县域执法，推进两法衔接。积极与省法制办协调，为泰州、苏州两市办理县级无线电执法证，为探索县级无线电管理新机制迈出重要一步。按照省"两法"衔接工作领导小组的总体要求，会同省检察院对口业务部门的同志完成了无线电行政处罚移送司法的标准制定工作，为下一步正式启动"两法"衔接工作做好了前期准备。三是强化行政执法，加强执法监督。加强与广电、公安、教育等部门的协作，开展联合打击非法设置广播电台、"伪基站"和非法安装卫星干扰器活动。协调广电部门继续开展黑广播打击活动，积极受理民航等专用频率干扰，有效保护航空、铁路等行业的专用频率。

五、监测检测水平显著提升

一是圆满完成国家重点监测任务。根据工信部无线电管理局的工作安排，印发了《关于下达 2015 年 1—3 月份超短波频谱监测任务的通知》等全省重点频段占用度测试文件，组织开展了 3 个频段的频谱资源占用监测。二是扎实开展针对"黑广播"的监测。在总结去年查找黑广播工作经验的基础上，结合今年打击黑广播工作中出现的新情况，制定印发了相关文件，组织各市进一步加强对调频广播频段的不明信号监测、查找，加大了对"黑广播"的打击力度，提高了打击效率。三是认真做好重点业务电磁环境监测。与民航、广电等重点设台单位加强合作，完成多项重点建设项目的电磁环境测试和评估工作。四是积极提供检测核准服务。利用无线电发射设备型号核准检测的技术手段，为企业提供设备认证等多种服务，完成 70 余项设备型号核准，出具检测报告 200 余份。完成 2.4GHz 无线局域网设备、GSM 无线数据终端、GSM 数字移动电话机、汽车遥控钥匙等四种类型无线电发射设备型号核准复检测工作。按计划完成 CNAS、CMA 资质复评审准备工作。

六、夯实内部管理基础

一是继续加强思想政治工作。年初，制订了《2015 年政治学习教育计划》，召开了机关作风建设大会。根据省委、省经信委相关通知精神，组织开展"三严三实"专题教育活动，制定了《"三严三实"专题教育实施进度安排》，明确了推进"三严三实"专题教育活动的关键动作和时间进度，局主要领导为全体党员上了题为"践行'三严三实'，当好电波卫士"的专题党课，局党总支按照时间节点认真组织了"严以修身""严以律己""严以用权"等三个专题的学习和研讨。积极搞好内部先进典型的宣传工作，监测站夏江萍同志参加了省级机关"最美共产党员"和"党员大家讲"评比活动，被评为"身边之星"称号，省级机关党建网和《江苏经济报》报道了她的事迹，扩大了局的对外影响。二是深化专项资金预算改革。为加快技术设施建设提档升级、突出建设重点、统筹安排资金,按照"省级负责一类固定站及骨干监测网、地市负责小型站及区域监测网升级改造"的建设思路启动了专项资金预算申报改革,提前布置2016年技术设施建设项目申报工作,明确了申报范围、内容、方式、步骤等细则,为全省技术设施建设项目申报工作打下基础。组织做好申报预算项目评审筹备工作,调研制订项目评审办法,完善重大技术设施建设项目监理机制,为项目评审过程、结果公平公正提供了保障。三是切实加强政务信息宣传工作。按照国家无线电管理局宣传工作总体部署,紧紧围绕局中心和重点工作,组织地市管理处开展了世界无线电日、科普宣传周等科普宣传活动。全年,省局网站共录用新闻稿件700余篇,各市管理处借助行政执法、考试保障及服务设台用户等重点工作多渠道宣传,被各类媒体报道近百次。组织开展了保密和信息安全自查自纠工作,根据国务院办公厅《关于开展第一次全国政府网站普查的通知》要求,完成省局网站的自查工作,整改网站相关内容项目50余项,基本杜绝"不及时、不准确、不回应、不实用"等现象。

第三节 安徽省

一、扎实开展频率核查专项活动

认真做好组织工作。认真学习领会国家专项活动文件精神,制定了《安徽省频率核查专项活动实施方案》,成立了省、市活动组织领导机构,开展业务培训,为专项活动顺利开展提供了可靠保障。做好频率规划、分配和指配文件梳理工作。对历年来的频率分配、指配文件进行了全面梳理,努力厘清频率分配、指配历史脉络。对有关频率文件档案资料进行整理扫描并按时报送。扎实开展监测比对工作。根据全省监测设备现有条件,制定了《频率核查专项活动监测比对工作实施方案》,开展"全频段、全地域、全时域"监测比对,对不明信号逐个分析,逐个甄别定位,全面掌握了各频段的频率使用情况。进一步提高数据质量。组织全省技术人员对频率电子文档、频率数据、监测比对数据进行了四轮全面核查检验,对发现的数据错误及时修订完善。专项活动中,全省共梳理频率文件1300余份,扫描电子文档300份,填报频率数据1300条,圆满完成工作任务要求,进一步提高了频率管理制度化、规范化水平。

二、切实加强无线电频率台站管理

发挥频率资源在两化融合中的支撑作用。为合肥轨道交通公司、四创电子公司、安徽信威公司等指配了800MHz数字集群、1.8GHz无线接入、35GHz频率，努力满足重点行业和重要部门用频需求，全面服务经济建设。2015年3月，在接到合肥轨道交通公司关于800MHz数字集群的用频申请后，先后两次赴合肥轨道交通公司调研地铁建设情况，了解用频需求，召开专家论证会，在科学评估的基础上，为合肥轨道交通公司800MHz数字集群系统指配了14对频率，保障了合肥地铁建设。

加强水上无线电管理。沿江各无线电管理处联合长江海事部门，开展水上无线电通信秩序专项执法活动，查验船舶电台执照，进行设备检测，宣传无线电管理法规，收到较好效果。11月6日，《中国电子报》以《安徽：保障黄金水道通信安全 推动长江经济带发展》为题，对全省长江水上无线电管理工作进行了全方位报道。

加强业余无线电台管理。协调省无线电协会成功举办全省A、B类业余无线电台操作技术能力验证考试各两次。首次在滁州、阜阳设立分考场，方便业余无线电台操作者就近参加考试。优化异地业余无线电呼号申请审批流程，提高呼号指配审批效率，核发业余无线电台呼号390个，受到业余无线电爱好者的好评。

三、深入开展打击"黑广播"非法设台专项活动

全省将打击"黑广播"等非法台站作为2015年的重点工作，取得明显成效。一是建立联合工作机制。与广电、公安等部门建立信息共享机制、工作协同机制，联合开展执法行动，形成工作合力。二是加强技术研究。针对"黑广播"电台设置日趋隐蔽、技术含量不断提高的特点，加强专题业务培训，使技术人员熟悉"黑广播"电台信号特征，提高在市区复杂环境下的测向定位技能，为"打非"工作提供技术保障。

四、持续推动频谱监测和干扰查处工作创新

截至10月底，全省频谱监测总时间达到13万小时，预计全年将突破15万小时，创历史最高纪录。查处铁路、民航、公众移动通信等重要业务无线电干扰140余起，有效维护了空中电波秩序。

开展全省民航航路专项监测活动。针对今年民航频率干扰多发的现象，全省主动作为，于6月开展了民航航路专项监测活动，集中人员和设备，对相关频段进行为期1个月的专项监测，重点消除大功率广播电视台站以及乡镇小调频广播对民航专用频率的干扰，排查干扰隐患30余处，实现对民航用频干扰的主动监测、主动排查、主动消除。

开展电磁环境检测工作。今年全省境内民用机场立项和建设进入高峰，芜宣、蚌埠、亳州、安庆、宿州机场相继进入立项选址阶段。机场选址电磁环境测试报告是机场能否获批的必要技术文件之一，且时间要求非常紧迫。省无线电监测站提高服务意识，优质高效地完成了机场选址电磁环境测试任务，并及时整理测试数据、撰写测试报告，测试报告得到国家民航局和设计部门的认可。蚌埠发改委等相关机场建设主管单位先后给委发来7封感谢信表示感谢。

开展铁路GSM-R清频保护工作。2015年2月以来，全省无线电管理机构协调上海铁路局、铁路建设单位和通信运营商，两次召开清频会议，对合福高铁、青阜铁路、合芜铁路近600公里沿线区域进行全面清频，排除GSM-R系统干扰37处，保障了铁路建设。

积极查处公众移动通信网络干扰。截至10月底，全省共查处4G等公众移动通信干扰40起，维护了信息通信网络安全。2015年5月，滁州管理处技术人员经过一昼夜的连续测向定位，成功查处了"响一声"新型电话诈骗案件，现场查获群呼设备16台，各类电话卡近200张，及时消除了电信公司CDMA基站阻塞干扰，保护了电信公司和手机用户权益，滁州电信公司赠送锦旗表示感谢。

五、积极做好无线电安全保障工作

做好外国元首在皖访问期间的无线电安全保障工作。按照任务要求，迅速开展保护性监测，科学研判干扰风险，在很短时间内分别为两国元首在皖访问期间所用通信设备指配频点和备用频率，组建保障团队，对元首访问期间使用频率进行不间断实时监测，确保了无线电安全。

做好各类考试保障工作。全省出动1600余人次，重点防范和打击在高考、研究生考试、公务员考试、职称资格类考试等考试中使用无线电设备作弊行为，查处作弊案件49起，收缴作弊设备76部，为净化考试风气发挥了积极作用。5月30日，淮北管理处在建造师资格考试中，连续查处6起作弊案件，收缴远程遥控发射作弊设备 5 台，避免了群体性作弊事件发生。

做好重大活动保障服务。今年，全省无线电管理机构先后完成了抗日战争暨反法西斯战争胜利 70 周年阅兵活动、第二届合肥国际马拉松比赛、全国游泳锦标赛等重大活动无线电安全保障工作。合肥管理处在合肥国际马拉松比赛保障中，加强与广电等部门的用频协调，为中央电视台指配频率，并在比赛前 1 小时为直播团队排除了微波链路传输干扰，保障了直播顺利进行。

六、力促"十二五"规划全面落实

2015 年是"十二五"规划的收官之年，为加快频占费转移支付资金使用进度，全省采取了以下措施：一是确保存量资金存续使用。加强与省财政厅的沟通协作，确保用于技术设施建设的相关资金。二是加快项目招标采购进度。安排专人负责技术设施招标采购工作，与政府采购中心进行全方位对接，加快项目落地实施进度。三是加快技术设施建设节奏。倒排时间表，以省无线电监测控制中心、长江淮河防洪应急监测网、一体化信息平台等重点项目建设为抓手，全力做好"十二五"规划建设收尾工作。截至 10 月底，全省 2014 年及以前的技术设施项目招标采购工作已全面完成，一体化信息平台已投入运行，16 套移动监测站、11 套移动无线电管制系统、全省无线电管理应急通信网、高铁网格化监测网项目已建成投入使用。省无线电监测控制中心（包含指挥调度中心、云计算中心、检测实验中心、科普展示中心）正加紧建设。

七、做好"十三五"规划编制工作

对"十三五"无线电管理规划编制工作高度重视，周密部署，着力推进。一是抓早抓紧。2014 年 12 月，委即启动了"十三五"规划编制工作，制定了工作方案，明确了序时进度。二是加强组织领导。从全省抽调 15 名业务骨干组建起草班子，下设六个专题小组，通过竞争性谈判，引进安徽电信规划设计公司为规划编制支撑单位，广泛汇集系统内外智慧。三是全力推进规划编制工作。加强对规划编制工作的调度，以目标和问题为导向，深入查摆工作存在的差距和不足，提出了具有安徽特色和一定创新性的规划思路、任务和目标。为使规划更具可操作性和现实性，同步开展了"十三五"项目可研报告编制工作。全省"十三五"规划初稿已于 2015 年 9 月底正式对外发布，目前，文稿已进入第二轮公开征求意见程序。

八、深入推进宣传和业务培训工作

全省无线电管理机构以"世界无线电日""无线电管理宣传月""12·4法制宣传日"为契机，开展了形式多样的主题宣传活动，广泛宣传无线电管理法规和科普知识，注重提高信息的时效性和可读性，提高信息采编质量。截至11月，全省无线电管理机构在省经信委内网编发信息310余条，向中国电子报、人民邮电报、中国无线电管理网站以及地方主流媒体报送信息350余条，宣传效果进一步显现。

组织开展集中封闭培训。为提高业务培训效果，于11月初组织全省业务技术人员60余人进行了为期1周的集中封闭培训。培训课程紧密结合工作实际，突出实用性，包括新技术设备操作使用、监测新技术、检测技能等实用性很强的内容，授课老师全部由基层业务骨干和设备厂家的专家担任。严明培训纪律，每天四次签到，培训结束后进行闭卷考试，确保了培训质量。

举办监测技术竞赛。为推动岗位练兵，全省于11月6日举办了监测技术演练竞赛。比赛以无线电信号的分析与定位为科目，重点考察对信号频率、技术体制的分析判断以及对信号源的精确测向定位能力。本次竞赛形式新颖、紧贴实际，突出实战能力检验，以赛带练，促进了技术经验交流，提高了应对突发事件的快速反应能力，锤炼了队伍作风。

第四节　浙江省

一、开展频率使用情况核查专项活动

一是对国家无线电管理机构历年来发布的无线电频率规划、分配和指配文件进行了梳理，共梳理出上报文件15个、频率94个；补充完善了《无线电管理法律法规和历年文件汇编》。二是开展了全省历年核发无线电频率指配文件的梳理工作，共梳理出合法批复文件841个、频率1949个；结合今年的年检工作，全面核查频率实际使用情况，督促整改频率的违法使用。三是开展了频率指配许可案卷的抽查，按照《行政许可法》和本次指配信息数据填报要求，重新规范了各市无线电管理局的频率指配工作。四是在文件梳理的基础上，按时向国家无线电办公室报送了频率分配、指配数据。五是重点对公众移动通信、230MHz数据传输、广播电视等频段开展了监测和频率、台站数据比对，掌握了频率使用情况。六是对频率管理信息系统进行了升级改造，使全省频率指配数据能够实现持续即时上报。通过本次专项活动，全省全面梳理了各类无线电业务频率规划、分配和指配文件，整理了现有频率规划、分配和指配情况，掌握了重点频段的使用情况，进一步完善了频率管理信息系统，重新规范了各市无线电管理局的频率管理工作。

二、科学规划、统筹配置无线电频率资源

科学配置与合理利用无线电频率资源，服务经济社会发展和科技进步。截至10月底，受理无线电频率许可171件，指配频率325个（对）。在满足各行各业专业无线语音通信频率需求的基础上，顺应信息时代的发展趋势，尝试满足专业无线宽带通信的频率需求，为宁波现代城市交通开发建设有限公司、温州市铁路与轨道交通投资集团有限公司、国网浙江省电力公司信息通信分公司、宁波市轨道交通集团有限公司等重大工程指配了频率，支持无线通信新技术的研发，为诺基亚杭州研发中心指配了多个频段的实效发射试验用频率。为制定1447—1467MHz频段宽带数字集群专网系统频率全省规划，开展前期调研工作。

三、做好无线电台站和设备管理工作

截至10月底，全省台站设置及变更许可1437件，核发无线电台执照8755张，换发执照4223张；无线电呼号许可1251件，指配呼号1251个。目前全省各类台站28万个。建立健全了台站事中事后监管，开展了2015年无线电台（站）年检工作，共1591家单位和个人提交了年检自查报告，对发射功率大于100W的广播电台、甚高频、特高频电台中的固定、陆地电台、集群移动通信系统中设置在地面上的基站、业余中继台进行现场检查。开展行政许可案卷、行政处罚案卷的抽查与评查，确保行政权力行使的合法、规范和监管的落实到位。组织开展了业余无线电资格证书考试9场，有900多名业余无线电爱好者参与了考试。

四、保障无线网络和信息安全，维护空中电波秩序

持续开展打击"伪基站""黑电台"、卫星电视干扰器工作。2015年延续打击"伪基站""黑电台"等非法设台行为的长效机制，与公安、广电、运营商等加强协作，对"伪基站""黑广播"常用频段进行重点监测，有效遏制了"伪基站""黑广播"的蔓延趋势。截至10月底，全省开展"伪基站"巡测299次，累计里程10860公里，监测时长达886小时。各市无管局开展"黑电台"定位排查252次，巡测

里程达 10544 公里，截至 10 月底，联合公安、广电部门发现并查处"黑电台"63 处，取缔"黑广播"设备 56 台。

加大对重要业务、区域的专项监测力度。扎实开展民航、铁路专用频率保护工作，定期对机场周边、GSM-R 频段使用区域开展保护性监测，消除干扰隐患，减少对民航、铁路专用无线电台的有害干扰。在落实铁路专用频率保护长效机制工作中，开创性地实施了铁路沿线车上测试工作，取得了良好成效，也得到上海铁路局的充分认可和肯定，并作为工作创新在全国铁路系统中进行介绍交流。共安排完成车上监测 13 车次，出勤人员 75 人次，总监测时间 109 小时，总监测里程 8700 多公里，汇总监测报告 54 份，形成监测数据文件和图表 24 份，较完整、准确地记录了铁路沿线的电磁环境状况和用频情况，为干扰排查和应急情况处置积累了重要的基础数据。

做好重大活动无线电保障工作。一是做好第二届世界互联网大会无线电保障工作。制定了周密的无线电保障工作方案，启动"乌镇无线电监测指挥中心"建设，作为保障团队日常办公以及信号监测，指挥调度、应急备勤的固定工作场所。针对大会期间数量庞大的频率台站使用申请，组织开发了"重大活动频率台站管理平台"，实现了频率台站的数据库管理和网上审批，提升了保障工作效率。加强对嘉兴地区，尤其是大会现场的电磁环境监测，组织开展针对用户的现场核查，全面掌握当地用频设台情况。制定了大会无线电管理方案，在大会官网发布《无线电管理通告》和《业务申请办理须知》。统筹各单位用频需求和用频设台情况，督促相关手续的办理。二是做好 G20 国际峰会无线电保障准备工作。一方面，在技术设施建设中充分考虑峰会保障需求，完成了杭州监测站无线电监测指挥车建设，计划在杭州、绍兴等市建设技术先进的空间谱固定监测站。另一方面，加强对峰会无线电保障相关重点问题的研究，组织赴京、沪两市开展考察，学习借鉴当地重大活动保障先进经验。

五、推进无线电监管能力建设

"十二五"规划完成及"十三五"规划编制情况。《浙江省无线电管理"十二五"发展规划》中的各项重点任务圆满完成。完成了超短波监测站覆盖 80% 以上的县级城市的指标要求。2015 年全面启动了《浙江省无线电管理"十三五"规划》编制工作。一是认真做好资料数据收集、整理和分析工作，确保规划相关资料齐全，数据翔实。二是精心设计调研问卷，通过问卷调查全面准确掌握全省无线电管理现状和"十三五"发展需求。三是召开规划开题、调研、研讨等专题会议，加强规划编制相关单位间的交流协作。四是采取书面、座谈等形式广泛征求意见建议，对规划不断进行研究、修改和完善。规划包括浙江省无线电管理"十三五"总体规划和技术设施建设子规划两个方面，涉及频率台站管理、法律法规体系、电波秩序管理、无线电保障、基础设施建设、促进信息经济产业发展和服务国防建设等七项重点内容。目前已形成初稿，计划于2015年底前形成论证稿。

无线电管理技术能力得到提升。通过"十二五"期间的建设，全省无线电管理技术能力得到有效提升。目前，全省已建成由1个省级指挥控制中心、11个地市分中心、106个固定监测站、16辆移动监测（指挥）车、22套搬移式监测系统、87台便携式监测设备组成的无线电监测测向网络。全省拥有无线电压制设备21套，检测仪表104台，通过计量认证的检测实验室2个。建有频率台站管理、电磁兼容分析、地理信息、网上办事等信息系统。建成了号码为967206的"全省无线电管理干扰申诉中心"，用于受理无线电管理咨询、干扰申诉等业务。

专项资金、固定资产管理制度逐步健全。一是不断加强无线电频率占用费中央转移支付专项资金的使用管理。重点做好次年资金申请、当年下达资金分配、往年结余资金调剂使用及相关统计工作。与省财政厅联合制定发布了《浙江省无线电频率占用费使用管理实施细则》，进一步规范了全省专项资金的使用管理。二是落实了各市固定资产管理人员，建立完善固定资产统计工作制度，充分利用"无线电管理固定资产管理系统"开展日常管理工作，提升固定资产管理的智能化、科学化水平。

六、推进无线电管理法制建设，依法行政

加快推进无线电管理地方性法规立法。2015年，浙江省人大常委会将《浙江省无线电管理条例》列入年度立法计划一类项目，3月底向省政府上报送审稿。省政府法制办按照地方性法规立法程序要求，对送审稿进行认真审核，并会同省经信委，采取书面、座谈、网上、实地调研等多种形式广泛征求意见建议，反复研究、修改和完善。10月16日，省政府第54次常务会议通过了《条例（草案）》并报省人大常委会审议。

坚持依法行政、规范行政执法行为。按照行政执法重心下移的要求，已完成

行政许可、行政处罚、行政强制等工作向各市派出机构的转移，实行属地执法。目前，频率指配、台站审批、干扰查处和行政处罚等具体的事务性工作基本由各市派出机构完成。2015 年，全省开展无线电管理执法检查 505 次，出动执法人员 1832 人次。无线电管理行政许可申请 3053 件，所有行政许可事项均在网上办事系统中进行，全程接受电子监察，全部事项如期完成办结，继续保持零失误、零投诉、零复议、零诉讼。

七、加强无线电管理宣传和培训工作力度

组织开展全年宣传工作的情况。截至 2015 年 10 月，开展宣传活动 64 次，制作宣传展板 284 块、宣传片 9 部、公益广告 18 部，制发宣传资料 21348 套，设立广告屏幕 1653 块、横幅标语 213 条，发送宣传手机短信 1962.9 万条，接受咨询 8828 人次，召开宣贯会 18 次，刊登媒体宣传报道 603 条，图片 403 幅；发布政务信息 295 条，图片 248 幅。突出重点，围绕中心工作抓宣传。坚持围绕工作抓宣传、抓好宣传促工作，紧紧围绕无线电管理服务经济和社会发展大局的重点任务开展宣传活动，及时反映无线电管理的重要工作进度和动态、采取的新举措和取得的新成绩，加大社会影响。积极探索，努力创新无线电管理宣传工作。在创新无线电管理宣传工作方面把政务信息作为宣传工作的突破口和主阵地。借助媒体力量开展无线电管理宣传。突击抓好重要时段的宣传活动。

加强人才队伍建设和培训工作。一是规范了全省课题研究。对全省无线电管理课题研究实施了集中管理，在各单位申报的基础上，制定下发全省年度课题研究计划，统一核定经费预算、安排研究进度，组织论证评审，并通过行业媒体对研究成果进行展示推广，促进了系统内研究政策、钻研技术的学习氛围形成。二是组织各市无管局（监测站）开展监测技能训练，并于 9 月 21 日至 24 日举办全省监测技术演练。演练模拟重大活动期间无线电突发事件场景，组织开展了一系列科目的训练和竞赛，检验了大会无线电保障的应急响应、应急指挥和应急处置机制，强化了保障团队的实战能力。三是加强了教育培训。结合当前形势和管理工作要求，先后举办了频率使用情况核查、行政许可、监测技术等一系列培训，全省共举办各类业务、技术培训 80 次，派员参加各类培训 796 人次，并在培训期间组织各市无管局开展工作交流，提升参训人员的政策水平和业务素质。

第五节　福建省

一、较好完成国家部署的频率使用情况核查专项活动

按照工信部对专项活动的部署，2015年全省累计梳理频率审批文件近1200件，形成频率数据11152条，开展无线电监测28080小时，发现不明信号11706个，完成监测数据比对207360条，基本理清了全省现有频率规划、分配和指配情况，进一步夯实了频谱资源管理基础。主要工作有：

一是制定《福建省开展频率使用情况核查专项活动实施方案》并成立了省专项活动领导小组及工作组，就专项活动任务分工、活动要求和时间安排做了明确和部署，要求全省各地按要求并结合实际认真落实；二是建立月报制度。要求各地无管局每月10日前上报上月专项活动进展情况、存在问题和建议意见。省专项活动领导小组根据每月活动进展情况，释疑解惑，现场调研，督促活动按计划开展；三是结合首届全国青运会无线电安全保障工作，开展核查监测数据分析比对工作，掌握赛事场馆周边频率使用情况，及时处置了开幕式非登记频率干扰安保调度频率，圆满完成了青运会无线电安全保障工作；四是加强监督检查，清理非法用频。各地无管局联合公安、广电等部门加强对广播、公众移动通信频段的执法检查，清理非法用频；五是强化学习培训，提高数据质量。组织全省业务人员开展频率数据库填报培训，部署数据填报具体工作；六是利用新媒体宣传，营造良好氛围。借助福建无线电管理网站以及公众微信号等媒体，开展专项活动宣传，向用户宣传无线电频率资源及开展频率使用情况核查专项活动的重要意义。

二、圆满完成首届全国青年运动会无线电安全保障工作

作为2015年重点工作，在为期19天的青运盛会中，全省共投入无线电安全保障人员146人，完成频率指配208组，受理无线电发射设备使用申请4400多项，发放无线电设备使用证2600多张，排查各类无线电干扰10起，查处无线电航拍器1台。无线电安全保障工作被开幕式次日的《福建日报》大版面报道，受到社会各界的高度关注和肯定。主要工作有：

一是组建保障团队并出台《第一届全国青年运动会无线电安全保障工作方案》

及"开闭幕式""圣火采集""火炬接力"等各类活动保障方案，落实职责，保障工作有序推进；二是强化技术支撑，提高保障水平。在完善既有监测设施基础上，探索先进技术，创新监测手段，提高技术保障能力；三是加强频率管理，满足用频需求。协调相关部门，编制频率使用规划，向重点用户和赛事倾斜，着力保障现场指挥、电视直播、竞赛计时计分等用频需求；四是深化专项整顿，净化电磁环境。重点检查赛事场馆周边各类台站，敦促用户按规定使用无线电设备，确保频率有序使用；五是开展频率监测，维护电波秩序。重点监听监测指挥调度、安全保卫、电视直播、视频传输等频段，全面掌握各类赛事活动电磁状况；六是严控设备准入，消除干扰隐患。除做好无线电设备检测、贴标外，还把无线电设备作为安检事项，强化无线电设备准入管控。

三、科学规划并统筹配置无线电频谱资源

净化频谱，服务 4G 网络建设。一是协调解决运营商组网频率使用问题，为 TD-LTE 和 LTE FDD 混合组网提供频谱资源支持；二是及时协调、查处对 4G 网络的干扰，推进了各地 4G 网络建设进程；三是开展 4G 使用频率保护性专项监测，定期统计分析监测数据，保护 4G 网络通信安全。

科学配置，统筹保障频谱需求。一是服务地方重点工程项目。协调解决了厦门（翔安）新机场、福厦地铁等项目用频需求，推进了重点项目建设；二是为莆田火电站信息化改造、武夷山机场信息化改造等项目提供频率支持，促进了"两化"融合，推进了社会信息化建设；三是保障重大活动频率需求。为首届全国青运会、"9·8"中国投洽会等大型活动科学配置频率资源，保障了各类重大活动顺利开展；四是厦门、漳州、泉州按照《厦漳泉同城化无线电管理工作方案》，整合频谱资源，协调跨地区频率配置，推动厦漳泉大都市区建设。

四、加强台站和设备管理，提升服务能力

强化台站管理，夯实无线电管理基础。一是深化无线电台站规范化管理工作。开展全省台站重要数据项核实，提高台站数据质量，进一步夯实无线电管理基础；二是推进业余无线电管理工作。出台了《福建省实施〈业余电台管理办法〉意见》，逐步建成全省业余无线电服务体系，推动了全省业余无线电事业有序发展；三是全面推动台站管理属地化工作。实现了全省 99% 以上无线电台站属地管理，提高了管理效率和服务质量，便利了服务对象。

加强设备管理，服务无线电产业发展。一是完成17个数字对讲机型号核准，79个型号无线电发射设备初审转报，100台套无线电发射设备型号核准检测，分别比2014年增加31%、46%和66%；二是建设全省无线电管理应急指挥通信网，推动全省自主研发，具有国内领先、国际先进水平的数字对讲机及数字专网系统的应用和发展；三是升级了无线电设备检测实验室和电磁兼容分析室，建设了4G通信系统检测平台，提升了服务产业发展的能力；四是联合公安、质监部门，开展无线电设备非法生产和假冒伪劣专项整治，维护了无线电产业健康发展所需要的公平公正的市场环境。

五、保障无线电安全，维护空中电波秩序

打击非法设置无线电台站。一是部署打击"伪基站""黑广播"、卫星干扰器等非法设台工作，总结经验，细化措施，继续完善与公安、工商、广电部门的联合工作模式，积极推动建立打击工作长效机制，实现打击工作常态化；二是积极主动协助公安、广电部门开展联合执法行动，为公安部门追究不法分子法律责任提供技术支撑。全省共配合公安、广电部门开展联合执法9次，查获"伪基站"案件32起，"黑广播"案件7起。

推进铁路、航空专用频率保护。一是加强对铁路沿线通信基站的监督检查，排查合福铁路无线电干扰共25处，消除了GSM-R系统干扰隐患；二是组织三明、南平无管局快速查处了三明地区上空航班通信受广播干扰案件，并要求广电部门加强对在用设备的使用管理，受到民航空管部门致信感谢。

完成重要考试无线电保障。一是组织高考、公务员等重要考试保障16场，累计出动人员1140人次，车辆262辆，启用技术设备625套，发现无线电作弊信号14起，阻断9起，查处5起，有效地维护了考试公平公正，得到了考试组织部门和社会大众的高度肯定；二是加强无线电发射设备市场检查，开展打击销售作弊器材专项活动，查处了销售涉嫌用于考试作弊的无线电发射设备的违法行为。

深化许可后监督检查。一是以卫星地球站、铁路沿线公众通信基站、机场和港口周边无线电台为重点，扎实开展许可后监督检查，实地核查了移动公司、气象、证券等部门的各类无线电台站；二是通过开展法规宣传与执法行动相结合，进一步提高了无线电用户依法用频、依法设台的法规意识。

六、推进无线电监管能力建设

"十二五"规划完成情况。按照《福建省无线电管理"十二五"规划》总体目标，把基础设施及其配套、无线电监测网、无线电设备检测实验室、无线电管理信息网等四大领域作为"十二五"期间无线电技术设施建设重点领域。一是建成厦门无线电干扰协调中心、平潭无线电固定监测站、东山无线电固定监测站等；二是改造升级了全省无线电监测网，建成了以省无线电指挥控制中心，监测指挥控制车，9个无线电区域控制中心，32座I、II级无线电监测站为核心，以10套可搬移监测站、14部移动监测车、174座小型监测站及30套便携式监测设备为补充的福建省无线电监测网，并增强了监测网灵活应用手段和数据分析处理能力，提高了无线电技术监管水平；三是升级了无线电设备检测实验室和电磁兼容检测实验室，提升了无线电设备检测能力；四是完善了无线电管理综合业务信息网，进一步提高了网络信息安全性，建成了多套网络应用系统，整合了技术资源，促进了信息共享。

"十三五"规划制定情况。一是完成了国家"十三五"规划前期重大课题"水上无线电管理和监测"的研究，为水上无线电管理技术设施建设提供参考和支撑；二是全面总结"十二五"无线电管理建设执行情况，研究当前信息化与工业化加速融合过程中，对无线电管理和应用提出的新问题，明确了规划思路；三是深入全省各地市，了解地市管理需求，调研"十三五"主要任务，研究重点建设项目；四是围绕无线电如何支撑和服务"中国制造2025""互联网+"等战略实施，以频率资源管理、无线电安全保障、技术设施建设等作为抓手，起草了《福建省无线电管理规划（2016—2020）》。

七、深化改革，简政放权，推进依法行政

一是完成无线电管理行政和执法职权梳理工作，保留无线电行政审批6项子行政许可项目、3项公共服务类和1项其他管理类子项目，34项无线电管理行政处罚职权，4项行政强制职权，1项行政征收职权，明确了无线电管理行政和执法的职责权限，推进了无线电管理依法行政工作；二是全面清理无线电管理规范性文件，废止规范性文件3份，管理科学化、规范化水平进一步提高；三是公布了行政许可、公共服务、一般管理、行政处罚、行政强制、行政监督检查等无线电管理权力清单、责任清单，并明确了追责情形，有效规范了行政行为；四是清

理了前置审批项目、前置中介服务项目和收费审批事项，降低无线电行政审批门槛，减轻了服务对象负担；五是梳理了无线电行政网上办事行政审批和公共服务事项，简化了申请材料和审批流程，为服务对象提供更加准确、便捷的服务。

八、加强无线电管理宣传和培训

无线电管理宣传。以"福建电波卫士，一路为你领航"为宣传主题，结合重点工作，借助多媒体资源，组织形式多样的主题宣传项目。全省组织开展各种宣传项目活动近 20 场次，宣传受众面超 70 万人；福建无线电相关宣传信息在省、市主流媒体刊播约 40 条次，通过微信微博等新媒体推送曝光量达 2098 万，阅读数约 462.5 万次；发出短信标语宣传 800 万条次。

提升队伍业务水平。一是开展各类无线电管理业务和技术培训，邀请资深专家前来授课交流、现场操作演练，提高了全省无线电管理队伍业务和技术水平；二是继续参与国际电联相关议题研究工作，参与起草议题研究报告，为国家主管部门决策提供参考和建议。

第六节 上海市

一、开展频率使用情况核查

2015 年，共完成 900 余件约 7 万页文件材料的整理和制作，填报频率分配信息 358 条、频率指配信息 3815 条；启动固定监测站 15 个，累计监测时长 2520 小时，完成 13 个重点频段的监测数据比对工作，基本摸清了上海地区的频率使用情况，夯实了频率资源精细化、信息化管理的依据。

二、统筹配置无线电频谱资源

编制完成 1.8GHz 专网建设规划初稿，拟定并上报 1.4GHz 共网建设规划方案；完成 700MHz 试验测试，并通过专家评审；推动对讲机"模转数"规划落实，新增用户全面实施数字化，存量用户基本完成"模转数"迁移；完成频率行政许可审批 80 件，审批使用频率 216 个 / 组；审批涉外、赛事、重大活动保障及科研试验临时用频 15 件频率 845 个 / 组；开展中日国际卫星协调 2 起，协调站点 18 个；启动频率地图研究，完成可行性研究并拟定技术规格书。

三、做好无线电台站和设备管理工作

台站设置方面，非基站行政许可审批受理 315 项，新增 2582 个，核发和更换执照 3194 个，指配船舶呼号 68 个，设备进关审批 33 批次（不含进关盖章）3066 台设备；深化基站"一站一档一验"工作，站址认定 4121 个，执照核（换）发 999 张，完成室内分布系统集约化 158 个项目；业余无线电行政许可受理审批 544 项，新增/换发电台执照 531 张。

设备检测方面，检测新设台 164 家单位 2016 台设备，定检测试 233 家单位 2194 台设备；批后监管检测 41 家单位 86 台设备，技术鉴定 35 台非法设备；型号核准检测 335 个设备，公用移动通信基站检测 1907 个；提供上海海监、长江口航道管理局、上海港引航站、车联网联盟等重点行业在用设备检测服务。

推进与城乡规划相结合的台站布局和保护体系，编制完成《上海市重点无线电台站布局和保护专项规划（2012—2020）》；起草完成"上海市民用机场电磁环境保护区域划定"并通过专家评审；完成基站站址布局专项规划评估；发布《公共场所无线局域网信号覆盖系统集约化技术规范》；完成上海智慧城市 205 处热点区域 WIFI 性能测试；启动业余无线电中继台规划编制工作。

有序开展业余无线电活动，组织业余无线电台操作证书考试 6 次，新增/换发证书（A 级和 B 级）1052 张；组织业余无线电应急通信演练 5 次 90 人次，累计监听业余无线电通信 153 个小时。

四、保障无线电安全

持续开展专项整治工作。联合文广、公安、文化执法等部门取缔 13 个私设广播黑电台；联合公安、通管、移动公司建立打击"伪基站"违法犯罪联动长效机制，鉴定 24 套"伪基站"设备证据；联合交警总队定期检查车载电台；联合工商部门于高考前突击检查无线电销售市场；妥善处置 22 起涉及移动运营企业基站的干扰。

聚焦重点行业和地区，维护空中电波秩序。积极受理、处理民航、高铁、公安行业的干扰；圆满完成各项无线电安全保障任务，F1 中国大奖赛、上海花滑世锦赛、劳伦斯体育颁奖、世界耐力锦标赛、上海大师杯赛、国际田联钻石联赛上海站等重大赛事保障；实施各类教育考试保障 11 起，出动监测车辆 35 台次、执法人员 178 人次。

五、推进无线电监管能力建设

全面落实"十二五"规划,频率资源规划有效满足各类用频需求;和谐台站管理模式持续创新;技术设施能级有效提升,无线电安全保障成效明显;服务产业发展,助推智慧城市建设取得进展;依法行政体系不断完善;无线电发展环境日趋改善。"十三五"规划形成初稿,聚焦主要问题,以基本形成"普惠、安全、发展"的无线电管理新格局为总目标,推动频谱资源更好地服务经济社会发展,推动台站分类分级管理,推动依法行政和简政放权,建立服务型监管模式,建立完善面向新型无线电安全的保障体系,初步确立了5大类18项建设和监管任务。

提升无线电监管技术能力,全面启动迪斯尼、浦东机场、松江3个固定监测站,以及浦东机场、崇明空军机场网格化监测系统建设;启动快部式网格化监测系统、水域固定监测站建设和应用研究;改造1辆移动监测车;推进各类监测平台融合和单站功能升级;检测实验室获得上海市授权许可(CAL)资质,建成无线电检测开放实验室;建成在用设备检测工作系统(一期)、北斗卫星导航终端测试系统、无源器件互调测试系统、5.3GHz无线接入系统(DFS)测试系统以及1个电磁屏蔽室并投入试运行;移动检测车完成设备集成需求调研和车辆初步选型工作;一体化平台完成系统架构设计。

进一步加强频占费使用管理,强化预决算编报时效,规范结余资金预算管理,提高资金执行率;进一步加强项目管理,修订完善《上海市无线电管理局项目管理办法》,落实管理主体,完善与项目管理相配套的资金管理、考核等制度;进一步加强固定资产管理,引入外部专业资产管理机构逐件清点,初步完成了现有资产的清点,修订完善固定资产管理制度,重点规范资产的生成、资产的定期盘点和资产的处置等管理节点。

六、全面深化行政审批制度改革

编制发布行政审批业务手册和办事指南;制定发布《行政审批申请接收管理规定》;完成行政审批的评估评审清理,保留了无线电台(站)设置审批中的电磁环境测试等在内的5项评估评审事项;完成行政权力清单的编制工作,形成9类72项行政权力;完成行政责任清单的编制工作,形成10类860项行政过错责任追究事项;结合行政审批、行政权力事项,梳理形成10项行政检查抽查事项;推动物业服务行业公用频率对讲机告知承诺常态化;依申请公开政府信息8件,妥善完成 699 件信访投诉的处置和意见反馈。

七、加强无线电管理宣传和培训工作

全力加强社会面宣传，巩固传统广播、电视、报刊等阵地，见诸电视广播 4 次，报纸专题新闻报道 3 次，网站登录及刊载 10 余件；拓展"申城无线"官方微博和微信新媒体，发布新浪微博 1313 条，发布微信近千条。重点做好专项宣传工作，出版发行 3 期《上海信息化（无线电专刊）》，编印 4 期《无线电行业动态》简报，编辑 8 期《无线电管理工作信息》电子简报；组织开展"2·13"世界无线电日、九月无线电宣传月宣传工作，推进"科普新干线——身边的无线电"进社区、进学校。深化青少年无线电科普，组织 26 场 2000 余名青少年参观科普基地；组织科普活动进社区 2 次受众 300 人、进校园 3 次受众 16000 人；组织青少年无线电竞赛活动 1 次。

进一步加强培训工作。依托科研院所、设备厂商，开展"学习日"主题培训、无线电管理综合培训以及各类专业业务培训 18 批次，受众 217 人次；依托无线电行业协会，对无线电设备使用单位相关管理人员进行政策宣贯和业务培训 4 批次，受众 1500 人。

第六章　华南地区

第一节　广东省

2015 年，广东省各级无线电管理机构共办理网上办事大厅行政审批办件 2846 起，新指配业余无线电台呼号 969 个，同比增长 56%；4G 基站累计达 26.5 万座，同比增长 41.6%，在江门市实施公众移动通信基站备案制管理试点后，仅 8 个月，该市登记在册基站数达到 33761 座，比试点前增长了 83.91%。全省无线电频率使用情况核查专项活动共梳理了频率文件 2300 份，填报频率数据 7271 条；电磁环境路测结果显示，2MHz—40GHz 频段的合法占用率为 16.53%、不明占用率为 56.56%、空闲率为 26.91%。依法开展执法检查 5000 余人次，处理干扰案件 750 起，查处"伪基站"案件 66 起，查处"黑广播"案件 94 起。完成无线电考试保障任务 24 起，覆盖考点 2348 个次。

一、多措并举，全力开展频率核查专项活动

（一）全力完成核查任务

广东省共抽调 120 余人专职负责文件梳理工作，完成了 2300 份无线电频率文件的梳理和 7271 条频率数据的填报。在监测比对中，完成了 18.5 万个信道的分析统计，其中占用度 > 1% 的有 10247 个信道，填报重点频段"监测设施频点占用度报告表"727 份，累计监测时间 16852 小时。通过全面梳理，较好地理清了现有频率规划、分配和指配情况，初步摸清电磁频谱资源使用态势。

（二）探索开展频谱审计

广东省在完成频率核查专项工作任务的基础上，探索开展了无线电频谱审计

工作，实施了宽频域、多极化、多区域的电磁环境路测。路测方式包括道路移动式和固定点游牧式，路测工作历时 4 个月，覆盖了全省 21 个地级以上市的主要干道，频段范围为 2MHz–40GHz，总里程达 11000 公里，采样点约 17 万个，采集总数据量近 1000GB。通过测试，基本摸清了全省 1—40GHz 频段的频谱资源使用情况，为频谱规划、提高频谱利用率提供重要参考依据，也是无线电大数据分析支撑管理决策的有益尝试。同时，形成了频谱审计路测方法规范建议，可为下一步制定行业标准打下坚实基础。

二、科学规划,统筹配置无线电频谱资源

优化频谱资源在各行各业中的配置。调研全省宽带集群业务发展需求，支持北讯公司 1.4GHz 无线宽带政务试验网建设，对接政府应急、港口、石油化工、物流等行业宽带集群业务需求，推广共用平台建设模式。科学配置 1.8GHz 频段资源，支持广州、佛山智能电网 LTE 无线宽带专网建设，积极协调城市轨道交通专网建设，满足特殊需求的自建宽带专网频率需求。统筹安排全省农村广播电视无线覆盖工程的微波链路频率，助力广东十大民生工程建设。积极协调 800MHz 集群共网平台使用频率，支持珠海、中山市政府无线指挥调度系统建设。

三、强化台站监管，促进管理精细化

（一）适应新常态，推行基站备案管理

以江门市为创新试点，探索建立易申报、低门槛、自动化的基站备案管理模式，推动基站管理审批方式向承诺备案制改革。一是实行基站事前登记备案制管理。将传统方式的审批流程调整为审核条件更客观、格式文本更规范的备案登记。二是采用承诺制，降低和规范审批门槛。借鉴商事登记改革的做法，不将其他部门审批结果作为本部门审批的前置条件，通过书面承诺方式降低运营商基站登记备案的难度。三是加强事后监管。加强对基站的日常监测和抽查，完善政府管理部门信息沟通渠道，健全社会投诉举报机制。四是完善制度设计。开发安全可控的基站备案管理信息系统，实现备案申报、备案确认、执照管理全程网上办理，对备案资料进行系统自动核验，减少人工操作，利用信息化手段提高行政管理效率。

（二）完善业余电台管理模式

认真贯彻执行国家对业余无线电台管理的有关规定，结合广东省实际发布的

《广东省经济和信息化委员会关于做好业余无线电电台管理相关工作的通知》（粤经信法规〔2015〕95号），向社会公开办理业余无线电业务的办事程序，努力将业余无线电台的设置使用审批和呼号指配工作纳入常态化管理，有效促进广东省业余无线电活动健康有序开展。

（三）加强无线电发射设备监管

贯彻落实质量强国战略，配合省质监局组织开展了打击未经型号核准的无线电发射设备专项整治行动，共出动执法人员1000多人次，检查生产销售企业300多家。依法处理深圳大疆创新公司、飞讯腾公司涉嫌违规生产销售无线电发射设备投诉案件，引导无线电企业依法规范生产销售，消除社会矛盾。中山市无线电管理机构会同教育、公安、工商等部门，开展"打击销售无线作弊器材"系列行动，对辖区范围内电子市场进行了监督检查，肃清市场上可用于考试作弊的"三无"电子产品，有效防范打击了利用现代通信工具的高科技作弊违法行为。

四、全力保障重要无线电业务安全，优化电波秩序

（一）加强协作，巩固打击非法设台专项治理活动成果

继续保持打击"伪基站""黑广播"等非法设台的高压态势，全省无线电管理机构配合公安部门加大对"黑电台"的打击力度。广东省各级无线电管理机构联合本地广电、公安等部门，查处"黑广播"案件94起，缴获设备85套，有力打压了"黑广播"的势头。国庆期间广东、福建两省无线电管理机构密切配合，联合当地广电、公安等部门查处了多起"黑广播"案件，极大打击了非法分子大肆发射"黑广播"信号的嚣张气焰。同时，各地贯彻落实打击"伪基站"长效工作机制，配合公安机关查处"伪基站"违法案件66起，缴获"伪基站"设备65套，鉴定"伪基站"设备121套。

（二）全力保障民航等重要无线电业务安全

加大对民航等重要业务无线电安全保障力度，及时查清2015年1月19日广州白云机场航班涉嫌受到非法指令干扰、对航空飞行安全造成重大险情的突发事件（"1·19"事件）。最终查明"1·19"事件原因是民航内部通信指令误操作引起，排除外部人为非法干扰的可能。此次案件是经技术数据对比分析，准确判断干扰产生的典型案例，无线电管理机构的准确研判为"1·19"事件的处置发挥

了关键性作用，得到民航、公安等部门的一致肯定。

（三）做好考试防作弊无线电安全保障工作

配合考务部门，做好重要考试保障。全省共出动4889人次，车辆1395台次，启用技术设备3440台次，完成了无线电考试保障任务40余起，覆盖考点2348个次，实施无线电技术阻断32起，配合查处作弊案件15起，查获涉案设备247台，相关涉案人员153名，有效防范企图利用无线电设备在考试中的作弊行为，为各类重要考试营造了公平、公正的良好氛围。

（四）抓好无线电监测月报基础性工作

在规定的时间内保质保量完成国家下达的超短波频谱监测任务、专项和特殊监测任务，对监测设备的使用情况做好相关统计，对无线电干扰及不明信号的查处情况、省内专项监测任务和无线电安全保障情况认真进行梳理和总结，并对无线电监测工作提出建议意见。

五、推进无线电监管能力建设

（一）把握重点，科学编制"十三五"发展规划

以"十三五"规划预研课题为基础，主动衔接国家规划，借助专业支撑力量，开展广东省无线电管理"十三五"规划编制工作。确定广东省"十三五"将围绕"固本、强基、融合、拓展"的工作思路，以深化改革、转变政府职能为契机，以无线电管理信息化建设、网格化监测、海洋无线电监管、军地融合发展为重点，以满足服务经济社会发展和国防建设的需求为目标，进行谋划布局。

（二）落实"十二五"规划要求，稳步推进无线电管理基础设施建设

目前全省共建有固定监测站210个、高山监测站5个、网格化无线电监测点202个、移动监测站58个、可搬移监测设备134套，为更好适应信息技术发展趋势，重点加强无线电管理技术设施建设的顶层设计，把物联网、大数据、云计算、高端芯片等新一代信息技术发展成果应用到无线电管理技术设施建设中。启动珠三角网格化无线电监测网建设、无线电管理业务云平台化、面向海洋的无线电安全保障平台建设等，构建全省"智慧无线电管理"体系，向管理精细化迈进。

（三）利用信息化手段，强化专项资金管理

按照财政资金三年滚动计划申报的要求，参考省级财政专项资金管理架构和模式，开展资金管理信息系统建设工作。该系统将建立预算申报、项目管理、资金支出进度管理、固定资产的闭环管理体系，实现项目库、固定资产电子化管理，督查各使用单位专项资金支出进度，为今后专项资金的安排提供重要决策参考，该系统计划明年投入使用。同时，广东省还加强了对各级无线电频率占用费使用单位的监管，强化责任意识，规范无线电管理专项资金管理，确保专项资金规范高效使用。

六、落实依法治国战略，全面推进依法行政

贯彻落实依法治国理念，完善无线电管理行政执法与刑事司法相衔接的工作机制，根据需要提出无线电管理领域移送涉嫌犯罪案件类型及标准参考建议，细化量化无线电管理行政执法裁量标准，完善无线电管理行政处罚案件办理程序；制定行政执法责任制实施方案，明确无线电管理执法岗位的具体执法责任；积极推进网上审批，通过流程再造，变地市初审为征求地市意见，实现无线电管理审批服务并联化、集成化、简约化，利用信息化手段解决管理难题，提高行政办事效率；按照省编办的要求，开展行政审批标准化试点工作，优化重组、量化无线电管理审批要素，完成了审批要素的录入工作，切实做到服务公开、标准明确、流程规范，提高依法行政、依法办事能力和水平。

七、继续做好粤港澳无线电管理业务协调

协助国家召开3次粤港广播电视频率协调专题会，完成新设调频广播台站协调事宜；开展粤港LTE网络过界覆盖信号联合测试，为商定LTE网络信号过界覆盖的标准奠定技术基础；制定并实施了2015年电磁环境测试工作计划，组织深圳、珠海市做好边界地区主要业务重要频段的电磁环境测试工作；启动陆地固定（移动）业务台站和空间业务台站国际协调和登记工作，为广东省无线电台站争取国际保护地位；继续开展频率使用、台站设置、干扰查处等日常协调工作，监控公众移动通信网络信号过界覆盖。

八、加强宣传培训和人才队伍建设

（一）多形式开展无线电科普宣传

加强与广电、民航、气象、教育、军队等部门及电信运营商合作互动，积极利用微博、微信等新媒体的优势，注重发挥社会资源在无线电管理宣传中的积极作用，加大无线电协会等社会组织对无线电管理宣传工作的支撑和服务力度，形成各有关部门和相关单位协作互补的工作格局，全方位做好无线电管理宣传工作。

（二）多层次抓好人员培训

举办或参与多次各层次的培训活动，不断促进全省无线电管理人员的政策水平、业务素质和协调能力提升。举办"无线世界—创新未来"新技术研讨会，就大数据云计算在无线电监测的应用、无线电网格化监测、LTE专网技术应用与发展前景等主题进行培训。

第二节　广西壮族自治区

2015年，广西无线电管理机构在工业和信息化部无线电管理局和广西工信委党组的领导下，认识新常态、适应新常态、引领新常态，紧紧围绕广西"两个建成"目标和"双核驱动"战略，深入开展"三严三实"专项活动，按照"管资源、管台站、管秩序；服务经济社会发展、服务国防建设、服务党政机关；突出做好重点无线电安全保障工作"的总体要求，综合运用行政、法律、技术、经济和宣传等管理手段，较好地完成了2015年初所布置的各项无线电管理工作，为广西经济社会发展做出了新的贡献。

一、积极完成2015年全国无线电管理频率使用情况核查专项活动

根据国家统一部署，从2015年4月底至10月初，在广西壮族自治区辖区内开展无线电频率使用情况核查专项工作，工作分为前期动员部署、具体工作实施、区内交叉检查、总结迎检4个阶段，历时7个月，参加人员2000多人（次），动用工作车2100辆（次），行程10万多公里；在工作当中共计完成对770份无线电频率批复文件的审核、核对并按要求上报频率数据2432条数据、43339个细项；共开展对5个重点频段的监测比对工作230次；各单位在各级平面和交互媒体上

宣传累计达 212 次；共进行专项管理工作培训 22 次。

　　根据无线电频率使用情况核查专项工作实际，确定了集中精力抓重点，加强协调攻难点，采取灵活措施的工作方针，加大力度，保证工作实效。将广播电视、移动运营商、公安、铁路等用户使用的无线电频率作为核查工作重点，针对用户行业特点以无线电频率协调会、主动上门进行核查，根据行业特点专门去函了解等多种形式开展工作。

　　充分利用现有技术手段，开展重点无线电频段监测比对工作。制定了广西《重点频段监测和频率、台站数据比对工作方案》，根据方案要求，自治区无线电监测站及 14 个市无线电管理处使用辖区内的中心固定站、遥控站和小型站（固定站设备能正常工作）共 60 个对 230MHz 数传、广播电视、公众移动通信频段进行了连续监测（每个频段不少于 1 天），同时派出技术人员使用便携式频谱仪/接收机选择合适的地点（60 余个）对 3400—3600MHz、14.25—14.5GHz 频段进行了的监测（每个频段不少于 1 小时）。经统计，监测时间累计达 18000 多小时。在对各市上报的监测情况和数据报表进行检查、整理和汇总后，于 9 月 30 日前将全区数据报表通过内网 FTP 上报至国家指定的服务器。

　　通过开展无线电频率使用情况核查专项工作，有效地整合提升现有监测、检测和信息化等技术手段，夯实核查工作基础，促进现有无线电管理数据库和决策支撑体系的进一步完善，为无线电频率规划和分配打下坚实基础。同时解决了无线电管理工作中的一些难点问题，为进一步加强民航、公安、广播电视等要害部门的无线电通信保障，保持良好的空中电波秩序打下了坚实的基础。

二、认真做好广西重要无线电业务的频率规划工作

　　根据国家要求，开展广西 150MHz、400MHz 频段专用对讲机频率规划和使用管理实施情况调查工作，组织各市无线电管理处分析汇总辖区内 150MHz、400MHz 频段专用对讲机频率规划实施情况以及"模转数"过渡工作推进情况，摸清辖区模拟对讲机存量和数字对讲机增量，有利于进一步推进广西 150MHz、400MHz 频段专用数字对讲机业务的发展，为下一步频率使用情况核查工作打下基础。

三、认真做好无线电台站和设备管理工作

（一）精简审批项目，改进行政审批工作

根据无线电管理业务发展变化，为精简审批项目，提高审批效率，按照工信部无线电管理局的指导要求，对行政审批事项进行了调整，行政许可事项由原来6项调整为5项，取消了"'三高'地点产权单位前置备案"非行政许可事项，为适应政府职能转变，多次对办事流程进行优化，对审批指南进行了进一步完善和规范，将无线电管理行政审批事项承诺办结时限由原14个工作日压缩为10个工作日，提高了工作效率，减少了用户办事时间。坚持"一个窗口"处理的原则，对于所有审批事项均要求用频设台用户向窗口递交申请，并根据行政审批要求，严格把关，对频率使用和设台申请需要的文件和材料仔细审核，不符合要求的申请材料按照"一次告知"的要求及时通知申请单位补齐材料。2015年以来，办理的所有行政许可项目均在时限内办结，无因行政许可引起的行政复议或行政诉讼。

（二）加强属地化管理工作

根据国家台站属地化管理要求，在积极做好承接国家下放的审批事项的同时，对部分台站管理模式进行调整，将公众移动通信基站的审批权限下放各地市，更加有效、及时地为无线电设台用户服务，有利于台站的日常监管，促进广西公众移动通信的健康发展。同时，加强对审批事项的事中事后监管，对下放的审批事项要求各市定期上报审批数据，审批数据及时录入数据库，并通过数据校验保证台站数据的完整性和准确性。

（三）加强台站数据库建设工作

根据国家无线电台站月报工作制度要求，并结合2015年的频率核查专项活动提升台站数据质量，按时按质上报台站数据。进一步清理台站数据，升级台站数据库的校验功能，对新设台站数据入库严格把关，对数据库中发现的错误数据，及时督促各市管理处进行修改完善。开发台站数据库数据批量录入工具，初步实现公众移动基站的批量录入功能，提高工作效率和数据质量。

（四）强化业余无线电管理工作

根据统计，到目前为止，共联系办理换证人员1831人，已经国家无线电协

会核准,更换新证近500人次。下一步工作重心将转入对领到新证的业余爱好者的活动规范和引导。积极开展广西业余无线电操作证书考试工作,从2013年至2015年11月,全区14个市共举办A级和B级业余无线电操作证书考试39次,415人参加了考试,通过考试人数为332人,通过率为80%。

四、维护空中电波秩序,保障无线网络和信息安全

为巩固2014年打击整治"伪基站"和"黑广播"违法犯罪活动成果,2015年,广西无线电管理机构持续开展打击整治"伪基站"和"黑广播"违法犯罪活动工作,至2015年10月,广西无线电管理机构根据有关文件精神,对打击整治"伪基站"和"黑广播"违法犯罪活动现象持续加压,不间断对辖区内重点频率开展监测。同时加强与公安、国安、610办、广电等部门的协调与沟通,为有效打击整治"伪基站"和"黑广播"违法犯罪活动奠定了良好的执法基础。

(一)开展打击"伪基站"违法活动工作情况

1—10月,全区无线电管理机构累计出动人数2219人(次),出动监测车1551辆(次),动用监测定位设备数量2422台(次),工作测试时间22615小时。会同公安部门、移动公司共查获"伪基站"案件29起,查获违法犯罪嫌疑人49人,设备29套,涉案汽车15辆。查获的"伪基站"作案方式有背包式、自行车式、无人值守固定式,小汽车流窜式、宾馆(民房)等,呈现多样化作案方式。

(二)开展打击整治"黑广播"违法犯罪活动工作情况

2015年,广西无线电管理机构根据有关文件要求,对"黑广播"现象保持打压,大力配合广电、公安部门的打击力度,为有效打击"黑广播"违法犯罪活动奠定了良好的执法基础。全区无线电管理机构累计出动人数1320(次),出动监测车961辆(次),动用监测定位设备数量1884台(次),工作测试时间29415小时。截至10月共查获"黑广播"案件14起,查获设备14套,均是无人值守设备。广播频段播放秩序有了明显好转。

五、稳步推进无线电管理法制建设,依法行政

积极开展法律法规建设,为无线电管理各项工作提供法律保障。

一是继续开展无线电法规规范化清理工作,8月24日至28日赴重庆、成都、贵阳调研行政执法规范工作,并印发《广西壮族自治区无线电管理行政执法操作

规范（试行）》。

二是依法行政，强化服务与监督。2015 年，广西无线电管理机构日常监督检查 231 家设台单位；检查台站及数量共 956 个，查出 3 家违规使用、设置无线电台的单位或个人，并已对其进行责令整改等行政处理。

三是加强航空无线电专用频率保障措施。为保障广西民用航空专用频率安全，加强与广西空管部门沟通，制定无线电安全保障工作联合机制，拟定《广西民航专用频率保护制度》。

四是严格按照无线电设备型号核准的有关规定，初审并上报各类无线电发射设备型号核准申请 7 份。

六、大力开展边境地区无线电频率台站国际协调

积极推进边境无线电频率台站国际协调研究工作，承担的工信委前期研究课题"广西边境电磁环境国际保护研究"于 2 月在南宁开题，课题研究工作正式展开。参与课题研究的工信部电信产业研究院，工信委无线电管理局，自治区无线电监测站，工信委崇左、百色、防城港、钦州、北海市无线电管理处人员就课题研究工作开展积极讨论，并结合日常边境管理工作对课题研究提出建议。通过前期调研和后续一系列的研究工作，该课题已于 10 月份通过专家评审，对于广西边境无线电频率台站管理协调工作具有重要指导意义。

七、推进无线电监管能力建设

（一）做好干扰查处工作

2015 年，广西无线电管理机构积极应对复杂的电磁环境，加强对航空、铁路、公众通信、公安、广电等重点业务和重点频段进行保护监测，利用全区监测网的优势加大对干扰和不明信号的排查及分析力度，有效维护空中电波秩序。

2015 年全区无线电管理机构完成干扰查处 41 起，比上一年度减少 26.8%，干扰查处率为 100%。其中：查排航空无线导航业务受理 3 起；移动通信基站受干扰受理 22 起；铁路通信受干扰 5 起；广播电视受干扰 3 起；其他业务受干扰 6 起。有效保障了广西正常的空中电波秩序，推动了广西无线电通信事业的发展。

（二）依法收取无线电频率占用费

无线电频率资源属于国家所有，依法收取无线电频率占用费是无线电管理和

服务的重要形式。全区共计入库规费 530 万元。

召开 2015 年度全区无线电管理收费工作会议，总结交流 2014 年度收费工作经验，研讨和布置 2015 年度全区收费工作，为保证 2015 年收费任务完成打下良好的基础。及时跟踪各设台用户缴费情况，主动上门服务，宣传法律法规。

八、全力做好重大活动无线电安全保障工作

全力做好党的十八届五中全会期间无线电安全保障工作。圆满完成春运、中国—东盟博览会、中国—东盟投资峰会、南宁国际民歌艺术节、柳州国际水上运动节、梧州宝石节等 20 多个国内国际重大交流活动的无线电安全保障工作，制定了无线电专用频率保护工作及值班方案，加强保护性监测工作。开展对重点频段调频广播、航空导航通信、铁路调度通信、电视、移动通信业务等的监测监听工作。

九、加强无线电宣传和业务技术培训，推进无线电管理工作顺利开展

抓好"2·13 世界无线电日"、无线电宣传月等重大活动的宣传。同时，坚持纵向上、中、下，横向内、外兼顾，创新宣传方式，周密策划，精心实施，利用传统平面媒体和新型网络媒体，通过举办大型公众宣传活动、在报纸刊登纪念日宣传专版、在广播电台播出宣传广告、在网站开展网络知识竞赛、在各大社区张贴宣传海报、在繁华街道的 LED 大屏幕播放宣传片等形式，逐步提升公众对无线电频谱资源的认识，初步形成自觉维护空中电波秩序、自觉遵守无线电管理法律法规的良好氛围。

为增强干部职工专业知识，提高业务能力，加强培训工作研究，制定年度培训计划，先后举办了业余无线电台操作证书换证工作专题培训、全区无线电频率使用情况核查专项工作动员部署培训、无线电管理宣传培训、无线电新技术新业务培训等培训班及全区无线电频率使用情况核查专项活动技术演练，并派员参加了国家举办的各类无线电技术培训班，组织技术人员与相关单位、设备生产商进行技术交流，全面提高无线电管理系统干部队伍的整体素质。

第三节　海南省

2015 年，在工信部无线电管理局大力支持和省工信厅党组坚强领导下，在相关部门和单位的支持配合下，海南省无线电监督管理局紧紧围绕全省工作大局，按照"三管理、三服务、一突出"的总体要求，着力强化"管理机制改革、管理思路创新、管理能力突破"，全力推进各项工作，较好地完成了全年目标任务，并在军地协调机制建立、公众对讲机频率开放机制改革、基站管理手段创新、博鳌亚洲论坛和环岛自行车赛等重大活动保障、航天发射保障能力建设、南海无线电监管能力突破等方面取得了一批工作亮点。

一、强化频率资源管理，服务经济社会发展

（一）开展频率使用情况核查专项行动

按照工信部无线电管理局的统一部署，海南省制定工作方案，建立组织架构和工作机制，明确任务分工和责任人员，有序推进专项行动。召开专题会议，对重点行业用户进行动员部署，加强走访调研，畅通对接交流渠道，对民航、铁路、气象等重要台站进行了人机见面核查，确保核查数据的准确完整。组织人员全面梳理自海南省无线电管理机构成立以来所有频率批文，采取用户自查、现场检查、数据库抽查等方式核对频率数据，夯实频率核查工作基础。利用全省 38 个固定监测站和 5 辆移动监测车对公众移动通信、230MHz 数传、广播电视、3400—3600MHz、14.25—14.5GHz 等重点应用频段实行 24 小时监测，将监测结果结合频率数据库进行分析比对，加大对擅自设台、非法占用频率等行为打击力度，主动发现并依法查处非法用频 5 起。核查工作中，海南省共清理频率文件 2000 余份，比对频率数据 1100 余个，累计监测时长 3360 小时，收回频率 25 个，注销电台 35 部，新入库台站 6945 台部，台站数据库总量达到 45870 个。通过核查专项工作的开展，摸清了海南省频率台站底数，频率台站管理更加规范、准确，同时也带动了无线电监测和执法工作全面开展，核查工作取得明显成效。

（二）科学配置频率资源，满足各类需求

一是按照保障重点，兼顾一般的原则，统筹各领域、各行业通信需求，科

学合理配置无线电频率资源，有效保障公共管理、公共服务、安全生产等领域对频率资源的需求。积极开展省气象局风廓线雷达、博鳌机场雷达站拟使用频率与相关台站的频率协调工作，指配 2 对 400MHz 双频点给海南核电有限公司，指配 4 对 150MHz 双频点给海口港集装箱码头有限公司，用于重点区域和码头安全生产指挥调度工作。全年共指配雷达频率 5 个，对讲机双频点 40 对，呼号指配 19 个。二是组织召开民航、铁路无线电专用频率保护专题会议，就专用频率保护、干扰查处等情况进行研究探讨，分析存在的问题，并推动民航、铁路无线电业务交流制度化、常态化，巩固民航、铁路无线电频率保护的工作成果。三是开展西环高铁频率协调工作，召集铁路部门、电信运营企业共同商讨铁路 GSM-R 系统与 GSM 系统频率协调事宜，明确了频率协调工作基本原则和有关要求，加强专用频率保护性监测和监督执法，切实保障高铁用频安全，确保西环高铁按期顺利开通。

（三）认真开展边境地区监测和台站国际登记工作

按照《边境（界）地区电磁环境测试规范》和海南省边境电磁环境测试方案要求，组织实施边境电磁环境测试，选取离边境较近的海边沿岸固定监测站和移动监测车对航空导航、广播电视等无线电业务频段进行测试，初步掌握边境地区电磁频率资源使用的第一手资料，建立和完善边境电磁环境监测数据库，为今后开展边境无线电频率协调打下基础。组织开展地球站国际登记工作，完成海洋、民航、气象、电信运营企业等部门和单位 8 个地球站的数据核对、上报工作。

二、深化行政审批改革，推进管理创新

（一）深入推进行政审批改革，进一步简政放权

贯彻落实海南省 2015 年推进简政放权放管结合转变政府职能工作方案，推动工作重心由"事前审批"向"事中事后监管"转移。编制并公布权利和责任清单，将每一项行政职权运行流程图向社会公开，切实做到用制度、用流程管理审批。进一步提高审批效率，清理许可审批前置条件，优化审批程序，简化办事环节，缩短办结时限。对讲机单频组网频率和呼号审批实现即来即办、现场办结，审批时限由原来的 20 个工作日缩短为当日办结，审批效率大幅提高。全年共办结行政许可事项 79 件，其中频率指配许可 46 件，台站设置许可 33 件，实现零失误、零投诉、零复议、零诉讼。

（二）探索无线电频率资源和对讲机管理新模式

依据《海南省无线电管理条例》，结合国家和海南省无线电频率规划，制定了《海南省公众对讲机无线电频率管理规定》，开放400—420MHz频段20个单频组网频率和10对双频组网频率作为公众对讲机无线电频率，按技术要求规范使用，免执照管理，免缴频率占用费，将社会上众多擅自设台用户疏导到开放频率上，实现规范、集约化利用频率资源。通过创新管理，满足对讲机使用需求，规范了对讲机管理，将有效促进对讲机应用发展。

（三）推进公众移动通信基站管理创新

为简化公众移动通信基站审批手续，解决基站申报不及时，台站数据填报不准确，基站数量不全面的问题，海南省召开公众移动通信基站建设和管理专题会议，与电信运营商、铁塔公司达成一致意见，海南省对公众移动通信基站管理采取在线监管的方式，对公众移动通信基站数据自动采集与管理，实时、准确掌握基站的建设和使用情况，能有效避免人工操作产生的误差，也能大大提高台站管理的效率。目前基站在线监管前期调研工作已结束，正在优化和完善实施方案。

三、加强执法监督，维护空中电波秩序

（一）巩固打击非法设台专项整理活动成果，加大对群众反映强烈的无线电相关问题的查处力度

一是落实打击"伪基站"工作长效机制，密切与公安部门、电信运营企业的协作，持续用力，防止"回潮"反弹，协助公安机关鉴定"伪基站"设备5套，对海口市公安局移交的1起"伪基站"案件进行行政处罚。二是主动配合公安、广电部门防控"黑广播"。加强对调频广播频段的日常监听监测，及时分析异常情况，掌控频率使用情况，海南省2015年没有发生"黑广播"事件。三是按照省政府"清网排障"专项行动部署，开展"黑直放站"清理整治。联合市、县有关部门，集中围剿取缔海口、三亚城中村"黑直放站"，关停、拆除非法设备77台（套），消除多起大面积干扰事件，为优化通信网络，提升通信质量发挥了积极作用。

（二）加强无线电发射设备销售市场监管，注重"借力""借势"，营造良好监管氛围

联合工商部门开展专项执法，对违规销售行为进行处罚，没收未经国家型号核准的对讲机 54 部。部门之间联动逐渐常态化，发射设备源头管理取得明显成效。

（三）快速处置无线电干扰，保障合法无线电业务正常运行

全年受理无线电干扰 17 起，其中公众移动通信干扰 4 起，民航干扰 6 起，铁路干扰 3 起，其他类型干扰 4 起，均予以快速有效处置，较好维护了空中电波秩序，保障了合法无线电业务正常运行。

四、全力做好无线电安全保障，服务社会发展大局

（一）做好重大活动无线电安全保障

一是突出做好博鳌亚洲论坛年会无线电保障工作，协助国家完成涉外频率的监听和指配工作，会议期间加强对参会国用频以及安保、指挥调度等重点频率的监测和保障，确保了会议期间各种频率的使用安全。会议期间还联手公安部门有效防控交通运输行业人员利用对讲机串联，策划集体罢工事件。海南省委、省政府授予海南省无线电监督管理局"博鳌亚洲论坛 2015 年年会海南省服务保障工作"先进集体称号。二是圆满完成 2015 年环岛自行车赛无线电安全保障任务。2015 年是环岛赛第十年，全程九个赛段比赛进行现场直播，工作难度和压力重大。为做好无线电安全保障工作，海南省无线电监督管理局主动联系央视直播团队，认真总结前几届的经验，提出了应对措施，由于保障有力，整个比赛顺利进行，央视直播取得良好效果。十年环岛，风雨同路，保障工作得到赛事组委会的高度肯定，海南省无线电监督管理局被授予"2006—2015 年最美环岛人"和本届赛事"特殊贡献奖"两项荣誉。

（二）保障和服务重点无线电业务应用

一是编制《公众移动通信基站站址规划》。针对公众通信基站选址难、建设难、运营商各自为战等问题，为加快推进基站建设，海南省开展相关课题研究，在广泛调研基础上，编制了基站站址专项规划，按照省政府"多规合一"的要求，将站址规划列入省政府统筹推进的通信基础设施建设总体规划中。二是开展《民用机场电磁环境保护区划定》课题研究，在此基础上联合民航监管部门编制《民用

机场电磁保护区管理办法》，加大对民航无线电频率和台站的保护力度。继续增加投入，推进铁路沿线无线电监测设施建设，健全和完善环岛铁路监测网络，提升重点区域无线电监测能力和水平，为快速定位和查处有害干扰打牢基础。三是积极服务省重点项目建设，全年完成海口美兰机场运行指挥台、美兰国际机场二期扩建空管工程、琼海博鳌民用机场、三沙市永兴机场、三沙市气象雷达、博鳌二次雷达站等 28 个台址的电磁环境测试工作，为海南省重点工程台站建设选址提供技术依据。

（三）完成普通高考、公务员、中小学教师、执业药师等 13 次全国性考试无线电保障工作

针对高考考点分散、考生人数多、保障难度大的特点，创新工作思路，组织协调各市县工信部门参与考试保障，扩大保障范围，提高保障效果，切实维护考试公平公正。

五、落实"十二五"规划建设，启动"十三五"规划编制工作

（一）认真做好"十二五"收官工作

依据"十二五"中期评估报告提出的意见和建议，加快推进项目建设，确保"十二五"各项目标如期完成。2015 年重点开展了固定无线电管制系统、大型移动指挥车、海上无线电监测设施等 10 个项目建设，目前已完成所有项目的招标。

（二）"十二五"规划重点工作完成情况

一是法制建设取得标志性进展。海南省制定的第一部无线电管理行政法规《海南省无线电管理条例》于 2012 年 3 月 1 日起施行。《条例》的制定与颁布实施开创海南省无线电管理法制化、规范化的新局面，为海南省无线电管理工作和无线电业务应用的发展提供有效支撑。依据《条例》健全了多部门协作、省市县联动、齐抓共管的工作机制。二是推进无线电管理体制改革。将海南省无线电管理办公室更名为海南省无线电监督管理局，出台新的"三定方案"，明确机构职能和人员配置，进一步理顺了无线电管理体制机制。三是无线电技术支撑能力有质的飞跃。海南省 5 个无线电监测大区的建设模式已大部分得到落实。实现全省重点保障区域和所有 19 个市县主要城区的监测覆盖，无线电监测覆盖范围和监测能力、对重大活动和突发事件的无线电安全保障、指挥和应急处置能力能大幅提升。

（三）"十三五"规划编制开展情况

在全面总结"十二五"规划基础上，完成"十三五"规划编制的内部调研和研讨，基本思路初步形成，下一步将以国家"十三五"无线电管理规划以及省级无线电管理技术设施指导意见为指导，坚持任务导向，明确思路，细化目标任务，做好与国家总体规划、全省总体规划和专项规划的衔接，完成海南省"十三五"规划的编制工作。

六、加大无线电管理宣传工作力度

（一）广泛开展宣传活动，提高宣传效果

充分抓住博鳌亚洲论坛年会保障、无线电管理宣传月等重大活动契机，紧贴无线电管理法律法规、无线电科普知识、日常工作亮点，借助广播、电视、报刊等各类主流媒体，面向用户、面向社会进行宣传，拉近无线电管理机构与普通公众的距离，进一步提高无线电管理工作的透明度和公信力。全年共开展宣传4次，播出广播专题宣传节目20期，在各类报纸杂志和网站刊登专题文章4篇，信息稿80余篇。

（二）发挥自身宣传优势，开展电磁辐射正面宣传

为化解基站建设引发的矛盾，努力营造有利于全省信息基础设施建设的良好氛围，密切配合省工信厅，积极策划电磁辐射知识宣传活动，加强与工商、环保、电信运营企业等有关部门沟通协调，研究制定宣传方案，细化分工，明确责任，为下一步工作开展打好基础。组织技术人员对通信基站电磁辐射情况进行现场测试，同时还对微波炉、电磁炉、电视机等家电设备的电磁辐射情况进行检测，掌握第一手资料，为今后用数据说话、消除公众误解、和谐群企关系提供技术支撑和参考依据。

（三）全省联动，开展无线电管理宣传月活动

充分调动市县工信部门力量，将无线电宣传由市县延伸到乡镇、街道，进一步拓宽和巩固宣传教育的对象和阵地，扩大无线电宣传教育的覆盖面和影响力。同时，加强对市县宣传工作的监督检查和业务指导，开展"面对面"交流，将部分市县一些好的做法和经验拿出来交流探讨，集思广益，取长补短，上下联动，全省无线电管理宣传一盘棋的生动局面渐显。宣传月期间，全省共发放宣传册

22200 多份、张贴宣传画 18200 多张、悬挂宣传条幅 450 多条、摆放宣传易拉宝展板 120 多个，公益宣传 LED 屏幕 50 多块，发送公益宣传短信 200 多万条，无线电管理宣传进社区和无线电科普进校园等专题现场宣传 4 场次，市（县）政府门户网站开辟无线电宣传专栏 10 个，市（县）工信主管部门组织举办地方电视台直播无线电宣传场面 3 个，参与宣传群众近 5 万人次。

七、加强自身建设，提升干部队伍整体素质和能力

（一）不断加强党建工作，营造积极向上工作氛围

一是以创建"学习型、服务型、创新型"党组织为目标，加强党员学习教育和作风建设。开展系列组织活动，结合重点工作，开展"共产党员示范岗"活动，组织党员干部参加"志愿者进社区服务"活动和海口市"双创"志愿义务劳动，践行社会主义核心价值观。认真开展"三严三实"专题教育和"廉政教育月""守纪律、讲规矩、做表率"主题活动，注重理论学习和业务学习、专题教育和业务工作有机结合，做到"两不误、两促进"。二是以争创廉政文化和基层党建工作 2 个示范点为契机，不断提高党建工作质量。加强制度建设，健全和完善规章制度 24 项，促进规范化、程序化、制度化管理，确保各项工作有序开展。在厅机关党委指导下，走出去学习取经，并结合海南省无线电监督管理局实际，制定工作方案，明确工作思路，狠抓工作落实。在完善党员活动室建设，搭建学习和活动平台，营造党建工作氛围方面取得积极进展。

（二）加强对干部职工的业务能力培训

组织召开了 12 期业务技术交流会，选派技术人员参加国家举办的业务培训 26 人次，到兄弟省市开展工作调研学习 5 人次，组织市县工信部门无线电协管人员举办专题培训 2 期。通过"走出去、请进来"等方式进行集中培训、开展专题交流，提升管理人员和市县协管人员的政策水平、业务素质和协调能力。注重理论学习和业务学习、专题教育和业务工作有机结合，坚持周五学习日制度，坚持领导班子带头学，坚持集中学习和自学相结合，确保学习教育不走过场，取得实效。

第七章　华中地区

第一节　湖北省

2015年，湖北省无线电管理工作在省委、省政府和省经信委的领导下，切实履行好"三管理、三服务、一重点"工作职能，圆满完成了全年工作任务。

一、频率使用情况核查专项活动成效显著

湖北省完成扫描PDF频率审批文件1446份、填报频率数据信息12001条，其中频率分配数据840条，频率指配数据11161条，在国家组织的专项活动考核评比中，湖北省取得了104.16分（总分105分）的优异成绩，列中东部地区第一名。专项活动中，湖北省抽调精干力量，全面梳理各类文件，理清现状；开展监测比对，按时上报；做好频台数据库动态管理，确保时效性和准确性；建立核查评价标准，认真开展自查。

二、科学规划、统筹配置无线电频谱资源

2015年，湖北省自觉顺应"两化融合"发展方向，科学配置频谱资源，促进无线电频率频谱资源高效集约利用。一是协调处理了汉石高铁、武广高铁、城际铁路和武汉地铁集团频率干扰事宜；二是发布长江湖北段无线电管理实施办法，开展水上无线电执法大检查；三是编制武汉地铁集团800MHz集群通信规划和汉口北站铁路货场1.8GHz数字集群通信系统建设规划；四是做好用频规划，满足湖北信威公司1.8GHz行业网和武汉市公安局1.4GHz频段政务网的用频需求；五是制定"模转数"实施方案，做好模拟台用户工作。

此外，湖北省各市州管理处围绕中心，服务大局，认真履职尽责。一是黄石

市管理处积极为黄石新港、万达广场设台办理手续；二是孝感、咸宁、恩施等市州管理处主动协调规划、环保、铁塔公司、通信基础运营商优化基站设置；三是十堰、襄阳、宜昌、荆州、荆门、鄂州、黄冈、随州等市州管理处为当地新机场建设提供电磁环境测试评估等项服务；四是宜昌市管理处保障神农架森林防火应急用频需求；五是荆州市管理处完成"2015年中国龙舟公开赛"无线电安全保障；六是荆门市管理处为"中国农谷""柴湖大开发"、4G网建设、荆门"爱飞客"飞行大会提供服务保障，为农村智能广播"村村响"工程进行频率协调；七是鄂州市管理处对武九铁路GSM-R系统开展保护性监测；八是随州市管理处完成"乙未年世界华人炎帝故里寻根节"无线电安全保障。

最后，湖北省2015年多措并举，规范无线电频谱资源管理。一是进一步减少了行政审批前置环节，限定办结时限，提高工作效能；二是引导与湖北省产业对接，促进湖北省信息产业和信息消费发展；三是进一步完善铁路、民航、水运、地铁、公众通信等重要行业领域的频率保护长效工作机制，提高干扰排查效率；四是充分发挥型号核准检测的资源优势，为企业提供服务。

三、做好无线电台站和设备管理工作

首先，加强无线电设台监管。湖北省严格落实工作要求，简化审批流程，优化办事环节，落实网上办公，线上线下并行，搞好服务对接。同时，加强事中事后监管，及时查处和纠正违法设台行为，一是深入设台用户，检查清理台站；二是严肃查处违法行为，及时消除隐患；三是适时开展无线电发射设备销售市场检查。

其次，台站属地化管理更加规范。一是要求各管理处结合本辖区实际，认真分析形势，查找问题，提出整改措施；二是加大培训工作力度，坚持问题导向，进一步规范审批程序，统一管理标准；三是加强在用台站事中事后监管；四是以点带面，采取现场交流会的形式，推广好的经验。

最后，业余无线电活动规范有序、快速发展。一是圆满完成湖北省第二届业余无线电应急通信演练活动；二是考察调研了湖南省业余无线电管理的经验做法；三是做好等级考试、办证等服务工作，增设了宜昌和襄阳两个考点；四是印发了《湖北省无委办关于加强和改进全省业余无线电管理工作的意见》，管理工作更加规范。

2015年湖北省持有业余电台操作证书人数在2014年1400人的基础上增至1900人,新增登记在册爱好者1200人。襄阳市管理处组织业余无线电爱好者为"东方之星"客轮翻沉事件国家救援行动提供应急通信保障;荆门市管理处、黄冈市管理处成功组织业余无线电通联活动。

四、当好"电波卫士",维护好空中电波秩序

一是"黑广播"专项整治行动取得新成效。湖北省于2015年10月9日至16日,在以武汉市为重点区域的范围内组织开展了"黑广播"集中整治排查阶段的行动。集中全省无线电监测执法力量,联合省公安厅、省新闻出版广电局和省广播电视台等部门,通过频率比对和侦测定位摸排了40余条"黑广播"精准翔实的线索,并提供给公安机关,将于11月下旬开展集中收网阶段行动,现场查处,从而使广电频段电波秩序明显好转,坚决遏制住"黑广播"蔓延势头。目前,在全省打击"黑广播"专项行动中,共出动人员930余人次,动用车辆570台次、监测设备590台次,共查处"黑广播"案件104起,其中武汉市范围内查获79起,办结33起,没收设备33套。武汉市管理处提供了大量案件线索。

二是服务民生,加强无线电监测与干扰排查工作。湖北省全年处理无线电干扰申述146起。其中,襄阳市管理处捣毁了每天打出50多万个"响一声"电话的电信诈骗窝点;宜昌市管理处排查公安340MHz反恐图传系统干扰;荆州市管理处查处了手机信号放大器干扰、汽车屏蔽器干扰;荆门市管理处排查了恶意"呼死你"、汽车电子锁遥控等各类干扰;鄂州市管理处在中国人民抗日战争及世界反法西斯战争胜利70周年阅兵电视转播前一天迅速查获卫星电视干扰器;孝感市管理处协助市政府妥善处置出租车群体事件;咸宁市管理处利用无线电压制设备协助警方破获刑事案件;随州市管理处对大洪山发射台干扰进行联合监测查处;恩施州管理处成功查处巴东县野三关镇卫星干扰器。

三是圆满完成"东方之星"客轮翻沉事件国家应急救援行动和高考等重大无线电安全保障任务。首先,紧急响应。第一时间启动重大突发事件无线电应急安全保障预案,迅速进入应急响应状态;其次,行动迅速。在最短的时间里完成了研判、组织、协调、集结、输送、展开等应急处置工作;再次,频谱监管有力有序有效。对政府、军队、公安、武警、消防、海事、应急通信、媒体等相关救援部门所用频率进行了保障性现场跟踪监测;复次,措施得当。进行电磁管控,频

率协调，及时请示汇报；最后，保障有力。经过连续 4 天，历时 78 小时不间断监测保障，圆满完成任务，得到了省委、省政府领导的充分肯定。

四是圆满完成高考无线电安全保障任务。湖北省全年共完成各类考试监测保障任务 20 次，出动专业技术人员 100 余人次，无线电监测车 40 余辆，各种无线电监测设备 100 余套，各种无线电屏蔽发射设备 50 余部。累计完成监测时间 585 小时，及时发现并有效压制作弊信号 30 起，收缴作弊发射设备 2 套。

五、推进无线电监管能力建设

首先，"十三五"规划编制工作稳步推进。一是全面筹划，做好"十三五"规划预研工作；二是积极协调，做好规划意见采集工作，拟定初稿，王化平主任在全国"十三五"规划编制工作会上作交流发言；三是认真研究，不断完善，做好规划文稿的撰写工作。并拟以省政府文件发布。

其次，无线电监测、干扰查处技术能力不断提升。实现立项一批、论证一批、成熟一批、推出一批的全省技术设施建设新格局。一是继续举办第二届无线电行业交流座谈会，邀请国内外相关厂商参加，博采众家之长，广借四方之力，加快推进湖北省监测技术设施建设提档升级；二是完成了全省无线电监测一体化平台、电磁环境测试配套系统、便捷式频谱仪 PR100 的安装调试及配发；三是小型站、压制系统、管制车、无人机、短波实验室、检测实验室技术升级、伪基站查找设备、短波监测车、微波监测车、武汉监测网等项目进展顺利；四是完成了 13 个市州固定站选址工作；五是初步建成了覆盖全省范围的应急通信网。

最后，进一步加强频占费征收管理。为加强频占费征收管理工作，湖北省早部署、早行动，根据台站数据库数据，按照规定的收费标准和计算方法，仔细计算出辖区内各设台单位 2015 年度应缴纳的频率占用费，下发了频率占用费缴费通知单，并制作了收费明细表备查，规范制发收费文件，采取现场送达，上门宣传并现场办理的方式，确保频占费按时足额收缴。

六、推进无线电管理法制建设，依法行政

全省共出动监督检查人员 1200 余人次，车辆 400 余台次，检查单位 400 余家，联合执法 20 余次，下达限期整改通知书 200 余份，行政处罚决定 50 余件，没收非法设备 114 部。

一是对湖北省无线电管理法规、规章和规范性文件进行了系统清理；对湖北

省机构人员法定职能进行了梳理并报送了湖北省无线电管理行政执法依据清单和《立法情况调查表》。

二是通过省政府行政审批平台及我办门户网站开展政务公开和信息公开工作。各市州管理处对行政审批事项统一发文公告,并在市(州)政府网站公示运行。

三是落实行政审批制度改革,规范行政执法行为,提高行政执法能力。全年共受理无线电发射设备型号核准初审13件,办理设备生产和销售备案共5件。精简无线电管理行政审批子项目3项,清理规范性文件2件及《湖北省企业信用目录清单》,修订完善了行政许可与行政处罚流程图。实行执法工作月报制度,公开执法监督电话。组织执法培训考试,开展行政执法案卷评比。

七、加大无线电管理人才队伍建设和培训工作力度

2015年湖北省进一步强化主体责任,全面落实党风廉政建设责任制;密切跟踪,配合做好事业单位分类改革工作;扎实做好全系统干部人事档案专审工作;科学谋划,认真做好全系统干部调配工作;继续组织干部上挂下派学习锻炼。全年开展了新春读书班、"守纪律、讲规矩、争做'两为'好干部"主题演讲比赛、行政执法培训、日常监测检测业务培训、财会业务培训、综合文秘及档案保密培训、台站属地化管理培训、党支部书记业务培训、新技术新业务培训、第八届监测技术竞赛、频率使用情况核查专项活动技术培训、党校主体班等培训12次,参训370余人次。

八、扎实开展无线电管理宣传工作

一是紧密围绕重大活动,借"势"宣传。襄阳市、宜昌市等市州管理处围绕纪念中国人民抗日战争暨世界反法西斯战争胜利70周年活动,进行深入宣传;二是联合主流媒体,借"道"宣传。武汉市管理处在《中国无线电》撰写深度研究文章。十堰、荆门、黄冈、随州、恩施等市州管理处在国家、省市媒体发稿数量继续加大;三是把握工作机遇,借"机"宣传。黄石、荆州、鄂州、咸宁等市州管理处围绕全国频率使用情况核查专项活动,开展了形式多样、内容丰富、扎实有效的专项宣传活动;四是广泛发动群众,借"力"宣传。孝感市管理处发挥业余无线电爱好者的辐射作用,扩大宣传覆盖面。

第二节　湖南省

2015 年，湖南省无委办在国家无线电办公室和湖南省经信委的正确领导下，按照"三管理、三服务、一突出"的总体要求，锐意改革创新，努力服务大局，较好完成了各项工作任务。

一、扎实开展频率使用情况核查专项活动

加强组织领导。根据国家无线电办公室关于开展无线电频率使用情况核查专项活动的部署和要求，湖南省成立了由省经信委巡视员钟志慧为组长的专项活动工作领导小组，下设文件清理、数据填报、监测比对 3 个工作小组，制定了《全省无线电频率使用情况核查专项活动实施方案》，召开了专项活动部署会议。

做好数据填报工作。先后 3 次召开专项活动调度会，全面梳理了自 1985 年从军队移交地方以来的无线电频率审批文件 268 份。经多次向国家局汇报咨询以及和兄弟省市沟通，于 7 月 15 日前按要求将 2036 条频率数据报送至国家局。

开展监测比对。按照全省统一部署，7 月至 9 月，全省各监测站对 12 个重点频段累计监测 1 万余小时，累计填报数据 10 余万条。各市州及时组织人员对不明信号进行了排查。在各市州监测比对过程中，省监测站对市州工作情况进行了抽查，针对存在的问题，省监测站两次集中组织了市州 30 余人进行培训。9 月 30 日，及时将全省《监测设施频点占用度报告表》上报了国家局。

通过此次专项活动，湖南省无线电频率、台站以及监测数据库得到了进一步充实和完善，尤其是借助此次核查专项活动，我办给省新闻出版广电局送交了《关于协助开展广电频率核查工作的函》，摸清了全省广电使用频率的状况，解决了多年来困扰湖南省的广电频率使用模糊不清等问题。

二、科学规划和统筹配置无线电频谱资源

科学配置与合理利用无线电频率资源，统筹保障各行各业用频需求。为推动频率精细化管理，经委领导同意，由无线电管理处、省无线电监测站相关人员共同组成频率审查小组，今年共计为 6 家单位批复了无线电频率。完成民航湖南空管分局新建场监雷达使用无线电频率、长沙市轨道交通集团有限公司使用

1800MHz 无线接入频率、邵阳武冈民用机场天气雷达使用无线电频率、湖南省森林公安局使用无线电超短波对讲机频率等重点频率的审批。

三、做好无线电台站和设备管理工作

规范通信运营商基站审批，加快基站执照办理进度。印发《关于加快无线电台执照办理工作有关事项的通知》。《通知》要求各市州无线电管理机构安排专人负责，及时办理执照和换发执照。对无线电台执照情况进行一次清理，加快合法台站执照换发工作。加大工作力度，逐步将对讲机纳入管理范畴。及时核发执照，今年办理执照 10459 个。及时更新台站数据库，确保台站数据准确，目前全省共有台站 94200 个。为进一步加强无线电台管理精细化、属地化工作，按照《中华人民共和国行政许可法》和国家局相关要求，湖南省自行印制了新的无线电台站执照，目前各市州基本完成了到期无线电执照的更新工作。

服务通信运营商，创新基站执照办理模式。5 月 14 日，省经信委巡视员钟志慧带领省无委办相关负责人，赴中国铁塔股份有限公司湖南省分公司调研，探讨共同推动移动通信基站建设有关问题。商定采取报建同步的方式，即基站建设计划申报与基站建设同步进行，提高基站建设效率，服务湖南省 4G 通信事业发展。强化对设台单位的服务，圆满完成了长沙橘韵投资有限公司阻挡国网湖南省电力公司微波通道的协调工作。无线电设备型号核准今年完成了 4 家企业的设备型号核准初审工作。

加强中介组织建设。在省经信委领导的大力支持下，3 月 30 日，湖南省无线电协会正式成立。协会主要业务是开展无线电行业调查研究，宣传无线电政策法规和普及无线电科普知识，开展技术咨询服务和业务培训，协助开展行业信息的统计、分析和发布，编辑、出版、宣传行业书刊和资料，协助业余无线电台管理等。协会作为无线电管理机构的参谋和助手，作为沟通政府部门和设台单位及会员单位的桥梁和纽带，对提高湖南省的无线电应用水平，维护好空中电波秩序将发挥积极作用。

规范业余无线电管理。到目前为止，湖南省完成了业余无线电台操作证换证 620 余张，核发、换发业余无线电台执照 900 余份。做好服务工作，开放每周三业余无线电爱好者接待日。抓好业余无线电台操作证考试，4 月 18 日在衡阳举行了今年第一次业余无线电台操作证考试，196 人参加，178 人考试合格。筹备

11月21日在长沙举行第二次业余无线电台操作证考试，预计394人参加考试。组织参加了9月21日国家业余工委在山西运城举行的应急通信演练，调研山西省无线电协会。积极筹备12月5日在长沙举行湖南省2015年度业余无线电爱好者工作年会，预计有湖南省及来自广东、湖北、江西、北京等外省市爱好者共300余人参加。

四、保障无线网络和信息安全，维护空中电波秩序

开展打击"伪基站""黑电台"、卫星电视接收干扰器工作。根据国家统一部署，紧密联系湖南省实际，主动出击，有计划、有步骤、有配合、针对性地开展打击整治"伪基站""黑广播"违法犯罪活动。1月至10月，湖南省无线电管理机构共出动监测车辆56车次，动用监测定位设备数量93台次，出动监测人员169人次，监测时长256小时，查处"伪基站"案件6起，查获作案车辆1台，抓获犯罪嫌疑人2名，缴获"伪基站"设备2套，鉴定"伪基站"设备1套；查处"黑广播"案件14起，缴获"黑广播"设备13套，有效地打击了"伪基站""黑广播"违法犯罪行为，取得了较好的成效。

切实做好重要时期和重要业务的无线电安全保障工作。落实重要时段24小时监测值班制度，防范非法无线活动。2015年1—10月，全省各级无线电管理机构累计监测119038小时。继续完善民航专用频率保护机制，一方面通过固定监测站对民航频率重点监测，另一方面利用移动监测站对民航机场、重要航路进行了野外定点监测。全年为民航部门排查无线电干扰7起。加强对铁路部门GSM-R频率的保护，全面完成武广高铁（湖南段）GSM-R频率网格化实时监测项目建设，系统已投入试运行。

规范无线电干扰查处程序，完善网上申诉处理平台。截至10月底，全省共受理无线电干扰申诉68起，发现异常信号12起，共组织无线电干扰排查74次，成功查明干扰源66起。在受理的68起干扰申诉中，排查公众通信网受干扰事件26起，排查广播电台、卫星电视受干扰事件36起，排查航空通信及导航受干扰事件7起，排查列车调度通信受干扰事件1起，其他类型受干扰事件5起。编写《2014年度无线电干扰查处分析报告》，分析总结干扰查处情况。

积极配合相关部门做好重要考试的无线电巡考工作。截至10月底，全省各级无线电管理机构组织参与全国硕士研究生招生、普通高等学校招生、大学英语

四六级、国家司法考试、湖南省公务员录用等考试的无线电安全保障活动 191 场次，共派出人员 1365 人次，车辆 372 台次，启用技术设备 709 套次，发现作弊信号 247 起，实施无线电阻断 245 起，协助查处作弊案件 32 起，涉案人员 25 名，查获涉案无线电设备 43 套。

做好重大活动和突发事件的无线电安全保障工作。10 月 18 日，首届长沙国际马拉松赛开赛。长沙市无线电管理处按照大赛组委会要求，采取有力措施，全力以赴，及时做好有关频率使用申请事项办理，扎实开展比赛使用频率的监测和测试工作、组织开展有关使用频率的协调、查处遥控无人机对直升机航拍干扰和塔台施工信号对 CCTV-5 电视直播指挥调度通信干扰等两起干扰事件，圆满完成此次比赛实况直播以及通信保障任务。10 月 30 至 11 月 2 日，2015 张家界国际航空旅游节举行。张家界市经信委无线电管理办公室采取有力措施，组织开展了有关使用频率的协调、干扰信号隐患查处工作，对机场周边的电磁环境进行了监测，暂停了附近几家工地临时设置使用的无线电超短波电台，降低某调频转播台发射功率以排除干扰隐患，利用固定监测站和移动监测车对该活动所使用频点和频段进行全方位的监测，随时处置突发干扰事件，圆满完成了此次活动的无线电安全保障工作。

随着各种重大活动的增多，无线电安全保障任务越来越重，各种突发事件也对无线电安全保障提出了更高的要求。2015 年 6 月 5 日至 7 日，湖南省参与了"东方之星"号客轮翻沉救援现场无线电保障工作。在本次活动中，领导高度重视，分管副省长黄兰香作了批示，省经信委主任谢超英安排布置具体工作方案，省经信委巡视员钟志慧亲自带队。在救援现场，湖南省无线电管理人员实行 24 小时值班，现场救援不结束，无线电保障值班也不撤离。加强对救援现场电磁环境保护监测，保障救援现场无线电通信畅通。现场确立了坚决制止非法使用无人机，一旦发现立刻开展测向定位，配合公安部门依法查处的原则。湖南省保障工作服从现场统一指挥，积极协调配合湖北无线电管理部门，查获无线电遥控无人飞机 3 台，维护了救援现场的正常调度和通信秩序，圆满完成了无线电安全保障任务。

五、推进无线电监管能力建设

加快技术设施建设。抓好已实施技术设施建设项目的落实，做好督促、协调、验收等工作。今年完成"逼近式短波移动监测站（车）""GSM-R 频率监测专用干扰识别能力测试系统""市州无线电固定监测站"建设项目政府采购招标并签订合同,已进入实施阶段。重点推进武广高铁 GSM-R 专用频率网格化监测系统项目建设。作为全国试点项目,部无管局和国家监测中心给予了大力支持,目前项目全部硬件设备已经安装完毕,网络连接正常,数据中心软件开发基本完成,全系统正在进行试运行、调试、测试和完善。继续推进无线电公共技术服务平台项目建设,已完成前期调研、项目选址、可行性研究、平台工业地产初步设计、施工图设计和规划报批等工作,即将进行施工招标,预计 2017 年第一季度建成并投入试运行。

基本完成"十二五"规划任务。"十二五"期间,湖南省无线电管理各项工作稳步有序推进,频谱和台站管理能力有所增强,无线电技术设施建设稳步推进,无线电安全保障工作落实有力,法律法规体系不断健全,宣传工作深入开展,基本完成《规划》既定目标。其中,武广高铁(湖南段)GSM-R 频率网格化实时监测项目建成运行,具有较强的创新性和前瞻性,为全国开展高铁网格化监测网建设具有较大的借鉴意义。全国首创的网上无线电干扰申诉处理平台,取得了方便设台用户,提高干扰查处快速响应能力的效果,值得全国推广。历时 4 年,出台了《湖南省无线电管理条例》,为做好无线电管理工作提供了坚强的法律保障。抽调全省骨干技术力量,组建了湖南省无线电管理机动大队,初步建立了覆盖全省的无线电管理快速响应机制。启动"十三五"规划编制工作,印发《湖南省无线电管理"十三五"规划(2016—2020)编制工作方案》。制定工作进度表,细化工作任务,任务分解到岗位责任人。

无线电监测和干扰查处技术能力大幅提升。"十二五"期间,湖南省共规划无线电管理技术设施项目 21 个(后调整为 23 个),预算投资 4 亿元。近几年,除了根据实际情况进行必要调整,如武广高铁监测项目及国家专项任务要求外,湖南省均对应规划项目实施。目前,通过共四期建设(第四期正在实施中),已经基本完成全部 23 个建设项目,完成投资 2.35 亿元(其中技术设施建设项目 1.6 亿元,基础设施建设项目 0.75 亿元),占全部实际投资的 90% 以上。通过四期技术设施建设,无线电监测和干扰查处技术能力得到较大提升。较大扩充了固定监测站数量,监测覆盖面积增加。创新建成武广高铁(湖南段)的 GSM-R 频率网格化实时监测系统,进一步提高了专用无线电频率保护技术能力。移动监测站、可搬移式和便携式监测设备等项目建设进一步加强了机动性和准确定位能力,在干扰查处等工作中发挥了较好作用。升级改造了省、市州无线电管理指挥中心，加强了省数据中心和全省网络系统能力建设，无线电管理信息系统安全、稳定运行。开展了外网平台、频率台站管理等无线电管理应用系统建设，创新性地建设了网上无线电管理干扰申述受理平台，提高了干扰查处效率。

进一步规范频占费资金及资产使用管理。严格按照省财政厅、省经信委联合发布的《湖南省无线电频率占用费使用管理实施办法》，做好中央转移支付频率占用费资金的申请、拨付和使用管理。加强资产管理，组织开展资产处置和资产核查培训。依据新的资产管理办法，按照账实相符、权责统一的原则，开展全省无委系统固定资产向省站和市州划账工作。

六、推进无线电管理法制建设，依法行政

积极推进《湖南省无线电管理条例》立法及宣传。在2014年已通过一审、二审的基础上，2015年7月24日，省第十二届人民代表大会常务委员会第十七次会议审议通过了《湖南省无线电管理条例》（以下简称《条例》），至此，湖南省无线电管理终于有了自己的地方性法规。《条例》出台后，我们开展了一系列宣传活动，省经信委印发了《关于认真贯彻实施〈条例〉的通知》。8月28日，省政府新闻办召开新闻发布会，对《条例》进行政策解读。9月22日，《湖南日报》对《条例》作了专版宣传。9月28日，省经信委总经济师熊琛做客省政府门户网站"在线访谈"栏目，对《湖南省无线电管理条例》进行解读，与网友进行在线交流。此外，全省开展了《条例》的各种培训学习。

努力做好依法行政工作。参与了湖南省民用机场电磁环境保护区域规定的调研、起草、修改工作。清理了无线电管理系统权力清单、责任清单。指导、督促市州管理处清理权力清单、责任清单。指导督促市州管理处依法行政、办理案件。办理了8件行政处罚案件，并组织市州案件参加评议考核。

推进简政放权，优化发展环境，支持湖南省经济社会发展。城市发展涉及微波通道保护问题，以往规划部门须征求无线电管理部门意见。但目前湖南省无线电管理部门没有微波建设相关参数，按行政许可法要求也不能设置前置行政审批，在技术和法律方面都存在障碍。因此，为减轻企业负担，优化办事程序，我们会同城建及电力和广电等微波建设单位进行协商研究，对原有办事程序进行改造。即由规划部门主动告知企业，企业直接与微波管理单位协商，无线电管理部门提

供相关技术支持。这样，既减少了办事程序，又提高了工作效率，得到了各单位的理解和支持。

七、加强无线电管理宣传和培训工作力度

积极开展日常宣传工作。做好向领导请示汇报工作，争取领导的理解与支持。2月5日，省政府副省长、省无线电管理委员会主任黄兰香在省政府副秘书长陈仲伯、省经信委主任谢超英陪同下，专题考察调研无线电管理工作。每月1期印发《湖南无线电管理》，向上级领导、省无委成员、设台单位、相关无线电管理机构、有关媒体报送。做好"湖南无线电管理"门户网站宣传工作，在网站上发布动态信息115条。做好信息报送工作，建立完善信息报送激励机制。

突出抓好2月13日"世界无线电日"宣传活动和9月份全国无线电管理宣传月活动。"世界无线电日"宣传活动中，省无委办在当日的《湖南日报》作了专版宣传。各市州按要求开展以展板宣传为主的各种宣传活动。宣传月活动期间，湖南省各级无线电管理机构高度重视，周密安排，精心组织，全方位、多形式地开展了以《湖南省无线电管理条例》为主要内容的宣传活动。省无委办在9月22日《湖南日报》作了以宣传《条例》为主要内容的专版宣传。修改完善了湖南无线电管理宣传片。省无委办还订制了一批文化衫发放给相关单位。通过积极向社会宣传无线电法律法规，营造了有利于无线电管理工作开展的社会环境和舆论氛围，有效地提升无线电管理工作在全社会的认知度和影响力，取得了良好的社会效应。

开展业务技术培训，加强人才队伍建设。10月11日至17日，省无线电监测站在国家无线电监测中心深圳监测站组织了湖南省无线电管理技术骨干深圳培训班。来自14个市州和省监测站的40余人参加了此次培训。国家无线电监测中心副主任、总工程师李景春为学员进行专题授课。各市州开展了分片或联合技术演练，锻炼队伍技术水平。全省不断引进人才充实无线电管理队伍。各市州通过公开招考引进技术人员，努力改善队伍结构。

第三节 河南省

2015年以来，河南省无线电管理工作在工信部无线电管理局和省工信委党组

的领导下，紧紧围绕委中心工作和全省无线电管理工作要点，全面落实"三严三实"教育活动，求真务实，开拓创新，锐意进取，认真履行无线电管理职责，依法加强无线电频率核查和台站管理，严厉打击"伪基站"和"黑广播"等非法设台，较好地维护了空中电波秩序，圆满完成了工作任务。

一、开展频率使用情况核查专项活动

按照《国家无线电办公室关于开展全国无线电频率使用情况核查专项活动的通知》(国无办〔2015〕2号)要求，河南省无线电管理局精心组织、周密部署、密切协作，以频率核查为总线，条块结合，层层推进，把核查工作与年检、执法、监测、检测等工作结合起来，创新思维、扎实工作，有力推动了此次频率核查工作顺利开展。

核查期间共梳理频率分配、指配文件913份，录入频率分配数据信息530条，频率指配数据信息1660条，扫描频率审批文件913份。同时为提高频谱资源使用的准确率、精细度，使河南省频率资源配置更加合理化、精细化，我局采取购买服务的方式，委托具有相关资质的专业机构，对全省18个地市2MHz—40GHz频段电磁环境进行了测试及频段监测比对的工作。

通过无线电频率核查工作，摸清了家底，全面掌握了省内无线电频率的使用情况，充实了更加完整、准确的频率数据库，在加强无线电频率的规范化管理的基础上，使专项核查工作与日常工作相结合，查找疏漏、规范程序。以专项核查为依托，加大执法力度，对发射频率与电台执照不符的，当场指正，并责令限期整改；对频率核查中发现擅自增大发射功率、改变发射频率等核定参数以及未经批准使用频率和设台的单位，发整改通知书或告知书。对更换设备没有及时办理手续的，限期上报资料，换发电台执照。在执法的过程中，更加注重宣传工作，通过与河南电视台、河南广播电台全面合作、全程跟踪报道专项核查活动进展情况，执法情况等，正面展现河南无线电管理的新气象。

二、科学规划、统筹配置无线电频谱资源

郑州航空港经济综合实验区是"一带一路"国家战略的重要组成部分，是我国第一个以航空经济发展为主题的区域战略规划，是中原经济区国家战略的核心增长点和河南省对外开放的重要窗口。重点保护郑州航空港经济综合实验区内重点用频成为2015年河南省无线电管理的重中之重。

郑州新郑机场二期工程是河南省经济社会发展的核心工程和一号工程，按照交通运输部和省委"确保2015年按期建成投用"的明确要求。2015年9月10日，由河南省无线电管理委员会办公室牵头，北京无线电测量研究所承办，在北京召开了郑州新郑机场二期工程边界层风廓线雷达与低空连续波雷达频率协调会。

济南军区电磁频谱管理委员会办公室、济南军区空军电磁频谱管理委员会办公室、中国人民解放军某部、中国民用航空中南地区空中交通管理局河南分局（以下简称"民航河南空管分局"）、北京无线电测量研究所等参加了协调会。各参会单位通过认真研究，理论计算和电磁兼容分析，科学论证，现场模拟测试等，最终就频率使用方案达成一致意见。

在省保护航空无线电专用频率工作领导小组和协调办公室的领导、协调下，在省无委办、省军区、省公安厅、省安监局、省广电局、民航河南监管局、民航河南空管局、机场公司、三大通信运营公司等成员单位和各市无线电管理部门的共同努力下，形成了保护航空专用频率的季度定期通报、协调制度，干扰即时通报查处制度，各地无线电管理单位定期监测制度等机制，使保护航空无线电专用频率工作由事后查处转变为事前预防，极大提高了干扰查处能力，航空频率保护工作逐步形成了有效的长效机制。截至11月6日，河南省区域内民航专用频率受干扰8起，比2014年的31起减少了25起，航空专用频率电磁环境明显改善。

同时，全省无线电管理机构全面落实航空铁路重点频率保护机制，保障重点工程用频的基础上，对郑州地铁、全省高铁、防汛抗旱、救灾减灾等重点领域的用频也制定了详细的保护方案，确保用频安全畅通无干扰。

三、做好无线电台站和设备管理工作

随着科学技术的快速发展，无线电行业的发展也是日新月异。"十二五"期间，河南省无线电各类台站设置数量逐年增长。截至目前，全省共有各类无线电台站167033台。庞大的台站数量和复杂的电磁环境给河南省的台站管理和频率规划带来了机遇和挑战。

为适应当前的管理模式，河南省在2008年就对数据库的管理下发了通知，明确了台站属地化管理的权限职责。为进一步落实国家简政放权的政策。2012年7月，以省无委办名义下发了《关于进一步加强无线电台站属地化管理的通知》，进一步开展落实无线电台站属地化管理工作，省里将所有省属台站按照设台属地，划归当地无管局进行管理，对台站的审批、管理等作了明确规定，按照优化行政审批程序、明确管理权限及责任，也为了方便设台用户办理设台手续，从而简化了审批程序，增强了管理责任意识，使台站的管理更加到位。

截至 2015 年 10 月，河南省验收 2014 年新建基站 21947 个，审批 2015 年新建联通基站 5200 个。省监测站升级数据库 4 次，备份数据资料 10 余次，同时结合频率核查专项活动，对数据库进行了升级，为下一步台站的规范化管理提供了翔实的依据。

在加强台站规范化管理的同时，还加强了业余无线电台的管理。落实省无线电管理委员会办公室《河南省业余无线电台管理实施办法》（豫无办〔2013〕31号）文件要求的基础上，全面创新管理，积极推动全省业余无线电爱好者参与全省无线电管理宣传，全省无线电技术演练，各种重大活动保障等重点工作。委托省无线电协会加强对业余无线电爱好者的法律法规宣传、培训，对业余无线电台操作证测试、验证、换证工作的组织安排。截至目前，全省共组织培训班 18 期，5355 人参加了培训、测试、换证。全年共指配业余无线电台呼号 1200 个。

四、保障无线网络和信息安全，维护空中电波秩序

打击"伪基站"和"黑广播"，优化社会环境不仅是一项长期任务，也是我们的职责所系。如任其泛滥、将直接威胁舆论宣传阵地，损害党和国家形象。为建立打击"黑广播"长效协同机制，日前，与河南省人民广播电台进行了深度合作，签署了战略合作框架协议。省无委办建立快速反应机制，双方制定了联合行动方案，依法保护广播电视无线电频率免受干扰，对黑广播、非法广播电台及时监测定位、依法查处。省电台以下辖九套广播及新媒体资源为省工信委提供迅速、便利的宣传平台，并协调其他相关媒体开展宣传报道。仅 10 月份，我局组织省监测站、郑州无线电管理局、郑州市文广新局形成联合执法组，对郑州市区出现的 80.6MHz、89.6MHz、88.7MHz、90.6MHz、95.0MHz、96.5MHz、103.9MHz 等10 余部"黑广播"进行了严厉打击，取得显著成效。

在开展各项专项执法活动的同时，河南省还做到平时保障无过错。在打击各类考试中利用无线电设备作弊工作中，积极配合有关部门，充分发挥我们的技术优势，营造一个公平公正的考试环境。截至 10 月 31 日，配合教育厅、人社厅、司法厅、财政厅等考试管理部门开展普通高考、研究生考试、公务员考试、全国注册税务师执业资格考试等考试期间防范和打击利用无线电设备作弊工作。有效

遏制了利用无线电设备进行考试作弊的行为，维护了考试的公平、公正，提供了技术支持，获得有关部门高度肯定。

在加强对重要地域、重要业务、重要频段的无线电监测和干扰查处力度上，累计完成开封菊花节、中国郑开国际马拉松赛等重大任务无线电安全保障工作30余次，共出动人员685人次、车辆179台次、设备458（台）套。开展查处非法安装使用卫星电视信号干扰器活动，处理投诉232起。

五、积极推进无线电监管能力建设

"十二五"期间，河南省的无线电事业在国家无线电办公室、工信部无线电管理局及委党组的大力支持下，取得了快速发展。各项指标完成情况良好，达到了预期效果。

一是频率资源和台站管理能力有所增强。在频谱指配方面，制定发布《河南省无线电管理委员会办公室关于印发150MHz、400MHz频段专用对讲机频率分配和使用规定的通知》（豫无办〔2011〕36号）；在服务经济社会用频需求方面，向省政府请示《河南省工信厅恳请印发在第七届全国农运会实施无线电管制通告的请示》（豫工信文〔2012〕223号）。

二是台站管理能力有所增强，完成了无线电台站规范化设置，进一步摸清无线电微波通信基站的数量，建立准确、翔实的无线电台站信息管理数据库；为使业余电台活动有序地开展，根据相关法律、法规及规定，加强了业余无线电台的使用管理；全面、准确、及时上报无线电台站数据资料，制定设台单位，成立专管员制度；开展了大量的无线电台站核查工作；开展了无线电台站规范化管理专项活动。

三是无线电监测网络等技术设施建设稳步推进。河南省稳步推进信息系统建设工作，开展了无线电管理一体化平台建设、信息网络改造等系列工作。现超短波固定站已经达到33个，移动监测站24个，（备份中心、数据容灾）与指挥中心的联网工作已经完成。

四是无线电安全保障工作落实有力。"十二五"期间，圆满完成了"双节"、两会、十八大、第七届全国农运会、2012中国郑州产业转移系列对接活动、中国郑开国际马拉松赛、"双汇杯"2012年世界女排大奖赛、2013年中国洛阳牡丹文化节、2013年郑州癸巳年黄帝故里拜祖大典、信阳全国公路自行车公开赛、信阳国际茶文化节、许昌国际三国文化旅游周、中国南阳第十届玉雕节暨国际玉文化博览会、中博会等大型活动的无线电安全保障工作。

在总结"十二五"工作的基础上,河南省按照工作安排和要求,积极开展了"十三五"规划的编制工作。在2月份就下发了通知,成立了以王照平主任任组长的河南省无线电管理"十三五"规划编制工作领导小组,全面推动无线电管理"十三五"规划的编制工作。召开了第一次全体会议,制定了方案及《河南无线电管理"十三五"规划》编制时间计划。用一个月的时间对各地市"十二五"规划的落实完成情况进行了梳理,全面总结了"十二五"期间各地市技术及基础设施建设的情况,为"十三五"规划的编制工作提供了翔实的依据。

2015年5月,我局组织各省辖市无线电管理局,省监测站、河南无线电管理信息系统备份中心、各运营商、机场、铁路等各单位代表在南阳举办了"十三五"规划研讨会。各单位要根据各地无线电管理的需求出发,采取体系化的分析方法,提出结构更加科学、合理,功能更加完善的技术设施建设意见。进一步增强了规划方案的可操作性,明确目标、细化了方案。现河南省无线电管理"十三五"规划编制工作正有序进行中。

为配合"十三五"规划编制工作的顺利进行,更进一步摸清底数,拓宽思路。我局与委财务处联合制定了《河南省无线电固定资产清查方案》(豫工信财〔2015〕284号),要求各地市无线电管理局全面清理现有固定资产,同时建立监管系统,核实资产、理顺财务。现此项工作正在进行中。

无线电频率占用费专项资金使用管理进一步规范。根据《财政部 工业和信息化部关于印发〈无线电频率占用费使用管理办法〉的通知》要求,全面梳理了河南省无线电频率占用费转移支付资金使用情况,并结合国家无线电管理办公室《省级无线电管理"十二五"规划技术设施建设指导意见》《河南省无线电管理"十二五"规划》工作实际,做好专项资金的申请、分配与使用工作;配合财务处全面清查全省无线电管理固定资产,研究全省无线电管理基础设施和技术设施建设资金需求的中长期规划。

六、加强无线电管理宣传和培训工作力度

长期以来,我们非常注重无线电管理宣传工作,取得了良好效果,多项工作在全省引起了较大反响,提升了河南省在全国无线电管理系统内的形象和地位。

2015 年，我们进一步加强无线电管理宣传工作，按照工业和信息化部无线电管理局（国家无线电办公室）工作部署，我们印发了《2015 年河南省无线电管理宣传工作计划》，对全年宣传工作进行了安排，同时为了增强内部交流，展现工作风貌，推广先进经验，我局编制了 20 期《无线电管理工作通讯》，通过无线电协会编制了四期《河南无线时代》杂志。

在重点活动期间和无线电管理宣传月期间，全省按照工作安排，统一行动。郑州无线电管理局更是把集中宣传与经常性宣传相结合，着眼管长远。把《条例》宣传与平时工作相结合，着眼接地气。把面上宣传与实际行动内容相结合，着眼见实效。开封、商丘等各地市无线电管理局在 9 月为庆祝《中华人民共和国无线电管理条例》颁布 22 周年和《中华人民共和国无线电管制规定》颁布施行 5 周年，组织联通、移动、电信三家公司和业余无线电爱好者，举办了大型广场宣传活动，取得了良好的效果。

河南省还非常注重人才队伍的建设。在平顶山市举办的 2015 年无线电管理宣传工作培训班上，我们邀请了省政府办公厅秘书处吕飞科处长，国家教育部特聘专家，南京海军指挥学院军事战略学教授，博士生导师张晓林等相关专家学者，给全省无线电管理宣传业务骨干从多方面进行指导。同时我们还注重学与实践相结合，在三门峡用以练代训的方式组织全省无线电管理监测技术人员进行专项技术演练，有效地促进了经济发展，维护了空中电波秩序，保障了信息安全，维护了安定团结的大好局面。

第四节　江西省

2015 年，在工信部无线电管理局和省工信委党组的正确领导下，江西省无线电管理工作认真贯彻落实党的十八届三中、四中和五中全会精神，继续围绕无线电管理事业发展这一主题，落实江西省无线电管理"十二五"规划，各项目标任务圆满完成。认真开展江西省无线电频率使用情况核查专项活动，理顺历年无线电频率指配信息；进一步加强频率台站管理工作，频谱资源利用率不断提高，台站管理更加规范有序；认真做好无线电安全保障，打击考试无线电作弊成果显著；大力支持省重点工程建设，确保了高铁、民航和地铁等用频需要和用频安全；积极推动新业务、新技术的应用，4G 和 GSM-R 基站建设稳步推进；继续加强无线电监测检测工作，无线电监测规范化建设迈上新台阶；加快无线电管理基础设施和技术设施建设步伐，应急保障能力和技术手段不断提高；切实加强预备役部队建设，圆满完成全军重要战略战役军事演习保障任务；进一步加强宣传工作，加强社会对无线电管理的意识。一年来，江西省在频率台站管理、无线电安全、无线电行政执法、无线电监测等方面取得了较好的成绩。

一、积极开展无线电频率使用情况核查专项活动

根据《国家无线电办公室关于开展全国无线电频率使用情况核查专项活动的通知》（国无办〔2015〕2号）部署，江西省2015年5月起在全省范围内组织开展了无线电频率使用情况核查工作，主要情况如下。

1. 精心组织和部署核查工作

2015年5月下旬，根据全国无线电频率使用情况核查专项活动工作方案，江西省制定了《江西省无线电频率使用情况核查专项活动实施方案》。5月21日，组织召开了全省无线电频率使用情况核查专项活动动员部署会，传达了全国无线电频率使用情况核查专项活动工作方案，下发了江西省专项活动实施方案，成立了专项活动领导小组，确定了专项活动的时间安排、工作内容、方法步骤、考评办法。会上，专项活动办公室就频率文件梳理扫描和频率信息数据表填报等内容对与会代表进行了专业培训。

各设区市无线电管理局在省动员会之后也纷纷制定了专项活动实施方案，明确了专项活动领导小组，组长由当地的市政府领导兼任，召开了专项活动动员部署会，明确任务，责任到人，对相关设台站单位进行专项频率清理业务培训，部分设区市还以市政府办公室的名义发布专项活动实施方案。

2. 积极协调，狠抓落实，确保专项活动扎实有序开展

频率批文梳理工作全面展开后，江西省积极协调有关部门，与省档案馆联系查阅复印档案事宜，在省档案馆的大力支持下，江西省将1986年成立省级无线电管理机构以来的频率批文一一翻找出来，按照年度排序，逐文逐页复印下来，做到不漏掉一个频率批文，共复印频率批文652个，然后，将频率批文复印件全部扫描成电子文档保存，并将查阅到的相关的频率批文扫描文档发各设区市无线电管理局，为各设区市开展专项活动提供支持，各设区市清理批文达1000余个。

按照专项活动安排，各设区市无线电管理机构相继开展了频率批文的梳理工

作，对属地频率使用情况进行了认真核查，同时对部分国家、省转发的频率批文进行了整理核对，特别是对卫星地球站、MMDS、校园广播、无线寻呼等历史上省管的频率批文进行了认真梳理和核对，还原了频率使用的历史过程。

重点频段的监测比对按照国家局的方案要求正在有序展开，省无线电监测站及时制定了全省重点频段监测和数据比对工作方案，指导各设区市无线电管理局落实了详细的监测比对实施办法，利用江西省现有的固定站和搬移站及移动站对公众移动通信、230MHz 数据传输、广播电视、3400—3600MHz、14.25—14.50GHz 等频段开展监测，掌握频率使用实况，及时甄别和发现非法用频，维护合法有序的用频秩序。

3. 集中推进，及时复查，充分利用核查专项活动成果推动无线电管理工作

为确保无线电频率使用情况核查专项活动中汇总数据的真实性和准确性，江西省在 9 月份组织部分技术骨干，集中对全省无线电频率分配和指配数据，以及相关文件进行复查，共核查无线电频率分配和指配数据 2800 余条。相关数据和文件按要求准时上报国家无线电办公室，并通过国家考核。

同时，在专项活动开展后，江西省把非法用频整治作为一项重点工作来抓。通过开展无线电监测和监督检查，及时发现了一些不明电台信号，对非法用频采取坚决打击的态势，发现一起查处一起，共查处非法用频 30 余起，有效提升了专项活动成果；对擅自扩大用频范围，以宣传教育为主，督促其积极整改，对整改到位的单位和个人，为其补办设台审批手续，纳入正常管理，不断创建良好的电磁环境。

二、科学规划、统筹配置无线电频谱资源

今年以来，江西省陆续接到信威集团设置 1.8GHz 无线通信专网和南昌地铁建设单位向市无线电管理局提出的 800MHz 频率申请。根据国家频率规划和南昌城市地铁建设项目的需要，江西省高度重视，认真组织相关人员对技术方案进行研究论证，同时多方了解兄弟省市相关专网和地铁工程用频情况。经过科学论证，决定为信威集团江西子公司江西酷泰通信技术有限公司在南昌、九江、赣州和景德镇市指配 5MHz 频率用于 1.8GHz 网络建设，为南昌地铁一期工程指配 7 对 800MHz 集群调度频率，极大地提高了频率使用效率，为南昌地铁如期开通运行提供了强有力的支持。

三、规范管理，无线电台站和设备监管有序推进

1. 全面实行台站属地化管理。台站管理是无线电管理核心，属地管理是台站管理工作的基石，围绕这一基础性工作，江西省建立了相关管理制度和考评办法。一是建立健全无线电台站数据库，严格台站入库程序，做到月初有计划、月中有调度、月末有报告，严格监督台站入库质量；二是严格实行无线电台站属地化管理制度，将校园调频电台、卫星地球站、铁路超短波电台、GSM-R基站等无线电台站审批管理权下放各设区市无线电管理局，充分发挥基层一线的监管作用；三是建立健全考核制度，重点考核台站数据库的完整性、准确性和台站入库率及非法台站查处情况等指标，推动无线电台站管理工作落实。截至目前，全省共拥有各类无线电台站总数达3400余万台部。其中，公众移动电话3350余万部，小灵通用户30余万部，广播电视台317个，数传电台286部，短波电台19部，超短波电台23384部，船舶电台45部，蜂窝无线电通信基站80683个，PHS基站6626个，卫星地球站155个，微波站373个。

2. 继续引导业余无线电爱好者规范有序开展业余无线电活动。为适应新版《业余无线电台管理办法》和业余无线电台及爱好者管理工作中的变化，促进江西省业余无线电业务健康有序快速发展。江西省及时建立组织机构，确保人员、场地、经费、技术到位。首先通过政府购买服务的方式将业余无线电操作技术能力考试验证工作委托给省无线电通信信息服务中心，保证了有专门机构和人员负责组织操作证书考核工作，2015年在南昌市组织了2次业余无线电操作技术能力A、B类统一考试。其次加大了对业余无线电爱好者的宣传力度，除了在官方网站发布信息，在省内报刊刊登考试通告，在业余无线电爱好者论坛发帖等方式外，还专门建立了"江西业余无线电考试"和"江西业余无线电活动交流"两个QQ群，为爱好者和管理人员交流提供便捷渠道。另外江西省还注重引导业余无线电爱好者规范有序开展业余无线电活动，各级无线电管理机构积极为业余无线电爱好者提供前沿技术信息和国家法规政策的培训和指导。

四、保障无线电网络和信息安全，维护空中电波秩序

紧紧围绕无线电安全这个总目标，切实加强了无线电监测和行政执法工作，加大了民航、高铁无线电干扰排查力度，积极防范和打击利用无线电进行考试作弊行为，全年共开展无线电执法活动148起，实施有效行政处罚108起，较上年

同期增长 39%，罚款 31 起，罚没金额 9.51 万元。

1. 积极开展打击生产和销售未经型号核准的无线电发射设备专项整治活动

根据国务院办公厅和省质量兴省领导小组办公室关于质量工作考核的要求，江西省自 7 月以来，在全省范围内开展了打击生产和销售未经型号核准的无线电发射设备专项整治活动，下发了实施方案，召开了动员部署会进行了专门部署，各设区市无线电管理局按照本地区实际制定了具体的工作方案和实施细则，加强组织领导，明确责任分工。专项整治活动中，全省无线电管理部门全面调查核实本辖区内无线电发射设备生产和销售情况，加强了与工商、质检等部门的联合协作，加大查处整治力度，先后共清理核查 120 余家从事无线电生产企业，检查商家 280 余户，下达责令整改通知书 36 份，现场登记保存未经型号核准的无线电发射设备 1300 余部，进一步净化了无线电发射设备生产销售市场，从源头上清理整顿好无线电发射设备秩序。

2. 严厉打击各类无线电违法行为

一是严厉打击了"伪基站"违法犯罪活动。全省先后查获"伪基站"22 起，没收"伪基站"设备 26 套，查获涉案人员 23 人；二是严厉查处了"黑广播"。全省共查处"黑广播"案件 15 起，查处设备 18 台套，查获涉案人员 1 人；三是有力打击手机诈骗活动。进一步加大对手机诈骗行为的查处打击力度，全省共查处手机诈骗案件 25 起，查获各类设备共计 1693 台套，涉案人员 20 人；四是加大了卫星电视干扰器和移动通信干扰器的查处力度。全省共查处卫星电视干扰器 10 起，没收设备 9 套，查处移动通信干扰器 32 起，没收设备 27 台套，查获涉案人员 23 人；五是查处其他无线电业务非法设台行为。今年以来全省共查处 47 起，涉案人员 37 人，没收设备 86 台套，罚款 2.1 万元。

3. 积极防范和打击非法使用无线电发射设备进行考试作弊行为

全省各级无线电管理部门按照上级指示要求，认真筹划，全力以赴，扎实工作，先后保障了高考、研究生入学考试、公务员考试等各类考试 20 场次，出动保障人员 2186 人次，考点 812 个，考场 36931 个，捕获作弊使用频率 109 个，技术压制可疑信号 84 起，查获考试作弊案件 23 起，涉案人员 30 人，查获作弊设备 23 台套，实施行政处罚 19 起，罚款 0.7 万元。

4. 进一步加强了民航、铁路等无线电干扰排查工作

全省各级无线电管理机构共受理各类无线电干扰申诉 127 起，省站主动安排监测的不明信号 32 起，共计 159 起，其中民航 8 起，铁路 33 起，公众移动通信干扰 67 起，卫星电视干扰 10 起，其他干扰 41 起。重点加强了民航铁路专用频率保护和移动通信基站安全，一是加强对民航不明信号的跟踪监测和干扰排查，及时解决好民航无线电干扰，确保民航飞行安全；二是加强高铁电磁环境测试，完成了合福高铁联调联试验收，积极维护好高铁 GSM-R 系统正常运行；三是加强了对通信基站的监测和干扰排查，有力保障了通信网络畅通。

5. 有力保障了重要时期、重要活动期间的无线电安全

加强了元旦、春节、两会、清明节、五一、端午节、中秋节、国庆节等节假日值班和值勤，重点保障了党的十八届五中全会、9 月 3 日胜利日阅兵活动、第十三届赣台经贸文化合作交流大会、第九届月亮文化旅游节、2015 年第六届环鄱阳湖国际自行车大赛等重大活动期间无线电安全。防汛期间，全省各级无线电管理机构启动了 24 小时无线电监测值班制度，加大对重要频率、重要业务和重要地域监测，保障了各类无线电业务正常通信畅通。全年共开展电磁环境监测 620 余次，行程 30000 余公里，监测时长达 42000 余小时，监测值班人数达 720 余人次，监测频段达 80 余段，频点 810 余个、保存监测频谱图 3900 余份。

五、深入推进江西省无线电监管能力建设

1. 加快江西省无线电应急队伍建设步伐

为加强江西省无线电应急队伍建设，结合江西省工作实际，我处研究修订了《江西省无线电应急预案》，制定了《关于成立江西省无线电管理机动大队的通知》和《关于组建江西省无线电管理机动大队及各设区市分队的通知》，分别对各级无线电管理机构开展无线电应急工作，明确了工作流程、处置方法等，进一步推动全省无线电应急工作向制度化、规范化迈进。

2. 加强专项资金管理，推动监测网六期工程建设

为进一步加强对中央转移支付无线电频率占用费的使用管理，我处研究制定了《无线电专项资金管理办法》，对全省无线电专项资金使用单位的资金申请、拨付、使用环节，以及基础和技术设施建设规划工作制定了具体的要求。根据今年全省无线电基础和技术设施建设目标，省无线电监测站正在组织全省无线电监

测网六期工程的招投标及建设工作，由于六期工程建设资金部分来源为各设区市无线电管理局历年专项资金滚存结余。2015年以来，我处积极协调省财政厅相关处室，对历年滚存结余资金进行预算调整，顺利调整结余专项资金3129.66万元用于省无线电监测站无线电监测网六期工程建设。

3. 认真研究开展"十三五"规划编制工作

根据国家无线电办公室和省工信委对于"十三五"规划编制的相关要求，2015年上半年，成立江西省无线电管理"十三五"规划编制工作领导小组及办公室，由此正式启动了江西省无线电管理"十三五"规划编制工作，省无线电办公室专门与南昌大学签署了合作协议，委托南昌大学组织专家对全省无线电管理"十三五"规划开展课题研究编制，经双方努力，现已完成了《江西省无线电管理"十三五"规划的（初稿）》，并向规划编制领导小组办公室成员广泛征求意见。现已完成了3次征求意见及反馈工作，计划于11月下旬组织召开规划编制研讨会议。

六、扎实推进江西省无线电管理规范化建设

一是开展了《江西省无线电管理条例》立法调研和申报工作，进一步修订完善了草案，该条例已列为2016年省政府立法调研项目，积极协调有关部门推进《江西省电信设施建设与保护办法》的制定工作；二是修订完成了《江西省无线电管理行政处罚自由裁量权细化标准》；三是组织起草编写《江西省无线电行政执法规范化管理手册》；四是完成了行政权力"三单一网"工作，制定了行政权利7项，责任清单7项，行政权力事项运行流程图5项；五是先后转发了《江西省行政执法与刑事司法衔接工作办法》和《省政府办公厅关于认真学习贯彻〈中华人民共和国行政诉讼法〉的通知》2个文件，制定下发了《江西省工业和信息化委员会定额收费票据使用管理办法》；六是积极开展无线电频率使用情况核查专项活动，加强了行政执法工作的指导，及时发现和推广先进典型，先后7次转发了各设区市无线电管理局好的经验做法。

七、深入开展无线电管理宣传活动

根据国家无线电办公室的工作部署，江西省积极开展了"2·13世界无线电日""5·17世界电信日"和"9·11无线电宣传月"期间的无线电管理宣传活动。全省各设区市无线电管理局及各县（区、市）级无线电协管办共开展现场宣传活

动 153 场次（其中广场宣传活动 72 次、校园宣传活动 22 次，社区宣传活动 59 次），举办了 17 场户外宣传晚会；在全省 110 个市（县、区）政府机关大楼设置了宣传点，电视宣传达 2800 分钟，广播宣传共计 900 分钟；在报纸杂志发表宣传文章 44 篇（其中国家级报纸杂志 20 篇，省级 5 篇，市县级 19 篇）；全省共制作宣传展板（易拉宝）437 块，宣传手册 46000 余份，各类宣传品（如雨伞、T 恤、笔记本等）80000 余件；活动期间接待群众来访 16340 人次；发送宣传短信 1449 万余条。

1. 高度重视，周密安排

各地高度重视宣传月活动，周密部署工作。一是认真总结经验，研究探索宣传方式方法。吉安局组织 38 家单位负责人及新闻媒体记者 60 余人，召开了全市无线电管理宣传月活动动员会议，总结宣传工作经验，确定宣传主题，研究方式方法，部署相关工作，推动力度大。二是充分发动设台单位积极参与宣传月活动。赣州局组织公安、国安、民航、铁路、移动通信运营商等重要设台单位的代表共 20 余人，召开了纪念国家无线电管理条例颁布 22 周年座谈会，发动设台单位积极参与宣传月活动。三是充分做好开展宣传月活动的准备工作。为搞好这次宣传月活动，南昌、九江、上饶、吉安等地提前着手，精心策划宣传方案，认真设计制作宣传品，合理规划，作了充分的准备工作。

2. 紧扣主题，突出对象

各地紧扣纪念《中华人民共和国无线电管理条例》颁布二十二周年暨《中华人民共和国无线电管制规定》颁布五周年这个主题，着重宣传了无线电法律法规知识，同时结合今年开展的频率清理核查专项活动、无线电执法工作和无线电前沿技术应用展开了宣传。在宣传对象的选择上，既面向社会，又突出了重点。一是针对重要群体展开宣传。上饶、景德镇和新余局组织开展了无线电管理进校园活动，面向师生采用摆放展板、现场咨询和发放无线电宣传品等方式开展宣传，增强了师生的合法用频意识。二是在重点区域展开宣传。宜春局在明月山机场候机楼门口摆放宣传展板，针对乘机人员展开宣传，提高了乘客遵守无线电法规的意识；萍乡局在高铁站开展了以"加强无线电监测，保障高铁安全运行"为主题的无线电管理现场宣传活动，向高铁乘客宣传保护高铁无线电专用频率的重要性。

3. 创新形式，注重效果

宣传月活动中，各地在传统宣传模式基础上，注重创新宣传方式，取得较好效果。一是以专题晚会的形式宣传。宜春局联合市委宣传部、市文明办、市文广新局、市群众艺术馆艺术团，在宜春枣树社区组织开展了"家家都用无线电，人人都要守法规"公益宣传晚会；萍乡局利用"武功山第八届帐篷节唱响青春的第三季'乐山—云中草原'DJ音乐节"活动，举办了以"加强频谱管理服务和谐社会"为主题的专题宣传晚会。二是结合重大工作保障开展宣传。抚州局和鹰潭局结合保障第六届环鄱阳湖国际自行车大赛抚州梦湖段和鹰潭龙虎山段比赛，组织开展了无线电管理宣传工作，扩大了影响，增加了受众面。三是注重利用新媒体手段宣传。在传统宣传方式的基础上，九江局、吉安局和萍乡局加大了新媒体宣传的力度，通过借助微信平台宣传或网络刊登无线电管理法规知识等形式开展了无线电管理宣传活动。

4. 积极参展，融入大局

2015年11月12—15日，江西省工业和信息化融合推进会在南昌市布展，为落实我委两化融合宣传展的工作任务，积极扩大无线电管理工作影响力。省无线电办公室专门制定了工作方案、工作计划及时间进度表，专人负责与参展企业的对接工作，做到每周调度一次工作进展情况。目前，省电信、省移动、省联通、省铁塔公司参加方案全部报送我处审查，从各单位上报方案来看，基本做到了起点高、技术新、规模大，目前，各单位正在紧锣密鼓的筹备之中。无线电宣传展已经完成场馆总体设计及无线电宣传内容，展示分三大板块，一是无线电管理成果展；二是无线电管理演示区；三是无线电管理罚没设备展示区。展会期间，省委领导视察了无线电展区并听取了介绍，无线电宣传工作取得良好成效。

第八章 华北地区

第一节 北京市

2015 年以来，在工业和信息化部、北京市政府、北京市经济和信息化委员会的领导下，北京市无线电管理局认真按照《2015 年全国无线电管理工作要点》要求开展各项工作，圆满完成了抗战胜利 70 周年纪念活动和北京世界田径锦标赛等重大活动的无线电安全保障任务，在频率核查、打击黑广播和伪基站、技术设施建设、政务公开等方面取得明显成效。

一、全力以赴、完成首都重大活动无线电安全保障工作

一是做好抗战胜利 70 周年纪念活动无线电安全保障工作。借鉴历次重大活动保障经验，先后制定了《纪念活动无线电管控总体工作方案》等 10 多个保障方案，认真评估风险，全力控制和消除无线电安全隐患。完成了频率征集及协调工作，通过对重点区域的 24737 条无线电台站数据进行核查，建立了设台单位、街乡和区县的管理网络。活动期间对重点区域实施了无线电管制，先后发放各类无线电设备专用标签 66000 个，各类无线电宣传材料近 6600 份，查处非法无线电发射设备 41 套，有效避免和消除了各类无线电干扰隐患，保证了阅兵、媒体转播、指挥调度、安全保卫等无线电业务的正常运行。二是做好北京 2015 年世界田径锦标赛无线电保障工作。在全力保障抗战胜利 70 周年纪念活动的同时，成立了北京世界田径锦标赛无线电保障工作领导小组，并抽调专人进入国家体育场进行全程保障，及时协调审批频率，保障赛事用户的频率需求，全力做好无线电台站的管理工作，对入场设备进行严格管理，在开幕式和比赛期间，合理调配监测和执法力量，对赛场电磁环境进行全方位监测，对出现的异常电磁信号及时

进行处理，圆满完成了赛事的无线电安全保障任务。

二、严密组织，认真开展频率使用情况核查专项活动

根据全国无线电管理工作会议关于清理现有频率规划、分配和指配情况要求，认真开展无线电频率核查工作，拟定了《频率核查工作方案》，下发了《北京市开展无线电频率核查工作的通知》，收集、梳理了工业和信息化部无线电管理机构和历年来发布的有关北京地区无线电频率规划、分配和指配文件。按照要求填报频率并及时上报，对汇总、核查无误的频率文件数据，及时更新录入数据库。针对公众移动通信、230MHz 数据传输、广播电视、3400—3600MHz、14.25—14.5GHz 等频段开展监测和比对，并将相关情况上报工业和信息化部无线电管理局，对不再使用的频率予以收回。

三、统筹协调，认真做好无线电频率管理工作

认真加强无线电频率管理工作。组织协调了高速公路交通广播使用频率，保障 2015 年国际汽联电动方程式锦标赛北京站用频，解决地铁燕房线和地铁昌平线二期用频问题。主动了解北京市商业数字通信网建设情况，协调审批试验网使用频率。多方协调和反复研究解决了北京市气象局 S 波段雷达和 X 波段天气雷达用频问题，协助工业和信息化部无线电管理局完成了对北京市政务物联数据专网的验收。认真研究 1785—1805MHz 无线接入频段，为科学统筹规划该段频率，提高频谱利用率，促进 1.8GHz 频段无线接入技术的发展奠定基础。一年来，共完成日常频率审批 67 份。

认真做好无线电台站管理工作。一是以收缴频率占用费为抓手，开展台站数据库清理工作。将往年年底才收缴频率占用费的日期提前到 6 月 30 日之前，向涉及的 1887 个单位发放了《关于缴纳无线电频率占用费的通知》，对查明的注销和新增台站进行了更新，对多年未缴费的予以补交。以 6 月 30 日为时间节点，对未缴费的单位进行逐个核实和催缴，并准备对逾期 6 个月未缴费的，按照有关规定予以注销。二是因势利导，做好业余无线电管理工作。继续委托北京无线电协会组织市业余无线电操作证考试和设台办理工作。截至 11 月 1 日，核发 A 类业务无线电操作能力资格证 1073 人、B 类 85 人；换发 A 类业务无线电操作能力资格证 2912 人，B 类 510 人，C 类 8 人。在指导相关业余无线电工作的同时，先后拟定了《北京市业余无线电台中继台设置使用管理办法》，成功组织了"2015

北京业余无线电应急通信演练活动"，确保了市业余无线电工作健康、有序发展。三是深入细致，推进入驻行政许可大厅工作。按照全市统一部署和政务公开、公平、公正的要求，局行政审批工作已正式入驻市政务服务中心，并按计划开展无线电行政审批工作。

四、保障无线网络和信息安全，维护空中电波秩序

一是认真开展打击"伪基站""黑电台"工作。按照去年市建立的联合打击"伪基站"的工作机制，继续开展打击"伪基站"工作。截至目前，已配合公安部门对送检的131套伪基站设备进行了检测，出具认定书133份、检测报告133份，并对156名涉案犯罪嫌疑人下达了责令改正通知书。在打击"黑电台"方面，1月份，北京市无线电管理局被增补为"北京市文化市场管理（扫黄打非）工作领导小组成员单位"。3月份与天津、河北两地有关部门密切配合，联合开展了"净空2015"专项行动，对非法广播进行了多地域一体的联合集中打击。据统计，2015年以来，各部门及相关区县共开展打击行动15次，依法取缔34个非法广播设置地点，涉及39个非法广播频率，先行登记保存调频发射机、电脑、数字数码播放器、数码播放U盘、极子天线等相关设备39套。其中，在6月初的专项行动中，市公安局在各有关部门的共同配合下，成功打掉1个非法广播团伙，刑拘犯罪嫌疑人5人，目前本案正在审理过程中。二是认真开展行政执法工作。1月份，查处一起酒店擅自设置使用无线电对讲机的案件，对当事人予以警告，同时责令其办理了无线电台执照。4月份查处了业余爱好者擅自设置使用无线中继台的案件，查封违法设备2套，最终依法对当事人予以警告。认真做好考试保障工作，共保障各类考试20余次，监测网内的19个固定监测站全部投入工作，投入监测和保障人员400余人次、移动监测及执法车100余车次，监测时长160多小时。发现多个作弊信号，利用无线电警示压制系统施放了压制信号，较好地完成了防范保障任务，保证了考试的公平性和严肃性。三是认真开展电磁环境测试和设备检测工作。共完成了22个单位，25个通信网，34个测试点的电磁环境测试。完成了25家单位的设台验收，测试设备116台。共签署入关检测协议及方案共4份，涉及进口设备1039台，抽检25台。认真开展设备检测工作，共检测业余电台1508台，检测各类伪基站、违法电台54套，出具检测（功能验证）报告107份。

五、"十二五"规划进展符合预期，"十三五"规划编制进展顺利

认真落实市无线电管理"十二五"规划，各项工作符合进展预期。科学配置了无线电频谱资源，加强了无线电台站和设备管理工作，巩固和完善了无线电管理长效机制，制定了《北京市办理业余无线电操作技术能力验证和设置业余无线电台等相关工作（暂行）细则》，认真开展严厉打击"伪基站""黑广播"等专项行动，有效维护了北京市无线电波秩序。技术设施建设取得新突破，无线电宣传富有成效，区县无线电管理工作逐步加强，圆满完成了抗战胜利70周年纪念活动、北京世界田径锦标赛等多项重要活动的无线电安全保障任务。"十三五"规划编制进展顺利，已完成初稿，正在修订完善中。

六、深入开展无线电管理法规宣传和无线电统筹协调工作

认真组织实施2015年无线电宣传月活动。制订了宣传计划，召开了区县工作会，对宣传月活动进行了部署。为提高宣传月无线电管理法规宣传效果，制作了3部宣传片并签订了公交、城铁等宣传媒体播放合同书，向相关区县拨付了宣传经费，发放宣传册3500套，宣传笔22000支，宣传袋22500个，宣传手电筒6800个，起到了较好的宣传效果。深入开展无线电军地协调工作。为做好抗战胜利70周年纪念活动无线电安全保障工作，春节过后，陆恭超局长就带队到北京军区信息化部就阅兵保障工作与军队进行沟通，之后又到阅兵村实地考察，就军地阅兵用频、无线电管制和配属监测力量、快速处置阅兵用频干扰等工作进行统筹协调。

七、认真加强基层党组织建设和干部队伍建设

认真贯彻落实市经济和信息化委员会党组要求，抓好基层党组织建设工作，认真落实"三会一课"制度，充分发挥党支部的战斗堡垒作用和党员的先锋模范作用。完成了局党总支部和各支部的换届选举工作，为党建工作增添了新的活力。认真组织开展"三严三实"专题教育工作，组织处级干部进行研讨交流，干部学风、作风进一步提高。完成了机关处室职能调整和处室领导干部轮岗工作，任命了监测站2名科级领导干部，干部工作有序展开，调动了工作人员的积极性。加强培训工作，努力提高人员队伍素质。针对我局内部处室职能变化，人员工作发生变更，及时完成了对全局行政人员许可事项的变更，与市经信委和市监察局

监察平台做到了同步,确保了行政许可的顺利开展。按照市编办、市法制办的工作要求,上报了我局的行政权力清单。

第二节　天津市

2015年,天津市无委办全体干部职工认真学习贯彻党的十八大精神,积极开展"三严三实"专题教育活动,努力贯彻落实国家工信部年度工作要点和市委市政府的工作部署,按照服务国民经济发展、维护社会稳定,管好频率、管好台站、管好秩序、突出做好重点无线电安全保障工作的要求,根据年初制定工作目标,深化改革,努力工作,圆满完成了各项目标任务。

一、积极开展频率使用核查专项活动

从2015年4月份开始进行无线电频率使用情况核查专项工作,历经学习培训、档案梳理、文件扫描、填表建库、监测比对、数据核对、总结上报等环节,经我办站人员的共同努力和辛勤工作,到10月份圆满完成了工作任务,经国家评审,取得了较好成绩。

在专项活动中,查阅了从1971年到2015年的档案目录,按照要求从中提取出天津市发布的各种无线电频率分配、指配文件和行政审批单及国家发布至天津市的无线电频率分配、指配文件,进行归类梳理,复印扫描,保存为PDF文件。共扫描119个批文和202个频率使用行政许可文件,共计321个。将梳理扫描出的频率文件中信息——进行填表建库,对出现的问题和不明确的地方,及时与国家无线电管理局和中心的领导请示、沟通,共填报频率数据1935条,制成"天津市频率数据库",经反复核对、修改、补充,全部通过了国家校验软件的检测,做到了规范、完整、准确,按时上报。

监测站依照相关规定,对13个频段进行了24小时连续监测。调用了3个市区固定站对低频段进行监测,对固定站不具备监测能力的高频段,派出一部监测车、两名监测人员进行连续时段的监测。监测中虽然数据繁多、复杂,但监测人员细心对监测结果进行分析处理、与天津市台站数据库比对,按要求填写监测比对数据Excel表格,于9月28日上报国家中心,按时完成了全部监测比对工作。

二、科学规划、统筹配置无线电频率资源

按照市政府编办、审批办和工信委等上级部门的要求，完成了梳理、填报无线电管理权力职责清单（无线电频率指配、无线电台（站）设置、使用审批、无线电台（站）呼号指配、无线电发射设备进关核准、制式无线电台备案），完成了落实职权权力清单情况自查报告、关于需要修改部分行政职权有关办事指南的说明以及相应的权责梳理表。

在提高行政审批速度的基础上，完善行政审批的流程，进一步减少前置审批的要件，并努力做到首问负责制。按照"公平、公正、公开、高效"的原则，严格遵守"行政许可服务中心"的各项规章制度，热情地接待前来办理事项和咨询的人员，帮助用户填写各类资料表，没有收到过用户投诉，在市政府"行政许可服务中心"督察部门回访用户中，受到用户较好评价。全年共办理新设台站15743个，更换电台执照1144个，注销台站1059个，指配频率45条（对），指配呼号169个。进口无线电发射设备审核231件，机电产品进口申请审查276件，型号核准初审11件，生产无线电发射设备备案7件。通过市政府"审批中心"平台办理行政审批项目2096个。2015年底，天津市有设台单位961个，有各类台站91957个，比2014年底增加18.5%。

积极做好频率协调工作，为广大用户服务。为防止产生干扰，按无线电管理规定，用户在设置雷达、广播等台站时需与民航、气象等部门进行协调。为了缩短协调时间，急用户之所急，积极协调有关部门，先后完成了民航天津空管分局设置风廓线雷达站的协调，完成了天津市人影办设置X波段多普勒天气雷达站的协调，完成了中央人民广播电台在我市塘沽区新设高速公路交通广播电台的协调，受到了用户的好评。

积极开展民航机场电磁环境保护工作。基本完成天津市民用机场电磁环境保护区划定工作，正在等待民航管理部门与天津市规划部门就保护区的范围和具体保护要求的协商结果。接投诉查处各类无线电干扰投诉82起。查处81起，1起消失，保障了民航和运营商基站等合法台站正常工作。

三、保障无线电网络和信息安全

积极开展打击"伪基站"和"黑广播"专项活动。根据工业和信息化部配合开展打击整治非法生产销售和使用"伪基站"和"黑广播"违法犯罪活动专项行

动的统一部署，为净化空中电波环境，维护国家安全和社会稳定，回应广大群众的关切，从 2014 年至 2015 年连续两年，无委办都把开展打击整治"黑广播"为主要内容的专项行动列为重点工作，无委办协同市公安局和市文化市场执法总队，相互配合，连续作战，累计出动监测执法车辆 100 多台 / 次，出动人员 400 余人次，查扣设备 20 余台。从打击活动至今累计查扣设备 108 余台。保障了北京机场、天津滨海机场、杨村军用机场的飞行安全。

努力完成重大任务无线电保障工作。一是完成了 12·5 专项工作无线电保障。2015 年 4 月 15 日，市 12·5 专项工作综合保障组召开了专门工作会议。会后，按照专项工作协调小组要求，市无委办立即针对此次专项工作进行了周密安排，制定了专项工作期间无线电保障方案。建立了保障工作组织架构，配备了骨干人员，明确了主要任务。截至 6 月上旬任务结束时，市无委办及监测站共利用固定站监测重点频段 350 余站小时，出动监测车 24 辆次，派出机动监测技术人员 48 人次，监测人员使用移动监测设备对重点频段进行监测、分析约 75 小时，监测车行驶里程约 500 余公里。在整个专项工作期间，全程未发现异常情况，顺利完成相关保障任务。二是完成了抗战胜利 70 周年纪念活动无线电管控工作。2015 年 4 月下旬，根据工业和信息化部的统一安排，制定了《天津市抗战胜利 70 周年纪念活动无线电管控工作实施方案》，确定了天津市无线电安全保障组的组织架构和成员单位组成，明确了各自职责。后续制定了《天津市抗战胜利 70 周年纪念活动无线电管控工作流程》，对重点任务时段与阶段性工作安排进行了详细部署。又结合天津情况，8 月下旬发布了《关于在抗战胜利 70 周年纪念活动期间加强无线电管控的通告》，强调了对无线电设备使用的管控要求。整个管控工作期间，作为天津区域保障组的构成主体，共抽调骨干人员 30 名，其中监测车 4 台、监测指挥车 1 台，共出动 135 台次；动用固定监测站 17 个、网格化监测站点 88 个、便携式监测设备 7 套、压制设备 18 套；利用固定监测站对 19 个重点保障频率进行了 18360 站小时的保护性监测。专项工作期间共查处"黑广播"相关干扰案件 46 起，成功起获设备 25 套（有半数"黑广播"在定位查找过程中突然消失），其中 9 起干扰军用导航频率的案件、8 起干扰民用航空频率的重大情况均得到及时处置。纪念活动当天，天津市未收到任何无线电干扰投诉，也未监测到意外干扰情况，实现了零干扰，确保了机场、广电等重要保障对象的正常用频秩序，为保障天安门阅兵等重要活动进行做出了应有努力，得到工信部抗战胜利 70 周年纪念活动无线电管控工作领导小组表扬。三是组织完成两次外国元首高端访华无线电保障工作。法国总理访华临时频率指配及保障，新加坡总统访华临时频率指配及保障。四是参加各类考试无线电保障 15 次，共派出保障人员 858 人次，查获非法发射设备 7 套，实施干扰 4 起，净化了考场环境，维护了考试公平。

四、推进无线电监管能力建设

积极推进《天津市无线电管理"十三五"规划》制定。制定无线电管理"十三五"规划是 2015 年重点工作，为高质量地完成这项工作，成立天津无线电管理"十三五"规划领导小组，为了提高工作质量，与国家电信规划设计院合作，共同完成制定规划的工作，按照国家无线电办公室要求，制定了工作方案和计划，按照规划制定工作计划安排，前期为制定天津无线电管理"十三五"规划做了 3 个相关课题，一是天津无线电管理"十三五"规划框架预研。二是天津市无线电基础设施能力评估，三是天津市无线电频率使用效能评估。这 3 个课题将为天津无线电管理"十三五"规划制定提供参考和依据。

完成开发便携式台站数据库核查系统及终端和天津重点无线电台保护与协调系统一期项目。为满足相关人员外出核查、干扰查找、执法时进行现场台站资料查询、型号核准查询、国家相关批文查询、台站定位及相关技术参数的计算等，开发了"便携式台站数据库核查系统及终端"，通过立项、需求、研发、试用、修改、完善，现已完成，投入使用，可满足办站工作人员工作需求，大大提高工作效率。

为保障民用航空地面无线电导航、铁路、公安、重要短波收信台、无线电监测站、重要卫星地球站、X 波段无线电导航雷达等重点台站的正常通信，为天津市今后新设台审批提供技术辅助，做到防范在前，分两期开发了"天津重点无线电台保护与协调系统"。

推进基础设施建设加强无线电监测设施建设和实验室建设。完成了网格化项目的安装、第三方测试和第三方接口测试等工作，并于 10 月 30 日召开网格化项目终验会完成了网格化终验，网格化监测项目得到了专家评委高度评价。完成一类站、小型站项目的选址及基础设施改造工作，完成了移动网格化的测试工作，经过测试验证，通过了移动监测网格化组网方案，下一步将推动实际安装试运行。继续完成 2014 年采购计划中未执行完项目的招标工作，对安全部分，电源招标，天线系数测试系统项目招标继续进行。完成 2014 年已经招标项目的部分验收工作，对于 5.1GHz 无线接入设备测试系统升级、LTE 终端测试系统升级等已完成项目完成验收工作。

五、加强无线电管理宣传和培训力度

2015 年 2 月 7 日—2015 年 2 月 13 日，为宣传世界无线电日，在天津网络广播电视台（IPTV）投放了开机导视公益性广告和专题文字链广告，宣传无线电法律法规和科普知识。本次广告设计并制作了科普知识短片一部；广告共计曝光 117 万次，专题页面共计访问 14 万次。

组织大型宣传进社区活动，庆祝天津条例颁布实施两周年。3 月 1 日，经过精心筹备安排，在天津湾中心商场举办了有奖知识竞答活动，现场观看及互动参与观众约 450 人，为天津市无线电管理官方微信公众号吸引粉丝 300 人；天津都市报道、北方网、天津网络广播电视台等新闻媒体报道了该活动。活动中还进行了街舞、相声等才艺表演，将活动气氛推向高潮。现场设立了科普咨询台，为大家解答各类无线电生活小常识。

设立"天津无线电"公众微信号。2015 年 2 月 13 日，官方公众微信号"天津无线电"上线；已累计推送 20 余次，30 余篇各类无线电科普知识、天津市无线电管理委员会办公室工作新闻等内容，受到广大网民的关注。

积极开展无线电管理宣传月活动。根据计划安排，与天津市少年宫联合举办无线电法规和科普知识进校园活动，同时结合纪念抗战胜利 70 周年主题无线电安全保障任务，在《天津日报》刊登了相关通告，制作了大型主题板报。

配合专项行动，广泛开展宣传活动。为加大对"黑广播"打击力度，一是按照市政府办公厅要求，与公安部门联合走进广播电台直播间，积极宣传打击"黑广播"专项活动，百姓踊跃参与互动，起到好的作用。二是邀请今晚记者报 3 次参与打击"黑广播"行动，写出了 4 篇接地气的报道，得到了广大老百姓的理解和认可。

注重学习培训，提高人员素质。坚持组织每周一课培训。年初制订培训计划，申请经费预算，今年共组织 22 次课，参加人数 811 人次。安排外出技术培训 24 人次。为了配合"三严三实"专项教育活动，聘请市委党校教授，对"三严三实"专项教育活动内容分三个专题进行解读。

按照市普法办和工信委要求，认真组织领导干部进行网上学法用法考试，15名处以上干部全部取得考试合格证。

派出技术人员参加国家监测中心举办的学习班、电气产品能力验证与测试技术交流大会、中国国际电磁兼容与干扰暨安规认证测试展览会等活动，学习了解最新监测检测理论、技术。

第三节　河北省

2015年，河北省无线电管理工作在省委和省政府的领导下，全面落实全国无线电管理工作会议精神，按照无线电管理"三管理、三服务、一重点"的要求，强化服务意识，不断加强无线电频谱资源管理，加大无线电干扰查处力度，认真做好重大任务无线电安全保障和突发事件应对，提高科学管理水平，保障各类无线电业务安全使用，大力推动自治区无线电事业快速、健康、可持续发展。

一、召开"三严三实"专题民主生活会

按照省纪委、省委组织部和厅党组有关部署要求，2016年1月5日，省无线电管理局召开了"三严三实"专题民主生活会。会议围绕"严以修身、严以用权、严以律己，谋事要实、创业要实、做人要实"主题，对照省委解放思想大讨论"八破八立"要求，紧密联系班子和个人实际，认真开展了批评与自我批评。省工业和信息化厅人事处、机关党委、监察室有关同志全程督导。局分党组书记、局长邵建华主持会议，分党组成员、副局长刘爱国、季海军参加会议，总工程师刘东红、机关各处负责人列席会议。

会前，省无线电管理局召开分党组会议，专题研究，安排部署相关准备工作。按照上级有关要求认真制定专题民主生活会《工作方案》，对会议主题、会前准备、会议召开形式和后续整改、立规执纪等环节，进行了周密部署和详细安排。通过设置意见箱、发放征求意见函、开设电子信箱、走访调研和召开座谈会等方式，向局系统全体干部职工和服务对象广泛征求意见建议。通过单位一把手与班子成员谈、班子成员相互谈、班子成员与分管处站（单位）谈的方式，坦诚开展谈心谈话，广纳多方意见。通过认真对照"三严三实"，从理念信念、党性修养、权力观地位观利益观和道德品德等方面，认真梳理、深查细找存在问题，班子成

员认真撰写对照检查材料。通过各项工作的开展，为开好这次民主生活会打下了坚实的基础。

二、积极开展无线电宣传活动

河北省无线电管理机构按照国家无线电办公室统一部署，积极落实，以"无线电与创新"为主题组织开展了内容丰富、特色突出的宣传活动。一是加强领导，认真组织。省局起草印发了《关于开展"世界无线电日"宣传活动的通知》，各派出局结合实际做好各项宣传活动，以"世界无线电日"宣传为契机推动全年工作开展。二是部门协调，形成合力。充分发挥好公众通信运营商、广播电视台、航空、铁路等设台单位的优势开展宣传；积极做好与电力公司、气象局、公安局、文物局等相关部门的协调，突出宣传主题，拓展宣传渠道。三是特色宣传，注重效果。开展门户网站宣传，在河北省无线电管理局门户网站上开辟了"世界无线电日"宣传专栏，并在省移动、省联通、省电信公司网站设立了专栏链接，扩大宣传范围。发挥平台优势宣传，协调公众通信运营商发送无线电宣传短信1650万余条，主动联系各地报刊、广播电视、户外广告、公交宣传媒介等社会媒体播放无线电宣传片及宣传信息150次，承德人民广播电台、张家口电视台、衡水日报社、张家口报社对当地无线电宣传活动进行了报道。开展现场宣传，分别在全省各地市机场、车站、社区、商业区、校园、广场等场所组织现场活动10余次，悬挂展示条幅、标语、海报等675幅，利用电子屏滚动播放宣传口号1500余次，收到了良好的宣传效果。

2015年12月4日，省无线电管理系统大力弘扬法治精神。省无线电管理局成立了专门的宣传小组，在石家庄市西清法制公园活动现场，宣传人员以发放宣传手册、解答群众咨询等方式，宣传普及无线电管理法律法规、无线电科普知识和无线电管理知识。发放的2000余份无线电管理宣传资料图文并茂、通俗易懂，受到了现场群众的热烈欢迎，取得了良好的社会宣传效果。此外，各派出局也组织开展了丰富多彩的普法宣传教育活动。其中，沧州局、衡水局开展了《宪法》学习活动，教育干部职工自觉运用法律手段指导和监督各项工作，提高依法行政水平。石家庄、承德、唐山、保定、衡水、邢台开展了现场宣传活动，摆放展牌，发放资料，接受群众咨询和投诉举报。

开展面向小学生开展科普体验活动，活动设置讲座、观摩、体验三个环节。

在讲座课堂上，省监测站高级工程师夏广洪深入浅出地为小学生讲解了无线电是什么、无线电的发现、无线电在生活中有哪些应用、什么是无线电管理和业余无线电等相关内容，并重点向小学生介绍了抗战胜利70周年阅兵中的无线电应用，引发了小学生们的极大兴趣。本次讲座活动设置了问答互动环节，台下的小听众积极踊跃回答问题，现场气氛热烈，收到了良好的宣传效果。

三、圆满完成抗战胜利70周年纪念活动无线电安全保障工作

为全力保障抗日战争胜利70周年纪念活动无线电安全，全省各派出局在省无线电管理局统一指挥下，通过召开管控工作会议、制定应急预案、开展应急演练、拓展宣传渠道、理清台站数据等多种途径净化电磁环境，确保纪念活动无线电通信安全畅通。纪念活动前夕，各派出局集中开展打击非法设台行动。截至9月2日，共查处"黑广播"85起，其中，石家庄13起，承德2起，张家口3起，秦皇岛9起，廊坊16起，保定18起，沧州8起，衡水5起，邢台3起，邯郸8起，消除了航空干扰隐患，净化了首都周边电磁环境。纪念活动期间，各派出局严格落实省政府无线电管制要求，9月3日0时至13时，对辖区内部分区域实施无线电管制，停用大功率寻呼发射台，降低广播电台功率。停用石家庄、秦皇岛、唐山、沧州市限定范围内无线电发射设备。参战人员以高度的政治责任感和严谨细致的工作作风投入管控工作，对重点区域重点频段开展24小时不间断保护性监测。整个纪念活动期间，各派出局接受无线电干扰投诉数为零，监测发现不明信号数为零，接受上级指令处置应急突发情况数为零，确保了河北区域无线电管控工作万无一失。

四、开展全系统频谱管理知识培训

为加强全员业务知识学习，提高专业技术水平，2015年4月15日，河北省无线电管理局邀请国家无线电监测中心副主任兼总工程师李景春，对全系统干部职工进行了一期频谱管理知识培训，省局机关、省监测站全体人员在主会场，各派出局、北戴河监测站在分会场参加了培训。李景春主任以"英美频谱战略规划对我国'十三五'规划启示"为题，通过对美国、英国频谱管理战略和欧洲无线电监测以及无线电监测技术发展趋势等四个方面的讲解分析，开阔了参训人员的视野，强化了无线电管理的地位，突出了频谱管理的重要性，提升了无线电管理队伍的士气，对谋划好我省无线电管理"十三五"规划，激励无线电管理事业做

大做强具有很好的指导意义。

五、多项举措保障全国两会期间辖区无线电安全

全国两会期间，全省无线电管理部门将采取多项措施，保障辖区无线电通信安全。一是加强与政法委、公安、广电等相关单位协调配合，落实无线电应急预案，建立协调联动机制。二是加强对重点区域保护性监测，尤其加大对北京周边"伪基站"、"黑广播"、卫星电视干扰器等监测力度。三是加大监测设备检查力度，全面检查维护固定、移动和小型监测站，可搬移监测系统和各便携设备及监测车辆，确保两会期间应急出动保障。四是落实监测值班和政务值班，全系统实行 24 小时监测值班，双岗值班。承德局为确保广大人民群众能够正常收听、收看全国两会盛况，针对高山设台和共址的广电发射台（站）加强管理协调，防止互调干扰；深入社区了解群众反映强烈的卫星干扰器问题，及时解决干扰问题。秦皇岛局加强全市范围内的广播电视及民航频段保护性监测，2 月 27 日，联动公安部门、物业公司在秦皇岛市开发区某小区居民楼内查获非法调频广播发射设备一套。秦皇岛市电视台、市报社记者对查处过程进行了跟踪报道。邢台无线电管理局成立了由执法人员、技术人员无线电管理应急小组，加强了邢台辖区特大、重大无线电干扰及相关事件的应急处置能力，保障全国两会期间辖区内无线电安全，维护社会稳定。

第四节　山西省

以习近平总书记系列重要讲话精神为指针，以提升管理能力和服务水平为目标，以频率核查和安全保障为重点，以法制为依托，以文化为引领，加强队伍建设，发挥职能作用，推动了山西省无线电管理事业的全面发展。

一、频率使用情况核查专项活动扎实开展

一是 2015 年 3 月份在朔州市组织了全省核查专项活动培训,明确了工作目标、任务和标准，出台了具体实施方案。省市两级都建立了领导机构，主要领导亲自参与，核查工作有序推进。二是逐份核实历年文件资料，梳理无线电频率指配文件 74 份，完成 344 个数据的数字化填报。三是以省无线电监测站为主，先后利

用 40 余天时间，对全省 119 个县（市、区）的重点频段、大功率电台、重点频率进行了监测比对，发现无执照设台、擅自更改参数、擅自占用频率、设备辐射超标等各类问题 215 起，各市管理局进行了实地复核，并提出具体处理意见。通过核查，准确掌握全省频率使用情况，进一步完善了频率台站数据库，为频率重耕及科学规划、分配指配打下坚实基础。

二、无线电频谱资源和台站管理规范有序

全年受理设台申请 21 个，指配频率 14 个，审批各类台站 540 个，核发电台执照 459 个，换发 318 个。办理业余电台执照 694 个、指配业余电台呼号 403 个，受理并完成型号核准初审 2 个，都做到了受理及时、审批规范、资料完整、数据准确。对临汾机场、太原南站和石太、侯禹、太中银、吕临等铁路线 112 个基站、180 个直放站进行了抽查验收，针对建设内容与申报信息不符的问题，及时提出整改意见。对已核发执照的全省 71888 个无线电台站数据信息做了核实完善。同时，进一步加大频率占用费收缴工作，做到收费标准、台站数量、缴费数额"三准确"。

三、无线电安全保障卓有成效

进一步加强无线电安全保障的组织领导和部门协调，与公安、广电等部门建立定期会商、信息沟通和工作衔接机制，明确分工，齐抓共管，形成合力，全年共查处"伪基站"案件 9 起，"黑广播"案件 38 起，卫星电视干扰器案件 17 起，手机屏蔽器、校园广播、直放站案件 24 起，查扣各类非法无线电发射设备 79 套，参加各类考试保障 41 次，查获作弊发射设备 56 套，移交组织作弊嫌疑人 21 名，有力地打击了利用无线电设备进行的违法犯罪行为。密切配合公安、安全、省委 610 等部门，圆满完成了抗战胜利 70 周年、国庆、党的十八届五中全会等重大活动、重要会议 24 小时无线电监测值班任务。8 月下旬，省无线电监测站与大同市无线电管理局连续奋战三昼夜，行程 1000 余公里，排查解决了大同市气象局多普勒雷达受干扰问题，确保了抗战胜利 70 周年活动气象保障的万无一失。

四、无线电监管能力建设得到加强

根据《山西省无线电管理基础设施建设（2014—2016）三年规划》，指导市局积极做好无线电监测技术机房的建设及购置工作，大同市无线电监测技术机房

建设已落实资金 1708 万元，阳泉市无线电监测技术机房二期建设资金 350 万元回拨到位，完成了建设项目购置手续。在太原市建设了 I 类固定监测站 1 个，太原、运城、朔州、吕梁市建设小型监测站 41 个。为省市两级无线电监测站配备了隐蔽式监测设备 14 套、伪基站侦测系统 11 套，为忻州、大同、运城市无线电管理局和省无线电监测站配备了 R&S DDF007 无线电监测测向系统 4 套，进一步提升了无线电监管能力。

五、无线电管理法制建设稳步推进

积极配合省政府、省人大相关部门开展《山西省无线电管理条例》立法调研、论证和征求意见，《条例（草案）送审稿》获得省政府常务会议审议通过和省人大一审通过。认真梳理、制定了权力清单、责任清单、信用清单、信访投诉请求清单，按要求编制了行政权力运行流程图和廉政风险防控图，细化了行政处罚自由裁量权标准，16 项审批事项列入省经信委权力清单。积极组织行政执法培训和经验交流，邀请领导专家就条例修订、行政执法等专题进行辅导授课，进一步增强了法律意识和执法行政能力。

六、无线文化建设与管理宣传氛围浓厚

着眼营造有梦想、讲道德、崇实干、求和谐的良好生态环境，不断加大山西无线文化建设，在监测技术楼建设了文化长廊、科普长廊和工作画廊，大力弘扬社会主义核心价值观，收到良好效果。结合第四个世界无线电日和无线电管理条例颁布 22 周年，有计划、有安排、有步骤地深入组织宣传活动，积极发挥主流媒体作用，在山西电视台、广播电台、日报、都市报、晚报、市场导报等省级媒体对无线电管理工作进行专题报道。进一步加大网站和微信公众平台宣传力度，全年发布信息 816 条，中国无线电网转发 56 篇，《无线电管理工作通讯》刊载 80 篇，微信公众平台点关注击量达 20 余万次。省局以《定制度抓队伍，搭平台保重点，全面做好我省无线电管理宣传工作》为题，在全国无线电管理宣传培训班上进行了经验交流。大力推广科普进校园活动，对全省 12 个校园科普基地的校外辅导员、科普基地老师进行了测向培训，与国家体育总局、中国无线电协会联合组织了全国无线电测向公开赛（山西站）暨山西省无线电科普基地测向赛，展示了省无线电科普知识及无线电测向运动成果。

七、人才队伍建设得到进一步加强

着眼挖掘内在潜力、激发工作动力、增强管理能力，组织了全省无线电管理领导干部研修班，邀请国家无线电管理局、省委党校、部队院校专家教授，详细解读了党的十八届五中全会精神、《中国共产党纪律处分条例》和廉政准则，听取了经济形势、安全形势讲座，对"十三五"期间全省无线电管理工作进行了研究讨论。全年组织无线电频率台站管理、监测检测、行政执法、综合业务、财务管理、宣传报道等培训12次，500余人次参训，进一步提升了全省无线电管理工作人员的管理能力和技术水平。联合山西省总工会组织了全省无线电监测技能大赛，涌现出一批优秀专业技术人才，有三名技术骨干分别荣立一、二、三等功；开展了次业余无线电应急通信演练，进一步检验了无线电队伍的应急通信反应和跨地区救援协同能力，锻炼了在自然灾害和重大突发事件情况下的快速通联技术水平；协助组织了全国业余无线电应急通信培训，9省（区、市）80余名业余无线电爱好者参加了培训活动。

第五节　内蒙古自治区

2015年，内蒙古自治区按照无线电管理"三管理、三服务、一重点"的要求，紧紧围绕内蒙古自治区"8337"发展思路，保障各类无线电业务安全使用，大力推动自治区无线电事业快速、健康、可持续发展。

一、开展频率使用情况核查专项活动

2015年4月至9月，按照国家无线电办公室的统一要求，开展了全区无线电频率使用情况核查专项活动。制定并下发了《关于开展全区无线电频率使用情况核查专项活动的通知》，明确了专项活动的工作目标、工作内容和工作步骤。一是频率文件梳理和数据填报阶段。按照工无函〔2015〕61号文相关要求，全区共计梳理频率批复文件489份，涉及频率使用单位465家，登记频率信息总数2823条（包括分配频率854条和指配频率1969条）。二是频率监测比对阶段。全区共计启用19个固定站（含小型站）在14个盟市所在地和部分重点地区进行了重点频段测试，填报完成《监测设施频点占用度报告表》165份，记录保存频谱图并整理汇总 Word 文档 27 份；按照自治区无委办内无办〔2015〕65 号文统一要求，累计行程 2 万余公里，在 88 个旗、县所在地选取移动测试点进行了相关频段监测。共计保存整理频谱图 1109 幅，并将监测确认的在用信号与频率批文和台站数据逐一比对、核实，以盟（市）为单位填写完成《全区频率核查专项活动在用频率监测及数据比对情况表》11 份。

二、重大活动保障

2015 年 8 月 9 日至 17 日，第十届全国少数民族传统体育运动会在鄂尔多斯市举办。为确保本届全国少数民族传统体育运动会期间的指挥调度、安全保卫、媒体传播、数据传输、公众通信等无线电通信安全，自治区无线电管理委员会办公室在全系统抽调 25 名业务骨干及 5 辆移动监测车，全程参加了运动会准备及比赛期间的无线电安全保障工作。其间，共出动监测人员 760 人次，检测车 364 辆次，日常监测信号 730 个，查找未办理设台手续台站 68 家，查处无线电干扰 5 起，行政执法 2 次，圆满完成了第十届全国少数民族传统体育运动会的通信安全工作和无线电安全保障任务。

自治区无线电管理委员会办公室根据"纪念中国人民抗战暨世界反法西斯战争胜利 70 周年阅兵活动"需要，抽调 14 名技术骨干和 4 台无线电移动监测车，赴北京参加了阅兵活动的无线电安全保障工作，主要担负首都核心地区用频情况核查整治、电磁环境监测、干扰查处和无线电管制等任务。在为期 40 天的保障工作中，管控组共查处 12 起黑广播，其中内蒙古小组查处了 9 起，获得了一致好评，圆满完成了阅兵活动无线电频谱管控安全保障任务，分别受到国家无线电监测中心、国家无线电频谱管理中心、纪念活动安全保卫工作领导小组无线电管控组、全军预备役电磁频谱管理中心的表彰。

为进一步加强无线电技术管理能力，提高无线电监测技术水平和无线电干扰查处能力；内蒙古自治区无线电管理委员会办公室于 2015 年 6 月 24 日至 26 日，在阿拉善盟阿拉善左旗，举办了 2015 年无线电监测技术演练。参加本次演练的除了自治区监测站、各盟市管理处、大兴安岭监测站以外，还特别邀请了甘肃省、青海省、宁夏回族自治区无线电管理部门共计 16 个代表队 130 余人。演练主要有理论培训与考试、模拟考试保障现场复杂电磁环境查处作弊信号、电磁环境信号比对、移动检测与测向四个项目。比赛以"安全第一、比赛第一、友谊第一"

为主题。本着相互学习、相互交流的理念，促进与兄弟省的交流与协作，也充分体现了实际工作的需要。

三、做好台站日常管理工作

2015年共办理各类设台频率批复文件24件（包括新设台站12件，续用审批7件，撤销台站及收回频率文件4起，其他批复22件）；完成微波通道保护协调工作4次，调频广播频率协调1次，雷达协调2次；办理无线电发射设备进关许可2件；回复国家发来的边境协调函5件，涉及频率及台站数据82条。全年结合台站年审工作进行无线电频率占用费的收取工作，截至目前，全区入账财政厅频占费共计542万，完成了年初收费计划。

为继续做好业余无线电爱好者管理工作，2015年6月组织全区业余无线电台操作技能考试，参加考试395人，通过考试345人，通过率为87%。计划12月12日组织2015年第二次业余电台操作证技能考试。全区新指配呼号254个，办理业余电台执照296个。全区新增业余中继台4个，其中阿拉善、通辽各一个，鄂尔多斯两个。

四、保障无线网络和信息安全

2015年，配合公安、广电等部门打击"伪基站"9起，出具9份相关证明材料；打击"黑广播"27台；根据群众举报和监测站监测，全区共拆除卫星电视干扰器24台。

全年共查处各类有害干扰61起，干扰查处响应率100%，其中民航、铁路干扰申诉18起。

配合教育、人事、司法、卫生、财政等部门组织的高考、全国统一司法考试、国家及内蒙公务员考试、事业单位招聘考试、医师执业资格考试等各类公开考试共44次，派出工作人员百余人次，查获考试作弊26起，涉及作弊人员31名，缴获作案设备33套，实施技术阻断38起。

五、推进无线电监管能力建设

全年对扎兰屯机场、集宁机场、凉城机场、达茂旗机场和环保厅等单位新设台站电磁环境测试15次，出具电测报告24份。完成呼和浩特市地区频率核查专项任务一次，共监测10天时间，编写电磁环境报告和台站数据一份。统计全区监测网存在的故障，对存在的问题进行跟踪处理。完成呼和浩特市监测网的 12 次检修工作。完成自治区监测站监测车的验收工作。完成泰雷兹固定站的选址工作。配合厂家技术人员完成 400MHz 中继台管制设备的安装、调试、运行、技改工作。

六、推进无线电管理法制建设

2015 年，6 月开展了行政主体资格清理和确认工作，结合行政审批制度改革和建立权力清单等工作，梳理了行政执法依据，向自治区法制办报送了行政执法主体资格汇总表。10 月底，根据国家及自治区有关文件要求，开展了无线电管理责任清单的编制工作，以行政权力清单确认的行政权力事项为基础。向自治区法制办梳理上报了责任清单，在责任清单编制的过程中，组织了有关人员的集体讨论，征求了法律顾问的意见，按照文件要求分解了责任事项、追责情形和追责依据，做到了权力责任一一对应。

七、开展边境地区频率台站管理工作

2015 年，自治区办公室配合工信部无线电管理局开展了北部边境地区频谱资源国际保护课题相关工作。主要内容包括：统计全区中俄、中蒙边境地区在用频率资源情况、调研重点地区设台用户频率规划、分析研究边境口岸电磁环境测试数据，并形成研究报告。该项工作已于 7 月底完成。同时，及时核对国家多次转来的边境地区拟申报公众通信基站的数据，涉及频率三百余条。

八、加强无线电管理宣传和培训工作

根据国家无线电办公室《2015 年全国无线电管理宣传工作实施方案》要求。为纪念《中华人民共和国无线电管理条例》颁布 22 周年和热烈庆祝《内蒙古自治区无线电管理条例》颁布施行 4 周年，自治区无委办制定了《2015 年全区无线电管理宣传工作实施方案》，并在全区无线电管理工作会议上进行了专题部署。

通过开展系列宣传品"进学校、进社区"等活动。以无线电科普知识、无线电管理法律法规和无线电频谱资源管理服务经济社会发展中的重要作用为重点，完善宣传机制，拓展宣传渠道，开辟宣传阵地，为无线电管理工作营造良好的社会舆论氛围。整个活动中印发宣传单 5000 份，订购无线电管理科普宣传手册 1000 册，制作宣传资料袋 8000 个，广泛联合各行业部门、单位力量，组织相关人员分批分期进社区、进大学城校区进行宣传。

　　为拓展宣传渠道，办公室大力倡导宣传文稿和信息采集工作，把《内蒙古自治区人民政府公报》2015 年第 21 期定为无线电管理专刊，并制定了《网站信息发布办法》《信息发布奖励办法》，鼓励全系统主动投送稿件，统一登记造册，对先进人员年终给予表彰奖励。从 4 月份至今，每月投稿量达到 30 条以上。

　　在第十届全国少数民族传统体育运动会和纪念中国人民抗战暨世界反法西斯战争胜利 70 周年阅兵活动重大无线电安全保障过程中，有针对性地开展无线电管理宣传工作，其中电视新闻报道 3 次，民运会网站发布信息 4 篇，报刊 1 篇，《中国无线电》杂志 2 篇，国家内刊 2 篇，自治区网站、微信平台各 6 篇，高质量完成了民运会期间宣传任务。

　　除此之外，各盟市无线电管理宣传活动形式多样，内容丰富，各管理处结合实际，丰富载体，创新形式，扎实开展了一系列无线电管理法制宣传教育活动。通过三大通信公司在各自的营业厅发放宣传资料，在门前 LED 屏显示宣传标语、并采用短信方式进行了集中宣传。有的盟市在机场、火车站、大型广场等人群聚集点显要位置设置了宣传条幅。赤峰市管理处、阿拉善盟管理处结合"三严三实"活动，在广播电台做了无线电管理专题访谈。

第九章　西北地区

第一节　陕西省

2015年以来，在陕西省政府和国家无线电办公室的领导下，省无线电管理工作认真贯彻落实党的十八大和十八届三中、四中、五中全会精神和习近平总书记系列重要讲话精神，按照"管资源、管台站、管秩序，做好无线电安全保障工作"的总体要求，坚持主动作为，积极围绕无线电服务经济建设来做好工作，以强化频谱资源管理为核心，提升监管能力为主线，有序开展了无线电频率使用情况核查专项活动，继续保持高压态势，严厉打击了非法广播电台和利用"伪基站"实施违法犯罪等违法行为，积极做好维稳无线电安全保障工作，维护了良好电波秩序，受到陕西省委、陕西省政府领导的肯定和表扬。

一、理清家底，扎实开展频率使用情况核查专项活动

根据国家无线电办公室开展全国无线电频率使用情况核查专项活动的部署，为理清现有频率规划、分配和指配情况，夯实频谱资源管理基础，适应深入推进依法行政、放管结合的现实需要，陕西省无委会办公室高度重视，行动迅速，扎实推进，按计划从4月至11月，经过方案制定、工作开展、检查完善、总结提高四个阶段，重点把握以下四个方面，顺利完成无线电频率使用情况核查专项活动（以下简称专项活动）的各项工作任务。

加强领导，周密部署。陕西省无委会办公室多次对专项活动开展进行专题学习研究。为了准确把握活动要求，一方面，主动向国家局请示汇报陕西省情况，另一方面，深入地市，认真调查摸底，重点了解文件档案管理情况，听取基层意见。在此基础上，成立了领导小组，制定了符合国家要求、切实可行的专项活动

实施方案，按照分工负责、分级管理的办法和台站属地化管理的原则，采用频率批文主导、台站数据库支撑、监测比对核实的工作方法，由陕西省、市（区）和相关部门无线电管理机构分别承担各自职责范围的核查任务。

深入开展，扎实推进。5 月 14 日，陕西省无委会办公室召开了全省开展专项活动工作会议，进行动员部署、明确了活动目标、任务、责任、措施，并进行了专题培训。加强事中督导检查，按月发放进度表对工作进行检查，肯定成绩，查摆存在的问题，及时对工作进行调整和部署。西安市以专项活动为抓手，开展西安市各部门机构占用民用频率调查登记工作；宝鸡市将专项活动与日常工作相结合，对 150 MHz、400 MHz 频段专用对讲机不符合要求的频率，进行调整，重新予以指配。铜川市对监测的过程中发现的"黑广播"向相邻地市进行通报，得到了及时查处。10 月陕西省无委办会组织检查组通过查阅文件，现场复测，对各市专项活动的工作情况进行了检查交流，完善提高。

全面准确，按期上报。经过整理、修改、完善，完成整理汇总，全省按国家要求的时间节点，按时上报了扫描文件、各种表格和工作总结。

与时俱进，废立并举。在专项活动中，对频率的分配和指配文件进行梳理的同时，特别对相同频段不同时间、不同用途的政策类频率文件进行了研究，对新旧文件的有效性进行了归类清理，对涉及 MMDS、小灵通、大灵通、点对点微波等已失效或已被新政策替代的文件，在陕西无线电管理网站分期分批予以公示，避免广大无线电用户和基层无线电管理机构由于对政策文件缺乏系统性的了解掌握而造成工作上的误导，切实保证文件与法律法规的要求相一致，确保文件的严肃性和权威性，真正做到尽职到位不缺位、准确履职不错位、限定范围不越位，不断提高执行力和公信力。

二、服务发展，统筹配置无线电频谱资源

紧密围绕"无线电管理为经济建设服务"这个中心，以加快陕西经济社会发展为使命，以创新为驱动，实施"科学配置资源，服务社会发展；构建保障体系，增强管控能力；提高管理水平，创建和谐环境"的发展战略，建立频率资源保障计划，对全省重点工程、重点行业开通便利快捷的绿色通道；简化设备进关手续，对无线电发射设备试验优先许可，为无线电设备生产企业服务，积极服务经济发展；保障"两化融合"产业发展用频；支持 4G 移动通信网络建设；稳妥

做好 MMDS 台站退频工作，保障 4G 业务用频安全；开展城际铁路无线电频率需求的调研、座谈；针对全省森林防火通信系统建设，制定了简化审批程序及管理办法；加大 150MHz、400MHz 对讲机模数转换、旧机改频的力度，在摸清用设备的现状基础上，制定了切实可行的时间进度表；开展无线电新技术新业务的推广应用，拓展无线电频率应用空间，推进宽带移动通信技术在陕西省行业、政务等更多领域的应用。

截至 11 月底，全省注册电台与"十二五"初期相比增长了 81.5%。

三、规范完善行政许可事项，做好无线电台站设备管理工作

积极推进陕西省无线电管理依法行政建设。根据陕西省编委《关于推行陕西省政府工作部门权力清单和责任清单制度的通知》，陕西省无委会办公室迅速落实行政权力清单和责任清单制度，对行政职权进行了全面梳理，做到清单内容规范统一。经核准，确定了 5 项行政许可、4 项行政处罚、1 项行政征收、1 项其他类年检、1 项其他类审批权共计 12 项，并已在陕西省政府门户网站公示。合理调整频率台站审批权限，规范行政许可审批程序，推进行政许可事项网上受理和审批工作，落实《政府信息公开条例》，做好政务公开和政府信息公开工作。2015 年办理了民航甚高频通信台站和数据通信台、联通公司宝鸡分公司微波、中银铁路有限责任公司的太原至中卫（银川）线 GSM-R 通信 78 部基站和 88 部光纤直放站等无线电台站设台手续。

业余无线电管理走上规范化管理轨道。在全省范围内，实行每年两次的技能考试制度，统一标准、统一时间、统一试卷。2015 年参加 A 类考试 954 人、通过 715 人；参加 B 类考试 92 人、通过 70 人；集中换发旧版业余操作证书 1330 个（其中 A 类 1120 个、B 类 207 个、C 类 3 个）；指配业余无线电台呼号累计共 5163 个。

四、保障无线电网络和信息安全，维护空中电波秩序

2015 年以来，我们继续下大力气，积极配合公安部门严厉打击利用"伪基站"实施违法犯罪工作。针对当前"伪基站"多为流动性作案，总体呈现出隐蔽性更强，打击困难更大的新特点，陕西省无线电管理机构主动与公安部门对接，加强信息沟通，努力实现打击"伪基站"工作常态化。同时认真梳理核实已建公众移动通信基站的相关数据，进一步健全基站数据库，加强对公众移动通信网的保护

性监测。针对监测到的异常信号、通信运营商及市民的投诉和举报情况，充分发挥技术优势，做到快速反应，定位准确，以确保联合打击行动精准、有效。

截至目前，全省配合公安部门破获"伪基站"案件15起，没收"伪基站"设备15套。有力维护了公众通信网安全，保障了广大人民群众利益。

认真做好2015年春节、两会、欧亚经济论坛、西洽会、农高会以及党的十八届五中全会、外国元首访问陕西等重大活动、重要时期的无线电安全保障工作，防范和打击利用无线电手段进行破坏活动。在国家法定节假日期间，我们严格执行节假日24小时值班制度，全省无线电管理机构坚持实行领导带班制度，高度警惕，分工明确，各种监听、监测设备及车辆保持良好状态，随时准备处置各种突发事件，严密防范不法分子利用无线电可能进行的破坏干扰活动。

做好各类考试的防范无线电作弊工作。2015年，全省无线电管理部门共进行各类考试保障活动38次，实际保障时间42天，累计考点800余个，涉及考场5000多个。全年累计出动监测指挥人员1260人次，监测车辆243辆次，共监测作弊信号132个，其中压制96个，查获作弊信号36个，抓获作弊人员28人，没收作弊器材43套。

五、推进无线电监测能力建设

加强无线电监测统计工作，为科学管理提供准确数据。认真组织落实全省无线电频率监测统计报告工作，根据国家无线电频率监测统计报告不同时期的要求，先后多次向各派出机构专门下发文件，提出具体要求，详细制定监测实施方案，明确监测频段、监测时间和监测人员，夯实人员责任。全省各监测站按照月前计划、月中实施、月底总结上报的程序组织实施。全年共给国家报送《监测统计报告》12期，全省固定站和移动站均能按照计划实施监测，固定站使用率为100%，移动站使用率为96%。共受理无线电干扰案件25起，全部找到干扰源并及时进行查处。

扩展监测覆盖领域，提升实时监测能力。稳步实施"十二五"技术设施建设规划，无线电监测网络覆盖领域得到扩展，西安市已经达到平原Ⅱ类城市技术能力，宝鸡、咸阳、渭南、铜川接近平原Ⅱ类城市技术能力，汉中、安康、延安、榆林、商洛接近山地丘陵Ⅱ类城市技术能力，杨凌已达到平原Ⅲ类城市技术能力。在用无线电设备检测、无线电发射设备抽检等方面的检测能力进一步提升。对现有信息系统进行了升级改造，无线电管理信息系统整体架构进一步完善。

针对西安国际机场具有三个航站楼、飞机起降流量大、周边电磁环境日趋复杂等现状，克服重重困难，经过选址、设备定型、专家论证，在西安机场建设两个无人值守监测站，实现实时监测全覆盖，为获取机场及其周边电磁环境和干扰相关参数起到重要作用。开辟无线电干扰排查绿色通道。健全了设备使用管理制度，加强对设备的管理和维护，确保设备在专项监测、干扰排查、考试保障、现场执法等工作中发挥应有的作用。

加强业务培训，提高队伍素质。为促进陕西省无线电监测专业技术人员队伍建设，提升无线电监测专业技术人员的业务能力，2015年全省共举办三期业务技能培训班，课程内容力求理论与实践相结合，包括无线电监测对象种类的介绍和信号特征识别、监测比对的方法及无线电监测干扰案例分析等10余项内容，并就反考试作弊技术进行了现场交流。同时，陕西省监测站会同有关部门共同参加"联合力量"信息动员应急通信演练及快速查找干扰源等多项现场演练，进一步提高无线电监测专业技术人员实战能力。

六、推进无线电管理法制建设依法行政

完成了执法程序、文书修订工作。为了科学规范全省无线电管理行政执法工作，保证无线电管理监督检查、行政处罚、行政强制的正确实施，我们在2014年初成立修订领导小组，组织有关人员和聘请相关专家对2009年制定的《陕西省无线电管理行政处罚程序暂行规定》以及相关执法文书进行了全面修订，修订小组历时一年，集中讨论十余次，九易其稿，最终形成《陕西省无线电管理行政处罚、行政强制程序规定》共八章七十二条、《陕西省无线电管理行政执法文书》两类五十六种七十一个文书，为规范我们的行政行为提供了制度保证。

加强政务公开，完善运行机制。进一步完善台站审批、干扰查处、核准证办理、执法文书等各项规章制度，做到制度上墙上网，公之于众。公布投诉电话，欢迎群众监督。严格执行收费收支二条线规定。严格进行固定资产管理，登记造册，账实相符。

加强法制学习，提升依法行政能力。定期组织行政执法人员开展执法业务和技能培训，研究典型案例，分析执法热点和难点，规范执法程序，配备执法记录设备，提高案件处置水平。

七、加强无线电管理宣传工作

2015 年，按照《全国无线电管理宣传纲要（2011—2015 年）》和《2015 年全国无线电管理宣传工作实施方案》总体要求，我们认真组织、扎实开展，工作中有力度、有突破、有创新。陕西省无委会办公室宣传总站和各市宣传分站都做到了机构健全，单位负责人为宣传工作第一责任人，任务明确，责任落实。坚持每年对各派出机构领导、骨干和宣传员进行一次培训，完善宣传骨干培训、宣传经验交流、宣传工作研讨等制度，为全省开展宣传奠定坚实基础。

建成全省宣传资料数据库，不仅为宣传骨干学习交流提供了开放的平台，也为宣传经验积累和宣传资料收集、存储、检索、查询创造了更加方便、快捷的条件；咸阳监测站与民航管理局利用机场 900 平方米巨型广告牌开展宣传；陕西省监测站与陕西电视台合作的"全民实验室"，先后 7 次在"黄金时间"播出"汽车遥控锁干扰""手机充电辐射""易拉罐自制信号放大器"等无线电科普知识。陕西省无委办公室对全省派出机构网站进行了整合，统一纳入陕西省无线电管理门户网站，构建统一规划、统一标准、统一平台、统一管理的新平台。

全省共召开座谈会十余次，制作宣传展板 463 块，网站宣传 571 次，电视宣传 1054 次，广播宣传 761 次，农村大喇叭宣传 30 次，报纸宣传 12 次，发送短信 98000 条，公众微信、微博发布消息 95 条，LED 大屏幕宣传 1542 次，户外现场宣传 105 次，悬挂横幅、条幅 287 条，印刷散发宣传彩页 134400 余张，制作散发环保购物袋、抽纸、纸杯等宣传品 64480 件，发放《漫画无线电》及其他宣传册 3324 本、宣传小贴士 3400 张，回答群众咨询 3800 余人次。

第二节　甘肃省

2015 年是"十二五"无线电管理规划的收官之年，甘肃省无委办在国家局和省工信委的正确领导下，围绕 2015 年全国无线电管理工作要点，以开展全国无线电频率使用情况核查专项活动为抓手，认真贯彻落实"三严三实"，转变作风，强化管理，扎实有效地推进各项管理工作，取得了较好的成绩。

一、开展频率使用情况核查专项活动

根据《国家无线电办公室关于开展全国无线电频率使用情况核查专项活动的

通知》（国无办〔2015〕2号）要求，甘肃省无委办把无线电频率使用情况核查专项活动列为全年工作的重中之重，按照全国统一部署，结合本省实际，制定详细切实可行的组织实施方案，成立组织机构，创建工作机制，通过采取多种举措深入开展，扎实推进。

一是自我加压，将专项活动工作延伸到省内所有县区。在2014年开展全省电磁环境监测的基础上，为进一步加强对广播信号的监测，将打击"黑广播""伪基站"工作与专项活动结合起来，将专项活动工作延伸到省内87个县（区），增加对调频广播频段的监测。特别是在县（区）重点频段的监测比对工作中，发现了230MHz频段未办理频率批复和设台手续，督促其按要求办理临时设台手续。

二是认真梳理全省历年来频率规划、分配、指配文件。严格按照数据填报要求进行下发文件收集梳理、文件扫描和数据填报。省无委办已梳理出自1992年以来的频率规划、分配和指配频率文件327份，其中甘肃省172份、国家127份、行业部门23份，并按要求进行了文件扫描，全省扫描后的文件共有466份，其中分配文件包括省办及地市管理处文件61份、国家局文件95份、行业部门文件4份；指配文件中，省办及地市管理处文件222份、国家局文件51份、部门文件33份。

三是按照工作安排和进度要求，深入县（区）开展重点频段监测比对工作。在监测过程中，对监测目标频段、监测测试点的选择、监测设备的选用、监测设备参数及频谱采集等工作流程进行了明确，严格按照统一的标准和规范，做好监测数据的采集和数据填报工作。

四是做好专项活动工作的督导、检查、考核。在专项活动结束以后，省无委办组织人员赴各市、州无线电管理处按照《全省无线电频率使用情况核查专项活动实施方案》的要求，统一标准考核了各市、州专项活动开展情况，年底将对专项活动进行经验交流和总结表彰。

二、科学规划、统筹配置无线电频谱资源

1.积极探索频谱资源精细化管理方式，加强频率配置的科学性和针对性，统筹保障重点设台单位、国家及省上重点工程的用频需求。在白银市开展700MHz频段4G业务试点基础上，探索盘活无线电频谱资源、提高资源利用率的方式和途径；深入兰州铁路局、省电力公司、兰州轨道交通公司等单位调研，支持省

广电网络公司利用 1.4GHz 频段开展智能城市业务，挖掘闲置频率资源的潜力；2015 年在国家下发 1.8G 频段规划后，我们为兰州铁路局客运站、省电力公司等单位批复无线接入用频，召开了铁路 GSM-R 系统频率清理协调会，明确工作任务和时间节点，确保兰州西客站至中川机场轨道交通和兰渝铁路的顺利开通运营，全力支持省内重点项目建设。

2. 加强了对所审批设置台站的事后监管工作。对 2014 年审批设置对讲系统的 7 家单位逐个进行了设备技术指标的测试和验收，今后将对所有新批的台站设置情况进行测试验收。

三、认真做好无线电台站和设备管理工作

1. 在台站和频率属地化管理工作方面，进一步明确了省市两级管理的权责和义务。作为地方无线电管理部门，按照国家局的要求，对地方需求较大，使用范围集中，适宜属地化管理的部分频率资源，逐步下放给市州无线电管理机构管理。同时，做好法规制度的修订工作，研究制定台站审批权限下放后的配套政策和实施办法，稳妥有序推进台站属地化管理工作。

2. 科学规划，合理指配，满足重要部门重点工程的用频需求。一是批准了 4 家单位 400MHz 频段专用对讲机频率用频及相应台站设置使用申请。二是批准一家单位使用 230MHz 频段 1 个频点建设无线数传系统，同意其在该频点建设 3 套电台。三是批准兰新铁路甘青有限公司在兰新铁路客运专线兰州至红柳河南段甘肃境内相关铁路车站和沿线区间，设置铁路专用 GSM-R 通信系统基站 139 座、光纤直放站 77 套，并完成了技术资料填报审核工作。四是支持中国电信股份有限公司甘肃分公司将 1765—1780MHz/1860—1875 MHz 频段用于混合组网试验中 LTE FDD 网络，并批准该公司在兰州建设 LTE FDD 基站 180 台。完成了 80 个 4G 基站的设台审批的技术资料填报审核工作。五是同意并批准兰州铁路局在兰州北站和武威南站在 1795—1805MHz 频段建设基于 TD-LTE 无线接入网络的铁路系统货检安全监控系统。

3. 创新工作思路，将业余无线电工作推上新台阶。甘肃省无委办非常重视业余无线电爱好者这支队伍的价值，将其视为无线电工作的人才蓄水池，在无线电管理宣传、无线电台监督、无线电知识普及、应急处突抢险、国防信息动员等方面发挥好作用，不断创新工作思路和工作模式，将业余无线电工作推上一个新

的台阶。一是进一步规范业余无线电爱好者操作考试，建成了网上报名及成绩查询系统，使业余无线电爱好者操作考试逐步走上正规化和程序化。对业余无线电爱好者进行了专业系统的培训，有156名业余爱好者参加了考试。二是组织业余无线电爱好者进行野外通联活动，应急通信保障大队实施应急通信保障演练活动。

四、保障无线电网络和信息安全，维护空中电波秩序

1. 积极开展打击非法设台和发射信号的不法行为。全年共查处伪基站4起，查获违法无线电发射设备4套；黑广播32起，查获违法无线电发射设备19套；卫星电视干扰器44起，查获违法无线电发射设备25套。

2. 确保各类重大活动、重大赛事的无线电安全保障，圆满完成了兰州国际马拉松赛、环青海湖国际自行车赛甘肃赛段比赛保障，参与了抗日反法西斯胜利70周年北京阅兵保障，为高考等20项考试提供了防作弊无线电监测保障。发现无线电作弊信号871起，成功阻断806起，查处了63起，查获作案设备64套，抓获作案人员20名，成功打击了作弊分子的嚣张气焰，保证了考试的顺利进行，有效维护了公平、公正、良好的考试秩序。

五、推进无线电监管能力建设

1. 加强基础调研工作，完成"十三五"规划起草。2015年是"十二五"规划实施的最后一年，我们及早动手，加强调查研究，把国家无线电规划思路与甘肃的实际情况结合起来，坚持问题导向，针对薄弱环节、存在问题，形成切实可行的思路和办法，基本完成了甘肃省无线电管理"十三五"规划的起草工作。

2. 加快推进兰州新区无线电监测站和酒泉无线电监测站建设，为兰州新区和酒泉新区设台用频保驾护航。开展兰州新区网格化监测网络建设频谱规划研究，提高民航干扰的应急处置效率，确保民航用频的绝对安全。加快实施机动保障大队建设，完善全省无线电监测手段，保证干扰的及时查处和问题的及时解决。推进无线电管理信息化建设，完善监测网络的布局和安全等级，确保各类无线电监测设备联网运行。搭建了资产和项目管理平台，实现了对省办及13个市州管理处固定资产的动态管理。

六、推进无线电管理法制建设，依法行政

加强法规建设，提高依法监管能力。通过细化行政执法流程、行政执法自由

裁量权标准等措施，强化无线电管理的行政执法力度；针对对讲机无序销售和使用的老大难问题，出台了对讲机销售备案制度；针对无线电干扰投诉渠道少，回应少的问题，对干扰投诉申报的方式、内部流程和时限等进行了明确规定，提高了投诉响应的效率；针对行政执法人员少、行政执法地域分割的问题，将原来以市州为基础的区域性执法证更换为全省统一使用的执法证，实现了省内异地执法，优化了执法力量配置，形成了执法合力。

七、加强无线电宣传和培训工作力度

1. 加强无线电工作宣传，提高公众对无线电管理工作的理解和支持力度。通过点面结合，以点带面的方式加强宣传力度，在突出重点时段宣传的同时，推进宣传工作入眼入耳、入脑入心；充分运用微博、微信等新媒体，电视广播等传统电子媒体，报纸杂志等平面媒体进行宣传，消除广大民众对无线电管理的神秘感，取得了社会对设台、用频、收费等管理的理解。

2. 加强人员培训工作，不断优化人才队伍结构。甘肃省无委办通过分散与集中相结合，请进来与走出去相结合的办法，不断加强培训力度。举办处长和站长培训班，开拓业务管理和技术管理负责人的思路和视野；举办无线电技术演练（竞赛），在检验技术人员技能水平的同时，对技术学习起到了引导和示范作用；通过与兰州交大建立的联合实验室及无线电设备厂商加强技术研发和技术交流，提高了技术人员的理论素养。与兰州交通大学签署无线电频谱技术及应用联合实验室建设及深化战略合作协议书，共同建设无线电专业人才培养基地。

第三节　青海省

2015 年，在国家无线电办公室和省政府办公厅正确领导下，青海省无线电管理办公室认真贯彻落实党的十八届五中全会精神，按照"三管理、三服务、一突出"的要求，以打击非法无线电台站为重点，规范频率台站管理，推进技术设施建设，强化队伍管理，改进工作作风，积极服务全省经济社会发展和国防建设，全面完成了"十二五"规划。

一、打击整治非法设台，维护信息安全

2015 年共开展了 5 轮打击"伪基站"专项行动，巩固了打击整治成果，缴获"伪

基站"设备 8 套。始终保持高压态势，与移动公司建立"伪基站"情况日报制度，建设了西宁市区"伪基站"监测专网实时进行精准监控，利用便携式侦测设备开展街区巡查，突击检查无线电发射设备销售商户 310 家，向社会公布举报电话，同建设银行青海省分行建立了联系沟通机制，与公安部门共同打击短信金融诈骗犯罪，确保"伪基站"违法犯罪活动露头就打。省委常委、常务副省长骆玉林对打击"伪基站"工作做出批示："严查严控到位，成效显著"。省委办公厅《每日情况》通报了专项活动情况。

2015 年 8 月份，主动协调公安、广电、民委、工商等相关部门下发了《关于联合开展打击"黑电台"违法犯罪专案行动的通知》，发现和查处医药"黑广播" 6 部，缴获设备 8 套，摧毁违法犯罪团伙 3 个，"黑电台"现象得到有效遏制。在开展打击整治"伪基站""黑电台"违法犯罪专项活动中，全省无线电管理机构共出动监测车辆 510 车次，动用监测定位设备 3360 台次，出动人员 1950 人次，累计监测 6480 小时。

二、开展频率核查工作，规范频率台站管理

将频率核查工作作为 2015 年重点工作进行了安排部署，下发《关于开展全省无线电频率使用情况核查专项活动实施方案》，确定了 6 个工作阶段，每个阶段都明确了工作任务、时间节点。为确保工作落实。召开全省无线电频率使用情况核查专项活动工作会议，对 40 多名工作人员进行了培训。从 4 月开始开展活动，指导设台单位开展自查。在频率监测比对工作中，采取"听、看、测"的方法，走访单位 336 个，核查无线电频率 956 个，现场查验台站 1232 部（座）。通过核查，完成了基础数据采集，并全部录入数据库，圆满完成频率核查工作。

三、紧密协作，保障环湖赛无线电安全

环湖赛无线电安全保障任务是一项长期的重点工作，国家无线电办公室也将其确定为重点保障赛事。在今年的保障中，甘肃、宁夏和青海省无线电管理机构共派出无线电技术人员 63 人，组成 13 个小组，启用固定监测站 7 座，出动移动监测车 14 辆，规模为历年环湖赛无线电安全保障之最。在今年的保障工作中，借鉴国内大型体育赛事无线电安全保障经验和做法，优化频率资源协调、人员设备调配、电磁环境整治等方面工作机制，建立了无线电发射设备准入和检测制度。主动协调组委会，了解频率需求，确定指配共用临时频率 42 个，审批临时台站

491 部,现场登记检测无线电设备 350 部。为排除隐患,对各赛段实行了定岗定员、定职定责,开展了无线电发射设备市场检查,通过查处"黑电台"专项行动,派出监测车辆沿着赛程路线移动监测,及时掌握赛段电磁环境情况,消除干扰隐患。赛事期间,三省区 13 个保障小组分段进行了随队监测保障,累计监测 320 个小时,实现了零投诉、零干扰。6月份,全程保障了环湖国际电动汽车挑战赛,共保障9天,监测 199 小时,指配频点 20 个,被组委会授予优秀贡献奖。

四、全力抓好监测工作,积极开展技术服务

多年来,青海省无线电管理办公室始终重视敏感期无线电监测工作。一是加强"两节"、两会和敏感时期重点地区值班监测,突出公安、武警、广电等部门无线电业务保护性监测,2015 年已监测上千小时,并主动向当地党委政府汇报,密切与公安、武警等部门沟通协作,及时提供无线电监测信息和技术保障服务。二是加强县级固定监测站建设,进一步提升了超短波业务和中短波广播频率监测能力。三是保障社会各类考试无线电安全工作,积极配合教育、司法、人事等部门,开展了 21 次考试无线电安全保障,出动技术人员 240 人次,车辆 75 辆次,设备 275 台次,有力地维护了考试公平。2015 年,青海省联通有 53 座基站遭到干扰,协调公安部门将干扰降低到最小限度,维护了公众通信权益。2015 年,省监测站受理无线电发射设备检测申请 15 件,检测"伪基站"5 部,为公安机关提供了技术参数。还为西宁、花土沟、格尔木、德令哈和大武机场通信导航,移动、联通 4G 网络,以及格尔木、贵德光伏电站无线接入项目等提供了电磁环境测试服务,测试新建台站 448 座,出具报告 38 份。

五、推进基础设施建设,提升技术装备水平

青海省无线电管理"十二五"规划项目建设顺利。完成了 1 座控制中心、2 座固定监测站、12 座小型监测站的建设任务,改造 4 座监测站,配置压制车 4 辆、监测车 3 辆。基层管理处对各类设备仪器建档立案,统一配备了设备架,检查维修西宁监测网固定站设施和 16 座监测铁塔,消除了安全隐患。完成了一体化信息平台项目建设一期项目。为及时、有效打击"伪基站",配备了防范查找"伪基站"技术装备,在西宁市主要街区安装固定监测设备组成监测网。建设了青海省铁路 GSM-R 系统专用监测网,进一步提升兰新高铁和青藏铁路无线电安全保障水平。完成了全省县级固定监测站覆盖。为基层管理处配置了移动站、可搬移

站、手持式监测仪等设备，保证了工作需要，为处置各类无线电突出事件和保障无线电安全提供了坚实基础。

六、创新培训和宣传方式，提升能力，展现形象

2015 年，邀请无线电监测设备生产厂商的技术专家来青讲课，举办 7 期技术交流会，介绍无线电新技术，展示无线电新设备，还举办无线电技术知识培训班 4 期。9 月份，在贵德举办了全省第九届无线电监测技术演练，9 个管理处共 50 人参加竞赛，通过 8 个课目的演练，考验和锻炼队员们的技术和意志，展示了全省无线电监测队伍业务水平。积极向与媒体投稿，在《人民邮电报》《中国无线电》和《西海都市报》《青海法制报》以及国家无线电监测中心网站登载青海省新闻信息达 18 篇，其中长篇报道 3 篇，国内多家网站转载。在"世界无线电日"和"无线电管理宣传月"活动中，全省无线电管理机构走进社区、校园开展宣传，通过发送宣传短信、播放宣传片和发放宣传资料、宣传品等方式普及无线电知识和管理法规，取得了良好效果。

七、加强交流合作，编制"十三五"规划

一是重视与各州市政府工作联系，办领导专程赴当地征求政府领导对无线电管理发展的意见和建议，争取工作支持。二是加强与西宁机场、青藏铁路公司、移动和联通等重点单位的工作联系沟通，及时了解情况，征求意见。三是在打击"伪基站"和取缔"黑电台"专项行动中，主动联系协调，牵头开展活动，得到了公安、广电、民委、移动等部门的大力支持，建立了良好工作机制，相互配合密切，共同完成了专项行动。四是赴山东、河北、宁夏、甘肃、陕西、内蒙古等地考察学习编制"十三五"规划的思路和做法，深入基层调研，了解问题理清思路，借鉴兄弟省区经验，结合青海省经济社会发展情况和需要，委托国家无线电频谱管理研究所，组织编制青海省无线电管理"十三五"规划。

八、编制权力清单，严格行政执法

按照省政府要求和国家无线电办公室指导意见，将青海省无线电管理行政职权划分为行政许可、行政处罚、行政强制、行政征收（征用）、行政奖励、行政监督检查和其他权力等共 7 类 26 项，工作流程图 7 个，取消了"三高"设置无线电寻呼基站备案项目，于 6 月 19 日正式向社会公布，基层管理处也在当地政

府指导下开展编制行政权力清单工作。并将无线电管理法规、政策汇编成册印发。在打击整治"伪基站""黑电台"的侦测和调查取证过程中,严格按照执法程序进行,依法取证和没收设备,出示设备收缴清单,做好现场检查笔录、调查笔录和视听资料等,并对没收设备进行检测,出示报告,为公、检、法部门提起诉讼提供证据。

九、改进作风,加强内部建设

一是通过多种措施,充实人才队伍。面向社会招考 3 名技术人员,从基层管理处选调 2 名技术人员,接收军转干部 2 名,补充了技术力量。二是深入基层调研,各级领导深入基层和重点用频率单位听取意见建议,了解真情实况,帮助解决问题,全年调研 12 批次,班子成员和副处级以上干部近 40 人次参加。三是积极争取国家转移支付资金,保证基础设施和技术设施建设需要,严格按程序做好项目申报审批工作,加强建设资金监督管理,确保规范使用。收取的频率占用费全部上缴省财政,严格按照收支两条线管理。四是积极参加扶贫活动,共派出 4 名干部分别参加了对门源青石嘴村、大通县石山乡驻村帮扶,为联系点和结对帮扶户办实事、解难题,服务人民群众。

第四节　宁夏回族自治区

即将过去的 2015 年,是宁夏无线电管理"十二五"规划的收官之年,也是"十三五"规划的谋划之年,在国家无线电办公室和自治区政府办公厅党组的正确领导和关心支持下,宁夏无线电管理系统以提升管理能力为目标,以开展"频率核查年"活动为抓手,统筹兼顾频率资源配置、无线电台站管理、电波秩序维护、无线电安全保障和法制建设,为宁夏经济社会发展和国防建设发挥了积极的支撑保障作用。

一、　深入开展"频率使用情况核查"专项活动,进一步夯实管理基础

作为 2015 年无线电管理工作要点之一,为了确保专项活动深入有效开展,宁夏无委办将 2015 年确定为"频率核查年",一是制定"频率使用情况核查"专项活动工作方案,建立组织架构和工作机制。全面梳理各类无线电业务频率规划、分配文件,理清现有频率规划、分配、指配情况,整合提升现有监测、检测、信

息化等技术手段，夯实核查工作基础。二是重点对公众移动通信，230MHz数传，广播电视，3400—3600MHz，14.25—14.5GHz等应用或频段开展监测和数据比对工作，掌握频率使用情况，确保频率、台站、监测数据库数据准确、实时。三是建立核查效果评价机制，适时开展监督检查。通过专项活动，为下一步开展频率规划调整和完善打下坚实基础。

通过专项核查，截至活动结束，全区累计监测时长5280小时，填写监测比对数据表格220张，较为圆满地完成了工作任务。

二、聚焦重点领域，科学配置频谱资源

一是按照国家要求对全区150MHz和400MHz专用对讲机频率规划、对讲机"模转数"推进工作和日常对讲机使用管理情况进行分析、梳理和统计。二是完成对宁夏政府应急办申请的短波频率进行初步审查，并报工信部无线电管理局进行审批。三是对宁夏政府应急办申请的超短波频率组织监测分析，提出拟指配频率意见。四是完成兰州铁路局机车制式电台使用无线电频率的报备工作。

三、规范审批程序，提高台站管理水平

一是梳理完成宁夏无委办无线电管理权力责任清单。二是积极推进全区无线电管理行政审批备案制度。三是完成241名业务无线电爱好者的培训验证考试和无线电台呼号指配工作。四是完成中央设定地方实施无线电管理行政审批事项的梳理工作，并报上级部门审定。

四、强化保障措施，维护空中电波秩序

1. 持续加大"伪基站""黑广播"、卫星电视接收干扰器等违法犯罪行为打击力度。

宁夏无委办进一步发挥无线电安全管理工作联席会议制度作用，配合公安、广电部门严厉打击"伪基站""黑广播"、卫星电视接收干扰器等违法犯罪行为。截至2015年10月31日，全区共查处干扰申诉共29起，其中"伪基站"5起、卫星干扰器1起，查实不明信号56起，"黑广播"4起。

2. 继续加大专用频率保护力度。宁夏无委办按照民航、铁路专用频率保护长效机制的具体要求，重点对广播电视、航空、铁路、安全、公众通信等重要业务频段进行7×24小时实时监测，定期形成监测分析报告，确保专用频率保护的长

效机制落到实处。

3. 圆满完成重大活动无线电安全保障工作。宁夏无委办 2015 年承担的重大活动无线电保障任务主要有：2015 中国—阿拉伯国家博览会和环青海湖国际公路自行车赛。

（1）多点保障 2015 中国—阿拉伯国家博览会。宁夏无委办根据"一二三"要求，圆满完成博览会保障任务。一是树立全局保障"一盘棋"的重要思想；二是突出保障开幕式等两个系列重要活动；三是针对性保障民航、铁路、主会场三个重点区域。

（2）全程保障宁夏境内环青海湖国际公路自行车赛。宁夏无委办制定了"统一指挥、属地负责、科学防控、快速反应、有效处置"的原则，认真组织领导，周密安排部署，全程紧密配合，高标准、严要求地完成了保障工作。

4. 防范和打击利用无线电设备进行考试作弊。宁夏无委办在 2015 年各类国家级和自治区级考试无线电安全保障工作中，累计完成任务 100 多次，出动考试保障人员 1000 多人次，协助有关部门查获作弊人员 50 多人次，阻断疑似作弊信号 20 多次。

五、强力推进基础设施和技术设施建设，提高无线电监管能力

1. "十二五"规划完成情况

（1）增强区市两级无线电监测能力。全区建成了 1 个控制中心，4 个分中心，形成由 16 座固定监测测向站、44 个小型站（无测向功能），12 辆移动监测车和 30 余套便携式（手持）监测测向机组成的超短波监测网络。

（2）完成两期全区无线电管制系统工程。全区共装备固定大功率信号压制器 5 套、车载移动管制系统 10 套、可搬移式管制系统 10 套。

（3）提升无线电设备检测能力。在原有检测设备的基础上，为区、市两级监测站新配置基站现场自动检测系统、模拟设备自动检测系统。具备了 2G、3G 公众移动通信系统基站、直放站、数字无线接入设备、模拟设备的测试能力。

（4）建成无线电管理综合业务信息网络。建成无线电频率资源管理、无线电台站（网）审批、无线电行政执法与监督检查、无线电监测与设备检测、信息发布等多功能无线电管理一体化办公平台。

（5）在国内率先建成运行无线电监测测向系统标准校验场。

2."十三五"规划制定情况

目前《宁夏无线电管理"十三五"规划（初稿）》已编制完成，正在征求意见和进一步细化完善。

3.具备网格化无线电管理能力

2014年、2015年银川城区网格化监测系统正式运行，正在其他4市进行两期小型（四类）监测站的覆盖工程，共计建设了48个四类监测站。建成后重点区域100%覆盖，银川主城区55%覆盖。

4.开展固定资产集中核查活动

2015年宁夏无委办开展了固定资产清查专项活动，通过成立领导小组、印发方案、实地登记、电子化管理等措施，做到账实相符、账账相符、资产管理系统与账面实物相符。

六、大力实施行政审批制度改革，提高服务水平

一是将"无线电频率指配"等行政审批事项纳入《宁夏回族自治区行政审批目录》。二是重新修订完善了设台审批工作流程，逐步推进全区无线电行政审批流程及频率台站规范化管理的科学化和标准化。三是将7项行政审批项目合并缩减为4项，压缩审批时限三分之二，并将审批权全部下放至各地市管理处，实行属地化管理。

七、加强无线电管理宣传和培训工作力度

1.宣传阵地建设，拓宽宣传渠道。2015年，宁夏无委办在认真办好一报一刊一网站的基础上，通过上媒体、入社区、发短信、进校园、办讲座等形式扩大宣传影响。

2.开展岗位大练兵大演练活动。2015年6月，宁夏无委办举办全区无线电监测测向技术演练竞赛，充分调动全体干部职工学业务、练技能、比素质的积极性。

3.队伍建设取得新成果。2015年，宁夏无委办新招录了4名事业单位人员，其中研究生学历3人；同时，16名同志晋升管理岗位，20名同志晋升专业技术职称，进一步提高无线电管理和支撑队伍水平。

第五节　新疆维吾尔自治区

一年来，在工信部无线电管理局的大力指导下，在自治区经济和信息化委员会的正确领导下，自治区无线电管理工作围绕"内强素质、外树形象、服务大局、争创一流"的总方针，以"内部管理要精细、监测工作要预警、执法工作要常态、培训工作要务实、演练工作要实战、宣传工作要突围"为抓手，着力在创新和突破上下功夫，科学谋划，精心组织，克服人员少、任务重的困难，圆满完成全年各项目标任务。

一、认真组织开展频率核查专项活动

根据国家无线电办公室关于频率核查专项活动的方案要求，2015 年 4 月，自治区正式启动专项活动。一是制定《新疆自治区无线电频率核查专项活动实施方案》，对活动目标、主要内容、职责分工及具体工作要求逐一明确，制定专项活动时间安排表和联络人机制；二是加强培训，组织召开动员部署视频会议、数据填报培训视频会和监测比对工作培训视频会，重点对国家有关文件进行解读，对数据填报和监测比对工作进行培训；三是开展频率数据填报工作。对自治区无线电管理机构印发的 1988—2015 年各类频率分配、指配文件进行梳理。四是对国家要求的重点频段进行频率清理，开展监测比对数据的提取和处理工作。全区利用固定站对重点频段进行 24 小时不间断监测，累计时长 4498 小时。五是对核查中发现的擅自设台、非法占用频率等行为进行处理，共查处非法占用频率 15 起。通过此次专项活动，基本理清自治区频率使用情况，为建立频率数据库奠定了基础，擅自设台、非法占用频率现象明显减少。

二、提早谋划全区无线电管理工作"十三五"规划

2015 年是"十二五"规划收官之年，也是"十三五"规划的谋划之年。为切实做好顶层设计、科学编制规划，无线电管理局年初就启动了《新疆无线电管理"十三五"规划编制方案》和《新疆无线电基础和技术设施"十三五"建设方案》等研究工作，成立规划编制小组，开展全区范围内的调研，提前谋划，积极筹备，

做好规划编制的前期工作。2015 年 7 月中旬,完成规划初稿。经过三次内部讨论,征求各地州意见后形成送审稿,组织区内专家进行内部评审,于年底前邀请国家有关业内专家完成终审。

三、科学规划统筹配置无线电频率资源

2015 年无线电管理局利用新疆丝绸之路经济带核心区建设的有利时机,科学规划、有效配置频率资源,推进相关业务开展。一是主动介入,提前谋划,服务经济社会、民生工程。组织开展乌鲁木齐城市轨道建设频率规划方案论证会,确保频率指配科学合理;组织各地州对新建光伏发电企业用频进行先期调研;二是开展频率清查活动。对自治区 150MHz、400MHz 频段专用对讲机频率分配和指配情况进行摸底调查,督促各地州市完成频率新旧规划的平稳过渡,开展对讲机模转数工作调研。同时借助频率核查专项活动,建立频率清查长效机制,加强对已批频率的日常监测和监督检查,努力解决占而不用、占而少用、到期频率不续不退等问题。三是积极开展频率资源管理研究,开展自治区 1447—1467MHz 频段宽带数字集群专网系统频率规划和 1785—1805MHz 频段规划制定工作。截至 11 月,全区共受理频率许可 495 件,收回频率 244 个。

四、扎实做好无线电台站和设备管理工作

在台站和设备管理方面,将行政审批逐步向事中事后监管转移,简化审批环节,提供便民服务,加大走访力度,组织召开无线电发射设备销售市场管理座谈会,开展发射设备销售市场联合检查,扎实做好无线电台站和设备的管理工作。2015 年,全区共受理台(站)许可申请 604 件,核(换)发电台执照 6833 本,报停报废无线电发射设备 1139 部。全年走访设台单位 1077 家,核查各类设备 9188 部,对 1309 部无线电发射设备进行了技术检测,发现违法设备 1361 部,立案 97 起,结案 86 起,罚款 19000 元,没收无线电发射设备 93 部。顺利完成卫星通信网内地球站数据比对工作。

加强对业余无线电爱好者的培训,推动业余无线电工作走上新台阶。2015 年,全区组织 242 人进行业余无线电技能考试,通过考试 141 人,核验业余无线电台 175 人次。

五、加强无线电监测 维护空中电波秩序

2015 年，无线电管理局以"监测工作要预警"为目标，着力提升无线电监管能力。一是强化日常无线电监测，及时捕捉不明信号。全年主动发现不明无线电信号 886 个，查处 685 个，受理用户干扰申诉 104 起，查处 104 起。二是加强对重点业务频段、重点地区无线电监测与干扰排查，保护重要业务专用频率。各地州市无线电管理局利用移动监测设备对重要业务、重点频段进行周期性监测与排查，遇重要、敏感时期，坚持 24 小时值班监测；如喀什局克服困难为民航排查有害干扰，新疆民航空管局送"电波卫士，尽职尽责"的锦旗以示敬意；兰新二线高铁受不明信号干扰，列车停滞长达 30 小时无法运行，乌鲁木齐市局迅速出动，仅用时 4 小时就成功排查干扰，确保高铁正常运行。三是继续开展非法设台专项治理，使之常态化。2015 年以来，全疆联合相关部门或配合公安机关查办"伪基站"案件 3 起、"黑广播"案件 1 起、卫星干扰器案件 8 起，缴获设备 8 套。

六、边境电磁环境测试及频率国际协调取得积极进展

2015 年，无线电管理局认真开展边境电磁环境测试，积极配合国家局开展边境频率协调及频率台站国际申报登记等相关工作。一是全区动员，各级无线电管理机构协同配合，行程万余公里，顺利完成边境近 20 个测试点的电磁环境测试工作。二是配合国家无线电监测中心开展北部边境地区无线电业务应用及国际保护需求的课题研究工作，目前已完成全区边境无线电台站（频率）和 2011—2015 年边境电磁环境测试数据的梳理、汇总工作。三是协助国家局做好台站的边境协调数据核实工作。

七、各类无线电保障任务圆满完成

随着新疆经济社会的发展，全区承办的节日庆典、体育赛事等重大活动也随之增多。今年以来，全疆各级无线电管理机构顺利完成自治区成立 60 周年庆典系列活动、嫦娥五号试验星、"中国新疆第九届环赛里木湖公路自行车赛""第24 届中国丝绸之路—吐鲁番葡萄节"、第四届中国国际民族舞蹈节、昌吉州 60年州庆暨自治区第八届少数民族运动会、预备役拉练等重要活动和春节、两会等重要时期的无线电安全保障任务。顺利完成 35 次国家级和自治区级考试保障工作，共出动技术人员 668 人（次）、车辆 189 辆次、专业设备 750 余套（次）。在

"新疆维吾尔自治区成立 60 周年庆祝活动"期间，自治区无线电管理局及时响应，连夜行动，用时不到 10 个小时成功排查公众移动通信干扰信号，确保重点时期无线电通信安全畅通。

八、持续推进无线电管理基础和技术设施建设

"十二五"期间，全区以自治区 A 级和 16 个地州市 B 级控制中心为核心节点，以 16 个地州中心城市的城区固定监测站和少量区县小型监测站为基础框架，以机动大队和可搬移站、移动监测系统为补充，边境口岸固定监测站为延伸的星型分布式无线电监测网络雏形已基本形成。形成地州 15 座中心城市多站监测和交会定位，部分县市、口岸单站监测覆盖，少量县市、口岸具备单站测向的监测格局；具备开展常规无线电发射设备和公众移动通信基站（手机）检测的能力；无线电管理综合平台建设全面完成。全区无线电管理科学化、信息化水平和处置突发事件的能力得到不断提高。

2015 年，无线电管理局以《新疆无线电基础和技术设施"十三五"建设方案》为核心，结合实际开展辖区监测设施的布局研究。年初，由三位局领导带队对各地州市的技术设施建设情况进行摸底调研，并由自治区无线电监测中心牵头对已建设施和待建设施进行评估。2015 年，全区完成了西部区域无线电监测网控制中心功能建设项目，重点开展了新疆无线电安全保障实训基地以及阿勒泰、奎屯、哈密、巴州无线电管理业务用房等基础设施建设，新建二类固定监测站 5 座、移动监测车 7 辆、通信指挥车 1 辆，升级改造已建固定站 14 座，正在建设的无线电管理综合平台项目预计年底实现各分项集成，进入试运行阶段。

九、强化岗位练兵 队伍素质能力明显提升

为提高全体人员尤其是年青干部的业务技术能力和应对突发事件的能力，避免出现技术断层和业务能力空心化的现象，2015 年以来，自治区无线电管理部门落实自治区经信委"四型两化"机关建设要求，以"培训工作要务实、演练工作要实战"为抓手，分级分岗分档强化业务培训。一是建立无线电管理技术能手资源库，依托技术骨干开展"以岗代训""疆内异地交流""结对子""传帮带""大讲堂"等丰富多样的挖潜提素活动，培训面覆盖全区所有在岗人员，参训人员达 500 余人（次）。二是建立应急处突演练长效机制，制定了系列模拟演练科目，联合民航、政法、铁路、教育等部门分批分区开展专项实战演练暨技能比武，目

前全区已开展实战演练9次，参演人员达335余人（次）。

十、加大宣传力度 树立无线电管理新形象

2015年，自治区以"宣传工作要突围"为抓手，突破以往固化的宣传模式和思路，改变信息传递主要在系统内流转的局面，加强无线电管理宣传策划，积极挖掘重大典型事件，拓宽宣传的广度和深度，突出提高宣传的社会效应，努力提升无线电管理在自治区党委政府的影响力。借助"自治区60周年大庆"及全疆演练等契机，加大宣传力度，全年完成简报30期；在国家级媒体上发表文章30篇；完成重点策划宣传3项。各地州局积极更新部门网站的相关信息，刊登大量无线电新技术、新业务、法规、科普文章及普通高考、司法考试、公务员考试等各类考试的无线电安全保障工作的情况；在行政执法和监督检查、干扰查处、防范和打击利用无线电设备进行违法犯罪活动等方面的典型案例。博州、哈密等无线电管理局开通了微信公众号。

第十章　西南地区

第一节　云南省

2015年，在省委、省政府和国家无线电办公室的正确领导下，云南省无线电管理机构紧扣经济社会发展大局和两化深度融合、宽带云南建设等中心工作，按照"三管理、三服务、一突出"的总要求，创新管理，扎实工作，全面完成了各项目标任务。

一、开展频率使用情况核查专项活动

按照统一部署，云南省2015年开展了无线电频率使用情况核查专项活动。云南无线电管理委员会高度重视此项工作，组织精干人员全面开展工作：一是制定了《云南省无线电频率使用情况核查专项活动实施方案》，下发了《关于开展全省无线电频率使用情况核查专项活动的通知》，对工作进行安排部署，组织、指导各州、市开展专项活动。二是省和州、市无线电管理机构及时上报专项活动实施方案，确定了联系人，落实了责任制。三是通过各种渠道广泛查找、收集相关文件。积极与省档案局协调，调取了历年来的档案文件，共收集到频率文件1500多份，其中年代最早的有1971年的文件。同时，对收集的文件进行电子文档扫描和频率数据录入，共建立电子文档1000余份，填报频率分配、指配信息数据3300多条，上报扫描文件500余份。四是组织开展监测比对工作。云南无线电管理委员会和省无线电监测中心专门下发文件，制订了《2015年云南省无线电重点频段监测和频率及台站数据比对工作方案》。各州、市按照要求对重点应用或频段开展监测和数据比对工作，共调用监测站点31个，累计监测时长8000多小时，上报频率占用度报表400余份。2015年8月，承办了在云南省召

开的全国无线电频率使用情况核查专项活动座谈会，参会代表实地调研抽查了玉溪市频率核查专项活动相关工作，现场观摩了监测比对演示，对云南省频率核查工作给予了肯定。在全国频率核查专项活动检查交流中，云南省取得了好成绩。

通过全面梳理历年来省以及国家无线电管理机构发布的指配文件和频率分配，对无线电频率分配和使用情况进行清理，对重点频段进行监测比对，摸清了家底，进一步完善了频率台站管理和监测数据库，提高了频率数据的实时性和有效性，为科学规划管理频谱资源提供了有力支撑。

二、做好"十二五"规划评估，开展"十三五"规划编制

"十二五"期间，云南省无线电管理法规制度体系、行政管理体系、技术监管体系得到进一步完善，综合运用行政、法律、经济和技术手段管理无线电的能力得到进一步提升，逐步实现了对无线电频率、台站的规范化管理，无线电新技术广泛应用，无线电业务蓬勃发展，无线电在信息化和两化融合中的支撑地位更加突出，无线电管理服务于党政机关、服务于经济建设、服务于国防建设的能力得到提升。全省 3G 移动通信网络实现行政村以上城镇全覆盖，无线广播、电视人口覆盖率分别达到 96.48%、97.48%，高速公路电子不停车收费系统（ETC）覆盖率达 70%。无线电监测网地理覆盖率达到 45.2%，无线电管理队伍中本科以上学历达到 70%，中、高级专业技术人员比例达到 50% 以上。

为做好"十三五"规划编制工作，云南省加强工作中的衔接和协调，积极争取将《云南省"十三五"无线电事业发展规划》列入云南省工信委的七个专项规划之一。云南省为规划的编制安排了必要的经费，组织开展了深入的调研，对规划编制当中的重点问题启动了专题研究。通过广泛征求意见和多次讨论，目前已形成规划初稿。

云南省"十三五"规划的主要思路如下：

规划的内容主要包括两方面：一是无线电业务的发展；二是无线电管理工作的发展。规划指导思想主要有：一是习总书记视察云南时的讲话精神；二是无线电管理长期以来的指导思想。规划的目标主要包括两方面：无线电管理方面"四个体系"建设得到进一步完善。无线电业务方面：一是无线电频率资源和无线电技术在各行业的充分利用，无线电业务蓬勃发展；二是保护良好的无线电电磁环境，保障可持续发展；三是无线电管理科学化、精细化水平进一步提高；四是无线电在信息化和两化融合中的支撑地位更加突出。

三、科学规划、统筹配置无线电频谱资源

一是强化对频谱资源使用的政策管理，加强对短波应急通信、铁路、4G 通信、森林防火和民航导航等业务频率的保护，加强对 800MHz 数字集群、400MHz 和 150MHz 频段专用对讲机等业务频率使用的规划管理。二是健全重点频段频率配置方案审查制度，研究制定频谱资源使用政策，对广通至大理铁路 GSM–R 系统所用频率进行协调，保障铁路建设的需要。三是对我省实施《工业和信息化部关于 150MHz、400MHz 频段专用对讲机频率规划和使用管理有关事宜的通知》的情况进行梳理。四是参加川滇毗邻地区无线电管理频率协调联席会，落实联席会议制度，定期沟通，加强交流，提高查处干扰效率，促进毗邻地区的无线电管理工作。五是深入开展清频退网工作，依法收回不符合规划使用的频率，大力支持新一代无线通信网络建设。六是组织边境州市开展边境地区电磁环境和公众移动通信业务测试工作，获取了大量电磁环境测试数据，掌握了边境地区短波和超短波频段的频谱使用情况和境内外无线电信号信息，为中越第十二次频率协调会做好准备。

四、做好无线电台站和设备管理工作

一是持续协调广电、民航、气象和公众移动通信等部门及时报送台站数据，督促铁路完善部分台站手续，不断提高台站数据库的准确性，进一步巩固台站规范化管理和频率核查成果，深入推进台站属地化管理。二是进一步规范许可审批行为、依法行政。全年全省各级无线电管理机构共受理设台申请 1557 个，已审批 1557 台（套）。三是积极推动 4G 网络建设，深入电信、移动、联通、铁塔公司调研，多次征求相关州市、部门和企业的意见，起草、上报了《关于进一步做好公众移动通信基站建设管理工作的通知》，待工信部无线电管理局审查后下发执行。四是组织开展业余无线电台操作资格考试和换证工作，开发上机考试软件，做好业余无线电台呼号指配工作，积极引导相关州市成立业余无线电协会，加强行业自律，组织开展应急演练活动。五是对全省县级无线电专管人员开展了业务培训。

五、保障无线网络和信息安全，维护空中电波秩序

1. 配合有关部门开展打击"伪基站""黑电台"、卫星电视接收干扰器等工作。

一是进一步巩固打击整治"伪基站"专项行动工作成果，严格执行网络监控日报制度、疑似线索周报制度，组织各电信运营企业发现"伪基站"活动线索，利用固定无线电监测站加强对公众移动通信频段的日常监测。二是严厉打击"黑广播"，通过加大对重点频段的监测力度，在昆明、曲靖、昭通等地连续查处"黑广播"案件16起，向广电和公安部门提供"黑广播"线索22条，在《都市条形码》《街头巷尾》报道"黑广播"查处行动3次，有效震慑了此类违法行为。三是组织查处18起非法设置卫星电视干扰器违法行为，坚持整治力度不松懈。四是认真做好重大考试保障，配合有关部门开展防范和打击利用无线电设备进行考试作弊的违法行为，全省共派出车辆110辆次，启用技术设备786套次，保障人员484人次，查处作弊案件8起。五是做好藏区安保维稳工作，2015年是迪庆州德钦县梅里雪山本命年，从全国藏区到德钦转山的信众达70多万人次（不含游客），为圆满完成无线电安全保障任务，在"3·14"期间专门下派工作组赶赴迪庆指导开展无线电安全保障工作，掌握了敏感区域短波、超短波及其他相关频段的电磁环境状况，建立了样本数据库。

2. 积极做好重大任务、重点业务无线电安全保障工作。一是安排指导各州（市）开展无线电干扰排查工作近60起，认真贯彻落实全省森林防火工作电视电话会议精神，加强对重要无线电业务的保护性监测，切实保障了航空通信导航、森林防火、广播电视、公众移动通信等重要无线电业务的安全运行。尤其是组织省无线电监测中心以及楚雄州、玉溪市、昆明市工信委对民航甚高频通信频率干扰开展大规模排查，并积极配合民航云南空管分局排查二次雷达频率干扰事件，确保了人民生命财产安全。二是完成春运、全国两会等敏感时期及春节、五一等节假日的无线电安全保障工作，严格执行24小时值班和领导带班制度。三是组织开展边境地区无线电专项执法检查，加大对边境地区违法违规设台的查处力度，确保边境无线电事业有序发展。四是组织开展对讲机清理整顿工作，仅红河州即在本次清理整顿工作中检查了18家单位，对166户对讲机用户进行入户调查，涉及对讲机11189台，工作成效显著。五是指导昭通市工信委对市级12家重点设台单位的422个无线电台（站）开展了为期10天的专项执法检查。

六、推进无线电技术监管能力建设，规范资金、资产管理

1. 提升无线电监测技术能力。一是2015年完成了Ⅰ级遥控监测站和Ⅲ级小

型站两个项目共 52 个站点的建设工作。全省各类型固定站达到 185 个，基本覆盖了全省省内各机场、边境口岸、重要城镇及重点监测区域。二是为迪庆州等重要地区建设了 3 套无线电干扰警示固定站，为丽江等 9 个州、市各配备一套可搬移式无线电干扰预警设备，并为大理等 7 个州、市各配置了一套实时频谱仪。三是先后完成了船载可搬移式监测站、互联集群子系统、智能集中控制子系统等 8 个项目的验收及支付尾款工作。四是完成了 4G 基站检测测试系统、云南省无线电监测中心数据中心升级改造、云南省无线电监测网存储及核心骨干网络系统建设、云南省无线电监测网维护巡查系统等 5 个项目的招投标工作。五是曲靖、玉溪等州市进一步完善了移动监测系统。

2. 加强专项资金和固定资产管理。一是按照无线电频率占用费专项转移支付资金使用管理的要求，认真组织项目储备，按要求形成云南省 2016 年无线电频率占用费专项转移支付资金计划。同时，积极争取国家在政策、资金等方面给予支持。工信部继续保持向云南省的倾斜支持，2015 年度下达云南省无线电频率占用费 8216 万元，较上年增加了 149 万元。二是对全省自 2012 年以来开展的无线电基础技术设施建设项目进行督导和检查，进一步规范云南省无线电基础和技术设施的建设、使用及管理，强化无线电频率占用费预算支出的责任和效率，提高资金、资产使用效益。三是完善制度建设，制定并下发了《云南省无线电管理技术设施建设管理办法》。四是按照省财政厅要求，自 2015 年起在全省范围内统一使用财政非税方式征收无线电频率占用费，组织召开了全省无线电频率占用费收费工作培训会，2015 年收取无线电频率占用费 279.54 万元。五是按照工信部无线电管理局安排，承办了"边境区域无线电管理技术设施建设及投资需求研究"的国家课题。

七、推进无线电行政审批制度改革，依法行政

一是按照国家和省政府推进行政审批制度改革的要求，进一步简化审批事项，下放了部分频率审批权限，全面推行台站属地化管理。二是无线电管理审批事项纳入《云南省工业和信息化委行政审批目录》，在经过省政府常务会议审议后在门户网站公示，接受社会监督。三是按省政府办公厅要求完成无线电管理审批事项网上审批的相关准备工作。四是按要求对行政审批前置服务收费和行政审批中介服务进行了清理。五是完成了无线电管理权力清单的梳理和填报工作。

八、做好边境地区无线电频率台站国际协调相关工作

一是组织召开了云南省边境地区无线电管理工作会议，学习贯彻工信部无线电管理局《关于做好 2015 年度边境地区电磁环境测试工作的通知》和《中越边境频率协调会谈纪要》，部署边境地区无线电管理和电磁环境测试工作。二是承办了在云南省召开的全国地球站国际协调和登记管理暂行办法宣贯会。三是组织 8 个边境州、市按要求分别开展中越、中老、中缅边境地区电磁环境测试，相关州市均按时上报了电磁环境测试报告。四是对云南联通相关州市分公司人员进行边境无线电频率台站国际申报及边境协调业务的专题培训和讲解。

九、加强无线电管理宣传和培训工作力度

一是以"保护无线电频谱资源，维护良好电波秩序，服务云南经济社会发展"为主题，通过组织开展"世界无线电日""世界电信日"、6 月宣传周、9 月宣传月活动，借助广播、电视、报刊、互联网、手机短信等媒介广泛开展宣传活动，大力宣传无线电管理法律、法规、规章、制度，普及无线电管理知识。二是将宣传工作与无线电管理业务工作紧密结合，建立健全宣传工作体系，完善宣传工作机制，联合各方力量，突出重点工作，突出宣传亮点。结合今年全省开展的无线电频率核查工作、依法治理"伪基站""黑广播"专项活动、民航专用频率无线电保护、边境地区无线电频率调查等专项工作，大力宣传非法用频、违规设台的危害，宣传无线电管理在促进社经济发展、保护广大人民群众权益、维护社会稳定和加强国防建设项目等方面发挥的重要作用。三是强化人才队伍建设。通过举办涉及政策法规、行政执法、县级无线电管理、工程建设和专业技术等方面的培训班，提高了管理队伍政治素质、业务能力和管理水平，为各项工作开展奠定了坚实基础。

第二节　贵州省

根据国家局《关于做好 2015 年度无线电管理总结工作的通知》(工无函〔2015〕232 号) 要求，现将贵州省无线电管理 2015 年度主要工作完成情况报告如下。

一、圆满完成频率使用情况核查专项活动

今年以来,根据国家局部署,贵州省加强领导,周密部署,严格要求,狠抓落实,专项活动取得了预期效果。在文件梳理和频率数据填报方面,按照实施方案安排,对各类频率文件进行了梳理和分类,将文件参数与台站数据库进行核对,规范填写上报频率数据。共清理出各类频率分配和指配文件1900余份,填报频率数据2986条;在频率清理方面,对照频率台站数据库,对重点频段进行清理,对重点设台单位部分台站进行实地核查,并修改完善了数据库。共对81个频率进行清理,核查设台单位36家,实核查台站205个,责令整改设台单位4家;在重点频段监测和数据比对方面,制订了监测计划,对重点频段按照每个频段每月监测不少于1天的标准进行循环监测,将监测结果与数据库进行比对,及时发现和查处不明信号。共启用33个固定监测站、9辆移动监测车和5套搬移式监测设备,填报监测数据50919条,比对频率数据260个,发现并查处不明信号22个。

二、科学规划、统筹配置无线电频谱资源

一是开展频率需求情况调研。结合"十三五"规划编制工作,深入政府职能部门、民航、通信、铁路和轨道交通等重要无线电业务用户,对频率需求情况进行了调研,切实掌握现有频率和台站使用情况以及"十三五"期间新增台站和频率需求情况,为科学规划和配置频谱资源提供依据。

二是强化科学用频意识。召开了省信息中心、市工信委和有关企业参加的1.4GHz宽带数字集群频率座谈会,听取企业专网频率需求和建设方案,根据国家局有关政策精神,要求企业采用共网模式,统一网络管理和运维,共用频谱资源和网络基础设施,增强科学利用频谱资源意识。

三是提高频谱利用效率。在满足通信需求的基础上,积极推广先进的数字通信和集群通信系统,有效减少频率占用率。在组建超短波通信网工作中,针对城市高楼密集的特点,建议用户采用室外和室内分布系统相结合的组网方式,在满足通信覆盖范围的同时降低系统发射功率,切实提高了频率复用的范围。

三、做好无线电台站和设备管理

一是加强台站管理。结合专项活动,积极开展台站核查工作。通过对频率信息、台站数据逐一清理,掌握了每个频段使用的设台单位、具体频率和台站数量,核查了技术资料参数。组织重点设台单位开展自查,在自查的基础上对部分台站

实施人机见面、现场核查，对设台不规范的进行整改或补办设台手续，并及时修改完善台站数据库，保证了数据库的准确性。

二是加强无线电发射设备销售市场监督。为从源头杜绝非法设置和使用无线电台站等违法犯罪活动的产生并收集相关线索，依据《贵州省无线电发射设备销售管理办法》，组织力量对全省范围无线电发射设备销售市场进行定期和不定期检查，对商户进行宣传教育，让其充分了解销售非法无线电发射设备的危害性，自觉增强无线电法律法规意识。

三是强化业余无线电管理。认真落实《业余无线电台管理办法》，加强对全省业余无线电台的清理，积极引导业余无线电爱好者规范有序开展业余无线电活动。举办了全省业余无线电台操作能力资格考试（A、B类），组织 930 名业余无线电爱好者参加考试，A 类考试通过率达 98%，B 类考试通过率达 62%。

四、保障无线网络和信息安全，维护空中电波秩序

一是开展打击整治专项活动。根据国家局的统一部署和要求，成立全省领导小组，健全工作机制，完善实施方案，在全省开展了打击整治"伪基站"和"黑广播"专项活动。在宣传方面，利用频率核查专项活动、无线电宣传月、无线电安全保障等时机，通过主流媒体，开展打击非法设置和使用无线电台站宣传；在监测方面，划定了"伪基站"重点区域，制定了"黑广播"监测计划，部署了监测任务，并在春节、两会等重要时期实行了 24 小时全天候开机扫描监测；在协作方面，主动与公安、工商、广电和通信运营商等部门协商建立了联动机制，简化工作流程，明确职责分工，确定联络员，实现了各环节之间的顺畅衔接；在培训方面，组织全省监测技术交流培训，解决专项活动中遇到的各种问题。并组建技术组，对全省公安系统提供无线电违法设备甄别等技术指导和服务工作。

二是保障重要业务用频安全。对广电、民航、高铁等重要业务频段和 FAST 核心区域电磁环境进行了保护性监测，组织省交通运输部门和国家天文台协调解决了平罗高速公路对 FAST 项目的干扰问题。落实民航、铁路等专用频率保护长效机制，开展了沪昆高铁贵州段电磁环境测试和清频工作，排除了沪昆高铁东线（贵阳—长沙段）GSM-R、民航 DME、花溪部队测控系统等 7 起干扰，确保了重要业务用频安全。

三是无线电安全保障工作。完成了国家局下达的监测任务和春节、两会等重

要时期的 24 小时重要频段保护性监测，完成了第 41 届国际田联世界越野锦标赛、全省项目建设现场观摩会、第十届贵州旅游产业发展大会等重大活动，以及高考、公务员考试、英语四六级考试等重大考试无线电安全保障。考试保障期间，共查处作弊案件 33 起、抓获嫌疑人 15 人、查获涉案设备 40 套。

五、推进无线电监管能力建设

一是"十二五"规划完成情况。这期间，云南省无线电管理机构认真贯彻落实上级决策部署，圆满完成了规划主要任务和各项目标。在频率台站管理方面，积极推进行政审批改革，突出抓好频率核查和台站规范化等专项活动，保障了用频需求，加强了业余无线电管理，频率台站逐步实现科学化管理；在法制建设方面，出台了《贵州省无线电发射设备销售管理办法》等 2 项地方法规，启动了《贵州省无线电管理条例》立法工作，法制建设逐步完善；在依法行政方面，加大对非法销售无线电发射设备的查处力度，开展了打击"伪基站"和"黑广播"等专项行动，监督执法工作更加严明高效；在安全保障方面，圆满完成各类重大活动无线电安全保障，严厉打击利用无线电手段考试作弊的行为，做好突发事件应急无线电管理工作，安全保障作用更加明显；在技术基础设施建设方面，完成综合业务一体化平台、应急无线电管理和指挥调度通信系统等建设，推进监测网优化改造，技术设施建设日趋完善。

二是"十三五"规划编制情况。根据国家局《关于做好全国无线电管理规划（2016—2020 年）工作的通知》精神，结合贵州省无线电管理工作实际情况，贵州省在年初启动了"十三五"规划编制工作，成立了领导小组，制定了工作方案和计划表，到省内外各部门、企业和设台单位开展调研，确定了规划主要内容。同时，为确保规划编制工作的顺利进行，提高规划编制的质量，采取政府购买服务的方式，与中国信息通信研究院西部分院（重庆电信研究院）合作开展规划编制。目前，正对规划初稿进行修改。

六、推进无线电法制建设，依法行政

一是推进法制建设。贵州省目前共出台了《贵州省无线电管理办法》《贵州省无线电发射设备销售管理办法》和《贵州省 500 米球面射电天文望远镜电磁波宁静区保护办法》三个无线电管理地方性法规。为了将法规升格为条例，《贵州省无线电管理条例（草案）》已列入了省人大立法工作调研计划。今年来，先后赴湖南、广西等省区开展了立法调研工作，进一步完善了《条例》草案。2016年，力争使《条例》草案进入省人大立法程序。

二是规范行政审批。按照贵州省政府要求，全省无线电行政审批工作已全部进入政务窗口办理，在为企业带来便利的同时，有效提升了服务水平。目前，通过"窗口"办理行政审批30起，指配频率38组，新增台站515个。

三是严格行政执法。以打击整治专项活动为契机，强化监督检查，加大执法力度，有力推动了全省无线电规范化、系统化和法制化管理，依法行政成效明显。全省共查处"伪基站"和"黑广播"案件19起、缴获设备20套、鉴定设备14套，刑事拘留5人；查处民航、卫星电视和移动通信等干扰案件43起，没收涉案设备27套，行政处罚案件8起。

七、加强无线电管理宣传和培训工作

一是认真开展宣传工作。认真贯彻落实国家局关于无线电宣传工作的部署和要求，制定了全省宣传工作实施方案，以世界无线电日、无线电宣传月为抓手，采取多种形式，对无线电管理法律法规、科普知识、打击非法设台、重大活动和考试保障等进行了全方位、多层次的宣传。全年，共投入经费50余万元，通过工信部网站、省经信委网站等发送信息100余条，通过《中国电子报》《人民邮电报》《贵州日报》等主流报刊发布通讯20余篇，发送各类宣传手机短信1200万条，开展科普进校园、户外宣传活动等10余次，发放宣传品7000余份。

二是健全宣传机制。成立了全省宣传工作领导小组，组建了省宣传站和分局宣传分站，形成了以领导小组负总责，宣传站和宣传分站具体抓落实的良好宣传工作机制。同时，密切与新闻宣传单位的联系沟通，与贵州日报、贵州电视台、广播电台等主流媒体建立了长期合作机制，在日常监督检查、世界无线电日、无线电宣传月、重大活动和考试保障宣传中得到了媒体大力支持，取得较好社会效果。

三是强化队伍建设和培训工作。今年以来，通过公务员录用和干部选拔任用，全系统新录用了2名应届大学毕业生，有13名同志走上了处级领导岗位，交流到了不同部门，优化了队伍结构。同时，认真开展技能培训，组织人员出国开展无线电管理及监测测向技术培训，赴省外参加无线电设备监测、无线电技术认证、大数据座谈会等各类培训，开展全省无线电监测技术交流培训会议，累计培训90

余人次，培训工作取得良好效果。

第三节　西藏自治区

2015 年，西藏自治区无线电管理局在自治区党委、政府和工业和信息化厅的正确领导下，在工业和信息化部无线电管理局（国家无线电办公室）的精心指导和大力支持下，以党的十八大、十八届四中全会、中央第六次西藏工作座谈会、自治区八届六次全委会、全国工信会议精神为指导，深入落实"三管理、三服务、一突出"的总体要求，围绕中心，服务大局，较好地完成了全年各项工作任务。

一、认真组织开展频率使用情况核查专项活动

西藏自治区无线电管理局高度重视开展无线电频率使用情况核查专项活动，按照国家无线电办公室相关要求，一是成立了核查专项活动领导小组，明确了职责任务，加强了对各环节的集中统一领导。二是制定了《2015 年西藏自治区无线电频率使用情况核查专项活动实施方案》（藏无管字〔2015〕59 号）。三是积极协调各地（市）无线电管理局扎实做好本地频率清查工作。四是组织召开频率使用和设台单位协调会，争取各单位支持与配合。截至目前，共梳理已核发频率分配信息 336 条、频率指配信息 116 条，扫描批复文件 125 个，圆满完成了我区频率使用情况核查任务。

二、抓好无线电台站设置、使用和管理工作，维护频率资源使用安全

一是为新设台单位建站提供科学合理的建设意见。目前全区共有各类无线电台站 18365 个，同比增长 6.5%。受理无线电发射设备销售准销 3 起、试验无人机临时频率指配 1 起、中国联合网络通信有限公司西藏分公司 GSM900MHz 基站退网 189 个；换发准销证 15 起；下发频率指配和设台批复 72 份；核发各类无线电台执照 1671 个；注销台站 2 个。二是组织开展拉萨市对讲机使用及销售市场行政执法检查工作。清理违规销售使用无线电发射设备单位 61 家，下发整改通知书 32 份，核发电台执照 683 个，追缴频率占用费 90075 元，查封、暂扣非法设备 134 部，拆除对讲机中转台 1 座。

三、加强无线电频率资源科学配置、频率监测和干扰排查，为经济社会发展服好务

一是按照国家重要频率资源规划需求，扎实开展无线电监测月报统计工作，全面了解掌握我区重点频段频谱占用情况、电磁变化态势。截至目前，全区累计有效监测达 16000 余小时，统计汇总监测月报 84 份，上报国家无线电办公室 12 份。二是全区各级无线电监测站按照超短波频谱监测任务要求，在对重点频段进行监测的同时，加大了对不明信号的收集及分析力度，在月报中增加了同比占用度，标明未知信号属性，主动开展不明信号查处，为下一步频率台站数据库清查、核对积累了原始数据。三是按照专项监测工作相关要求，全区各级监测站累计开展民航、铁路等重点行业无线电专用频率保护性监测 1500 余小时。四是全区各级无线电管理机构共受理民航、铁路、广电以及其他部门无线电干扰申诉 19 起，有效查处 19 起。六是圆满完成公务员招录考试、全国普通高校招生考试、国家司法考试等各类考试无线电安全保障工作。截至目前，全区累计参加各类考试保障 100 余场次，出动工作人员 220 余人次，动用各类设备 120 余台（套），压制可疑信号 10 个，区域性阻断数字信号 10 起，有力维护了考场周边无线电波秩序，确保了考试的公平公正。

四、加快推进监管能力建设，保障能力不断提升

一是基本完成西藏自治区无线电管理"十二五"规划各项目标任务。二是完成西藏自治区无线电管理"十三五"规划初稿编制工作。三是根据年度基础设施建设计划，无线电应急机动大队和拉萨市无线电监测站专用房屋建设项目已进入审批流程，预计 2015 年底动工，力争 2016 年底竣工验收。四是协调邀请专家，先后完成了《西藏自治区无线电行业统计与监管政策的预研究》《重点区域无线电安全保障工作课题预研究》两个课题验收及集无线电频率管理、无线电台站（网）管理、电磁兼容分析、监测数据分析等多种功能于一体的无线电管理信息系统终验工作。通过数据、服务、功能高度集成，深度融合频率台站、应急监测、协同办公能力，实现工作流程自动化、业务服务规范化、数据资源共享以及领导决策科学化，全面提升了无线电管理信息化水平。五是完成了 2015 年度西藏自治区资金预算编制工作并报自治区财政厅。六是完成了 2016 年无线电频率占用费项目资金申请。七是完成了应急指挥车视频传输升级改造。八是组织开展了对全区

固定监测站巡检和维护工作 6 次。九是为全区各级无线电管理机构配备执法记录仪 18 部，行车记录仪 8 部。十是贯彻执行《无线电频率占用费使用管理办法》，认真做好无线电频率占用费申报、使用和管理工作。十一是完成了部分办公用房修缮改造等项目工程。

五、健全无线电法规体系，加快法治建设进程

一是积极开展以《中华人民共和国无线电管理条例》《西藏自治区无线电管理条例》为主要内容的无线电法律法规学习宣传活动。二是完成《西藏自治区无线电管理条例释义（草稿）》编制工作，会同自治区人大法制委员会赴贵州、安徽开展调研工作，协调推动《条例释义》早日出台。三是成立《西藏自治区无线电电磁环境保护条例（草拟稿）》起草工作领导小组，完成《条例（草拟稿）》编制工作，力争 2016 年纳入西藏自治区立法计划范畴。

六、加大无线电管理宣传和培训工作力度

一是在"世界无线电日"、综治宣传活动、"5·17"世界电信日、拉萨"雪顿节"、那曲"羌塘恰青"赛马艺术节、日喀则"珠峰"文化节等活动期间，结合《西藏自治区无线电管理条例》颁布实施一周年，充分借助广播、电视、报刊等新闻媒介对党政机关、设台单位和公众，宣传无线电管理工作职能、法律法规及科普知识，进一步拓宽了无线电管理宣传渠道，加深了社会对无线电管理工作的了解，提高了公众对无线电管理法规政策的知晓度和参与无线电管理工作的积极性。截至目前，全区累计开展宣传活动 55 次，悬挂宣传横幅 120 条，发放各类无线电管理宣传资料 12000 余份，发送宣传短信 100 余万条，展示宣传展板 80 余块次，解答热点、难点问题 600 余人次，刊载无线电业务知识和法律法规专刊 1 版，在各类报刊刊登文章 10 余篇。二是参加全国性无线电管理工作培训班 10 余期，培训人员 30 余人次。

第四节　重庆市

2015 年，重庆市无线电管理机构认真贯彻党的十八大及历届全会精神，按照"十二五"总体规划的安排，坚持"三管理、三服务、一重点"的要求，开拓

进取、干事创业，圆满完成了今年的各项工作任务，为全市经济社会发展做出了积极贡献。

一、积极开展频率使用情况核查专项活动

1. 做好文件梳理和数字化填报工作。以重庆市无线电管理机构历年来发布的所有无线电频率指配文件为重点梳理对象，整理形成频率分配指配数据库。历经三个月，查阅历年近 8000 余份收文、发文、行政许可文书，筛选出数百份频率分配和指配相关文件。并逐一与频率台站数据库中台站系统近万项台站数据进行比对，确保频率文件准确无缺失。

2. 开展重点频率监测和数据比对。组织市级、万州、涪陵、黔江无线电监测站技术骨干 10 余人成立监测比对小组，做好监测比对基础性工作。在频率监测方面，采用固定监测站和移动监测等方式主要完成 14.25—14.5GHz、公众移动通信频段、3400—3600MHz、广播电视系统频段以及 230MHz 无线数传系统频段、重点频段监测。

3. 协助用频单位规范频率使用。主动协助重庆市国网重庆电力公司、重庆轨道集团、重庆机场集团等用频设台大户对其使用的无线电频率和台站进行梳理，分析中长期频率使用需求，整合各业务各系统频率资源。

二、科学规划、统筹配置无线电频谱资源

1. 完成重点频率规划。在《重庆市无线电频率使用规划（2011 年版）》的基础上，启动针对宽带无线接入系统的无线电频率深度规划，整合 406.5—409.5MHz、1.4GHz、1.8GHz、2.4GHz、3.3GHz、5.8GHz 等频率资源，对有限的频率资源进行合理的规划，以保证频率能够得到有效利用。根据工信部对 1447—1467MHz 频段宽带数字集群专网系统频率相关要求，制定《重庆市1447—1467MHz 频段宽带数字集群频率规划研究》。

2. 保障重庆市重大赛事活动、政要访华无线电用频需求。顺利完成"2015重庆国际马拉松赛""谁是球王——中国足球民间争霸赛""2015 重庆国际女子半程马拉松比赛"临时使用频率的监测、指配和保障工作；配合完成瑞士"阳光动力 2 号"太阳能飞机环球飞行在渝起降临时使用无线电通信频率的保障工作；配合完成"全国海关特殊监管区域工作会议""2015 亚布力中国企业家论坛夏季高峰会"通信保障工作；圆满完成意大利共和国外交与国际合作部部长真蒂洛尼、

法国总统奥朗德访华来渝访问期间临时使用频率指配工作。

3. 积极支持重点项目建设用频。一是继续推进重庆江北国际机场第三跑道建设，重点做好第三跑道导航台站选址工作。二是推进全市通用航空机场建设，对龙兴通用机场场址、大足登云机场、重庆通用航空产业集团有限公司通用航空低空空域信息系统地空通信台、重庆黔江武陵山机场有限责任公司拟建 ADS-B 系统地面单收站站址前期电磁环境进行测试和分析。协调对接成都军区完成永川大安通用机场场址电磁环境测试分析，巫山神女峰机场导航台和气象雷达站台站进行论证。三是支持电力系统 400MHz 无线接入系统。组织召开国网重庆市电力公司 400MHz 无线接入系统频率使用方案专家论证会，为电力系统 400MHz 宽带专用无线接入系统频率使用提供支持。四是助力高铁建设。指导渝万铁路、渝利铁路、兰渝铁路、渝黔铁路完善 GSM-R 系统无线电台站设台和验收工作手续。

4. 指导社会各行业用频，推动无线电业务发展。指导重庆国瑞酒店管理有限公司万豪酒店、富力五星名座富力假日酒店、重庆嘉益房地产开发有限公司等企业完善无线对讲系统使用，完成各项无线通信系统频率指配。完成西南证券股份有限公司、市气象局、中国石油天然气股份有限公司西南管道重庆输油气分公司设置卫星地球站工作。积极支持市气象局涪陵天气雷达设台工作。积极帮助万盛区洽谈公众通信基站天馈线测试实验室建设战略合作事宜，大力推动重庆电信研究院支持万盛区天馈线测试项目企业招商活动。

5. 开展频率资源相关课题研究。一是开展无线电频谱资源市场化配置研究。牵头完成工信部下达的"十三五"规划预研课题"无线电频谱资源市场化配置研究"，研究建立我国无线电频率资源市场化配置体系，并对我国频率资源市场化配置提出可行性建议。二是开展公众应急信息无线电发布实用系统项目研究。研发实现具备应用推广价值的公众应急信息无线电发布实用系统。

三、做好无线电台站和设备管理工作

1. 组织开展重点台站验收工作。对电力系统 230MHz 无线数传台站进行现场测试集中验收，加强重点台站的规范化管理。组织开展重庆轨道交通（集团）有限公司轨道交通 1 号线、3 号线的 800MHz 数字集群无线系统基站和 3 号线 1.8GHz 车载移动视频监控系统台站验收工作。组织开展重庆港务物流集团有限公司 1.8GHz 无线接入系统台站验收。

2. 规范管理公众移动通信基站设台、验收工作。规范运营商设置、使用基站的行为，按规定对通信基站进行验收，其中，移动 GSM 基站 4129 个，TD-SCDMA 基站 3049 个，TD-LTE 基站 1805 个；联通 WCDMA 基站 4626 个，GSM 基站 2607 个；电信 CDMA2000 基站 2420 个。

3. 开展无线电频率台站设置行政许可。严格按程序办理无线电频率申请、无线电台站设置行政许可事项，截至目前，共审批办理无线电行政许可 411 份，办理无线电台站执照 19379 本。全市登记注册的无线电台站为 6.5 万余台。

4. 完成建设领域内规划环节并联审批。主要包括和记黄埔地产杨家山项目（三期）工程、渝北区汉渝路小学扩建工程、大杨石组团危旧房改造地块、巴南区李家沱组团地块等项目建设 4 项。

5. 加强台站数据库建设，提高台站数据质量。结合实际工作需要，对重庆市无线电管理综合信息平台的频率台站管理系统进行升级，新安装了基于 SOA 服务架构的办公自动化系统和频率台站系统，既能满足无线电管理机构实际业务工作流的需求，又能满足国家频率台站数据库 V1.1 标准要求。按照业余无线电管理的实际需要，将业余无线电管理数据从频率台站数据中剥离，单独建设了业余无线电管理系统，更适应了业余无线电的发展。

6. 做好设备检测相关工作。完成型号核准初审 13 批次；完成型号核准测试 5 个，测试样品 30 台。为三大运营商及电力部门完成设备验收测试 100 套。检测业余电台、物业公司对讲机 230 套。为公安机关检测"伪基站"设备 28 套。完成机场、气象局、民航空管和军队等单位拟建广播电视台、微波站、卫星地球台站、雷达站、导航台等大型无线电台站电磁环境测试 142 个。

四、保障无线网络和信息安全，维护空中电波秩序

1. 加强日常监测。重点针对航空、水上、公安、广电重点频段进行监测，累计监测时间在 36000 小时以上，监测设备利用率保持在 95% 以上。

2. 及时受理用户干扰投诉。共受理并查处无线电干扰投诉 96 起，其中排查航空专用频率干扰 55 起、公众通信运营商基站干扰 18 起、通信专用网干扰 8 起、卫星电视干扰 15 起。

3. 继续开展打击整治"伪基站""黑广播"等违法犯罪专项行动。建立完善打击整治"伪基站"违法犯罪活动长效机制，与公安部门联合开展拉网式排查，

开展联合行动 23 次，查处"伪基站"38 个（含固定和移动），立案 20 起。共打掉"黑广播"窝点 33 个，没收非法广播电台设备 33 套，收缴非法广播电台 35 套，立案 1 起。

4. 积极应对突发事件。圆满完成应对煽动出租车停运事件无线电管控工作，利用全市无线电监测网和车载移动监测设备对在重点地区对出租车对讲机频率进行了监听监测，为维护社会稳定提供了必要的技术支撑，得到市委、市政府有关领导批示表扬。

5. 圆满完成各类考试保障。主要包括全国高考、研究生考试、英语四六级考试等 20 余次考试保障，共出动执法人员 400 余人次、指挥车及监测车近 120 辆次、监测设备 160 余套及压制设备 120 余套，发现和处置 80 余个无线电作弊信号，查没作弊设备 21 件，查处作弊案件 10 起，抓获涉案人员 12 人并移交公安机关，行政处罚立案 2 起。

五、推进无线电监管能力建设

1. 全面完成"十二五"规划建设任务。推进和落实无线电五期监测网建设项目，完善全市监测网控制中心和附近地方区域分中心建设。实现全市无线电监测网内所有监测站的遥控、数据处理分析等功能；新建固定站 29 个（一类站 2 个、二类站 2 个、三类站 25 个），进一步提高全市监测网覆盖能力，对原有监测网络及站点配置进行优化、调整，加强和完善监测网整体功能水平。新建一类移动站 1 个（带应急指挥通信功能）、二类移动站 1 个，管控车 5 辆（含监测测向设备和压制设备）、可搬移站 4 套（短波和超短波各 2 套）、便携监测测向设备 15 套（含短波、超短波及微波），加强了机动监测能力和干扰查处快速响应能力。配备数字信号压制系统 7 套，便携式无线电信号压制系统 8 套，信息系统设备更新 40 台，全市无线电监测保障能力得到极大提升。

通过"十二五"监测技术设施建设，监测网覆盖面积约 10071.61 平方公里，占全市总面积的 12.22%，其中，主城区重点区域的覆盖率约 85%，初步具备全面、准确、动态的频谱监测能力。

2. 大力推进无线电检测中心项目建设。在各部门领导的关心支持下，确定在重庆渝北区仙桃数据谷建设该项目，重庆市发改委对项目有关事项变更作了批复，环保部门出具了项目建设环评意见，财政部门落实了建设资金，取得了国土部门土地产权证书，现正抓紧进行项目建设管理代理机构招标和设计单位招标工作。

3. 按照频率占用费管理和使用的相关制度规定，规范了全市无线电频率占用费征收行为，加强对资金使用的管理。截至目前征收无线电频率占用费近350万元。

六、推进无线电管理法制建设，依法行政

1.《重庆市无线电管理条例》出台工作稳步推进，与市政府法制办、市人大法工委、市人大财经委等单位有关人员多次对文稿进行修稿完善，并赴湖南、吉林省开展立法工作深度调研，现已列入2016年重庆市人大立法审议项目。

2. 对原有公众移动通信基站管理文件进行整合、补充、修订，进一步规范公众移动通信基站的设置、使用和管理。拟制了《关于加强公众移动基站管理有关事宜的通知》，对公众基站管理实行集中申报、属地化管理。

3. 坚持政务公开、政府信息公开。进一步修改完善了无线电行政审批流程和办事制度，在市经信委和市无线电办公室门户网站公布了新修订的行政审批办事指南和无线电频率占用费收费公示等。

4. 做好行政审批和行政执法制度改革相关工作。共完成七项行政权力、行政审批权力清单清理工作。包括重庆市承接上级政府下放行政审批事项及清理自行设立的审批等事项情况、中央设定地方实施行政审批事项、重庆市网上行政审批改革工程建设领域涉及事项调查、市法制办关于编制市级责任清单、无线电管理地方立法情况调查、市经信委行政权力清单、市级行政权力事项处置结果意见等。

七、加强无线电管理宣传和培训工作力度

1. 实施无线电管理宣传工作服务外包，借助专业团队设计开展高质量、全方位的宣传模式，弥补了无线电管理机构在宣传工作方面资源和力量不足的问题。

2. 充分利用《重庆工业和信息化工作简报无线电管理专刊》及重庆市经信委门户网站等平台面向社会公众发布宣传信息。今年以来共编写《重庆工业和信息化工作简报无线电管理专刊》6期，利用门户网站发布信息200余条。

3. 利用重点节点开展主题宣传。一是利用"世界无线电日"在全市范围内以"无线电与创新"为主题开展形式多样的无线电相关知识宣传。活动搭建宣传展板10余块、设立咨询台、发放宣传单1000余份、调查问卷1500份、宣传小礼品500余份，同时当天在市内轻轨车站投放动画视频宣传广告。二是利用"3·15"

消费者权益日宣传时机，在商圈组织开展以"打击伪基站、黑广播，维护消费者合法权益"为主题的一系列宣传活动。活动展示非法电台设备5台（套），播放宣传视频1天，累计发放宣传单2000余份、调查问卷1000份、宣传笔记本500多本，接受咨询科普达1000余人次。三是利用"五·五节"开展业余无线电宣传。在活动现场悬挂8副宣传标语，搭建10块宣传展板，发放无线电宣传手册、小礼品等200余份，并邀请重庆电视台做了专题采访和报道。

4. 在无线电管理宣传月活动中开展"五进"活动。即"进社区、进企业、进校园、进机关、进军营"。一是完成鲁能星城社区、江北读书梁、大石坝社区、渝中区华福巷社区等4个社区宣传，累计发放无线电宣传单和无线电知识手册1200余份、无线电宣传雨伞及笔记本800份、调查问卷500余份，摆放展架20余次，投放宣传海报80张。二是走进隆鑫产业园、南坪丹桂工业区、上清寺世纪环岛等工业园、写字楼对10余家企业进行了无线电管理宣传，累计发放无线电宣传单和无线电知识手册500余份、无线电宣传雨伞及笔记本200份，张贴宣传海报20张。三是走进渝中区中四路小学组织实施"无线电知识进校园暨互动体验"主题宣传活动，为师生送去生动有趣的无线电科普知识课，让学生们切身体验到无线电波的神奇魅力。四是相继在重庆市市级机关综合办公楼、市财政局、渝中区地税局等机关开展宣传，发放无线电宣传单和无线电知识手册300余份、无线电宣传雨伞及笔记本300份，张贴宣传海报10张。

5. 将传统方式与新媒体相结合，扩大宣传声势。在大渝网专题网页报道5次，其他新闻报道及宣传发文30余次。《重庆晨报》专题报道8次，《重庆日报》新闻报道2次。重庆卫视新闻报道5次、"天天630"宣传报道6次、重庆电视台生活频道制作专题节目宣传2次。在主城区及万州、涪陵、黔江区商业中心或人流量大区域9家商业门店投放户外桌贴广告700余张，持续发布14天，日均人流量62000人次，累计宣传影响16万余人次。在主城重点楼盘或写字楼投放电梯广告累计150面，持续时间14天。认证开通了微信公众号：重庆无线电，设置微阅读、微交流、微参与等三个主要板块，内容涵盖了无线电日常管理、政策法规、科普知识、动态新闻等各方面内容，同时定期举办微信问卷调研、有奖问答、无线电幸运大抽奖等互动活动，得到了微信粉丝的积极支持和参与，有效增加了微信粉丝活跃度和参与度。自公众号开通至今，公众号累计活跃粉丝5000余人，推送信息超过280条，累计信息阅读量16347人次，信息转发分享近200次，信息宣传影响不低于 4 万人次，充分发挥了新媒体、新渠道传播宣传效应，进一步增强了公众对无线电频谱资源和无线电管理工作重要性的认识。

6. 采取"走出去"、"请进来"的方式加强对无线电管理机构人员的培训。除圆满完成国家层面组织的各类培训任务外，自主组织无线电新技术新业务培训 10 余次，开展各类技术交流近 20 次。

第五节　四川省

2015 年是全面完成"十二五"规划的收官之年，也是"十三五"规划的谋划之年。在工业和信息化部无线电管理局及省经信委的领导下，四川省无线电办公室紧紧围绕无线电管理"三管理、三服务、一突出"的总要求，认真贯彻执行《2015 年全国无线电管理工作要点》总安排，着力加强无线电管理能力建设，科学配置、合理利用无线电频率资源，加大无线电行政执法和无线电监测工作力度，做好无线电管理和技术支撑，主动服务工业经济发展，圆满完成了全年各项工作任务。现将工作情况总结如下。

一、深入开展无线电频率使用情况核查专项活动

为了详细掌握全省无线电频率科学使用、合理分配、精准指配情况，夯实四川省频谱资源管理基础，按照国家无线电办公室《关于开展全国无线电频率使用情况核查专项活动的通知》（国无办〔2015〕2 号）要求，四川省从 3 月至 10 月在全省深入开展了无线电频率使用情况核查专项活动。

1. 加强组织领导，周密制定方案。5 月份，四川省经信委组织召开专题会议，成立了专项活动领导小组，研究部署此项工作，并下发了四川省经济和信息化委员会《关于无线电频率使用情况核查工作的通知》和《四川省无线电频率使用情况核查专项活动的方案》。各市（州）经信委根据通知精神，成立了由分管委领导任组长的领导小组，制定了活动方案，明确了责任、目标，为活动的深入开展提供了有力的组织保证。

2. 认真组织培训，加强技术指导。5 月，组织了一次全省无线电管理人员业务的专项活动集中培训，9 月，根据活动中暴露的一些问题和难点，又组织了两期无线电频率使用情况数据填报集中培训。专项活动中，加强了对市（州）的技

术指导，为了规范填报数据，省无线电办公室统一把关上报数据，一旦发现问题，即刻对数据内容进行核实、修正，确保频率使用情况核查数据的完整性和准确性。

3. 认真开展宣传，营造良好氛围。为营造良好的工作氛围，广泛开展了对专项活动的宣传。一方面，及时召开部署动员会，邀请广电、民航、公安、铁路、运营商等重点设台单位的相关领导参加会议，提高了行业部门对专项活动重要性的认识。另一方面，加大了社会宣传力度。广安市在广安广播电台播放《中华人民共和国无线电管理条例》，共报道 8 次累计 40 分钟，安装宣传展板 10 块，发放宣传资料 200 余份，手册 500 余份，发送手机宣传短信 3 万多条；凉山州在《凉山日报》刊登了《关于开展全州无线电频率使用情况核查工作通告》，还通过运营商向用户编发宣传短信。

4. 狠抓工作落实，确保活动实效。在具体工作中，四川省狠抓了"三个结合"。一是自查与抽查相结合。要求各设台单位对历年频率分配和指配文件进行梳理，并将频率指配文件进行扫描，填报、核对频率相关信息，四川省无线电办公室和各市（州）无线电管理处以抽查方式对设台单位设备数据逐一进行核查，并对台站经纬度、发射频率、发射功率等参数实地进行核定，发现上报数据不准确的台站，要求限期整改；既掌握了频率的使用情况，又保证了台站参数的完整和准确。二是核查工作与常规监测、专项监测相结合。充分利用固定监测站和移动监测设备，重点对公众移动通信、230MHz 数传频段、3400—3600MHz、广播电视频段、14.25—14.5GHz 等频段开展监测和频率使用情况核查，充分掌握了全省范围内频率使用情况及各类无电台站情况，提高频率台站数据库中数据的完整性、准确性和实时性。三是频率核查与行政执法相结合。注重以行政执法来促进频率清理核查的深入开展，注销了一批台站，收回了一批频率。成都市开展专项执法 23 次。达州市对 20 个台站进行实地核查，责令整改 4 家设台单位。

活动开展以来总共梳理频率指配文件 779 份，填报频率数据 4136 条；10 月 22 日，四川省通过了国家监测中心的集中检查，较好地完成了此项任务。

二、科学规划、统筹配置无线电频谱资源

做好重点频率规划工作。近年来，随着我国大力推进"宽带中国"、两化深度融合以及"互联网 +"等战略，宽带无线接入技术在城市综合管理、公共安全及各行业、各部门中的应用日渐增多，各行业对宽带无线接入频谱需求越来越大。

今年，我们依据工业和信息化部有关通知要求，开展了《四川省 800MHz 无线集群通信系统频率规划》《四川省 1.4G 无线电接入系统频率规划》和《四川省 1.8G 无线电接入系统频率规划》等 3 个重要频段专项规划，为四川省的宽带无线接入业务的推广奠定了基础。

积极保障重要行业和国家重点工程用频需求。今年，四川省积极支持重要行业和国家重点工程频率使用需求，满足了各行业对无线电频率的需求和社会经济发展的需要。为成都轨道交通线网（规划的 18 条线路）指挥调度系统指配 800MHz 频率 32 对；积极保障民航通信用频，支持民航通信台站建设；积极协助气象部门设立新一代天气雷达系统；为中石化元坝油气田协调指配应急广播频率和 800MHz 应急通信频率。

科学、合理配置无线电频率。严格制定和执行频率申报程序，除对讲机以外的短波、地球站、雷达等传输距离长、影响范围大的设台用频申请，一律严格按照程序由各市州经信委转报省无线电办公室审批；从节约和有效利用频谱资源的方针出发，科学、合理指配设台单位使用频率、频点数量，杜绝频率浪费现象。对长期废置不用的电台进行清理，将其占用频率资源进行回收。2015 年四川省本级共撤销台站 33 个。通过科学合理安排台站布局和频率指配，使得频率资源得到充分有效利用。

三、做好无线电台站和设备规范化管理工作

做好无线电台站日常管理工作。四川省结合行政审批事项的清理，在无线电台站日常管理工作中，注意管理与服务相结合，努力在管理中体现服务；截至 10 月，政务服务窗口共办理无线电设台新增台站 970 个（不含业余台站），都能按时办理，群众满意率 100%。

做好业余无线电台站管理。加大了对业余无线电爱好者协会的工作指导，重点抓了业余无线电爱好者操作证的考核换发、呼号分配和台站执照管理。今年组织考试 A 类 4 次，543 人参加考试，通过 488 人；B 类 1 次，17 人参加考试，通过 11 人；新增业余无线电爱好者人数 639 人，新增加业余台站执照 927 个。

加强无线电发射设备型号核准工作。及时到设备生产企业调研，进行国家相关规定和政策的指导。在工作中耐心指导企业填报申请材料，做到一次回复，确保企业申报材料完整、准确。积极与国家局做好工作对接，从受理、检测、申报

到审批,实现型号核准转报的快捷服务绿色通道。今年以来,为长虹电器、九洲集团等21家企业的36个型号产品办理了无线电发射设备型号核准初审,为企业产品实现规模化生产,增强市场竞争力提高了支撑。

四、保障无线网络和信息安全,维护空中电波秩序

1. 认真开展打击整治"伪基站""黑广播"专项行动

调动技术力量开展全方位监听监测。一是不断加强对各市州技术人员进行新技术、新设备的培训,研究、分析并掌握"黑广播""伪基站"特征和查找、判断方法。二加大监测和巡查力度,尤其加强了对广播频率、航空频率和公众通信频率的监听监测,并根据信号分析判断以确定大致区域。协调各个部门,严格执法,依法打击,发现一起查处一起。一是严格依照无线电管理法律法规,制定了现场处置预案,由各市州直接暂扣非法设备,出具责令改正等通知书。二是在以往打击"黑广播""伪基站"工作经验基础之上,注重部门与部门之间的协调工作,多次与广电、公安等部门召开专题协调会,明确联系人员,确保沟通联络渠道的畅通。加强宣传,不断净化电波环境。成都市先后通过《成都日报》《成都商报》等媒体,及时跟踪报道了"黑广播""伪基站"的社会危害、发展态势以及打击整治等相关情况,引起了社会各界的广泛关注。依托"2·13世界无线电日"、"5·17世界电信日"以及无线电宣传月等重大活动,深入开展了涉及"黑广播""伪基站"查找和处罚等方面的法律法规知识宣传,接受群众咨询、讲解违法案例以及无线电科普知识数百次,起到了很好的宣传作用。在执法过程中,特别要求执法人员使更多的人能够认识到"黑广播""伪基站"的社会危害性,争取做到群防群治。

成都市作为全省打击整治"黑广播""伪基站"的主战场,联合公安局、文广新局建立了打击整治"黑广播""伪基站"的联合工作机制,进一步明确职责、细化分工,在处理群众投诉、加大打击力度、部门联防联动等方面做出了有益探索,实践证明效果很好。

截至10月份,全省在专项整治活动中,定位"黑广播"336处,定位"伪基站"120余个。已经查处并收缴"黑广播"设备72套,"伪基站"设备23套;对11套伪基站发射系统做了司法鉴定测试,并出具报告;有力遏制了"黑广播""伪基站"的蔓延趋势,取得了良好的社会效果。

2. 做好了航空、铁路、广播等重点业务的电磁环境保护和干扰查处

充分发挥各类监测设施的技术优势，合理调配各类技术力量，加大监测值班、夜间排查、机动巡查工作力度。截至 2015 年 10 月 31 日，共排查、清查处理了各类无线电干扰和非法设台（站）219 起，有力保障了移动通信、广电、民航、铁路、等重要无线电业务的用频安全。持续抓好无线电频谱监测统计报告工作，截至 10 月份，全省各监测站累计监测时长超过 43000 小时，向国家无线电办公室上报监测月报 10 期。

3. 圆满完成了公务员考试、高考等重要考试的无线电安全保障监测任务

一是认真组织，严密监测。重点做好考前考场周边电磁环境测试和考中作弊信号甄别、压制、定位等关键环节；二是加强协调，积极配合。在公安、考务部门的配合下，对违法作弊行为的加大执法力度，发现一起，查处一起；三是加强交流，全省联动。在 2014 年底试点的基础上，为全省无线电监测机构搭建了考试保障等信息实时交流的互联网平台（QQ 群），在全省范围内及时通报各种情况和信息、数据，做到了全省统一指挥和调度。

在全国高考、硕士研究生考试、国家公务员考试、全省公务员考试、全国英语四六级考试、全国高等教育自学考试等考试中，共监测到作弊信号 50 多个，阻断作弊信号 90% 以上；吓阻场外作弊行为 13 起；查获作弊案件 8 起；挡获作弊信号发射人员 17 人；缴获作弊设备 8 套。有效维护了考试的公平、公正，提升了无线电管理的大众知晓度，取得社会的良好反响。

4. 全力以赴做好藏区维稳无线电安全保障

藏区维稳无线电安全保障是藏区维稳工作的重要组成部分，关系着国家安全和社会稳定。省经信委领导高度重视，省无线电办公室周密部署。不断强化基础建设，形成联动机制。开展全面监测，技术力量充实到一线，确保重点时段、重点区域的监测覆盖。继续狠抓"三到位"：即监测任务细化到位；重点区域、重点频率、重点寺庙监测到位；配合协助到位。全力以赴做好藏区维稳无线电安全保障工作，圆满完成了今年藏区维稳无线电安全保障工作。在 2015 年涉藏专项监测工作中，全省共派出工作人员 100 多人次，启动固定监测站 8 个，无线电监测车 11 台，累计监测 2000 多小时，行程 4000 多公里，监听短波频率 100 多个，对 19 个重点区域的短波、超短波、卫星频段进行了监测。

五、大力推进无线电监管能力建设

"十二五"规划建设稳步推进。全面完成了"十二五"规划的总结评估,"十二五"期间,频率台站管理逐步科学规范,制定了400MHz和150MHz频率规划,重点加强了民航、高铁、地铁、广播、水利等重要行业的用频保障,完善了民航、铁路无线电专用频率保护工作长效机制;高标准开展台站核查专项行动,基本摸清了各类无线电台站的设置使用情况。认真开展干扰排查工作,确保重大活动及重点业务无线电安全,共计处理无线电干扰申诉1265件,市州共完成重大活动无线电安全保障460次(以市州计算次数),各类考试保障9100多场次;持续推进无线电监测网和检测系统建设,全省已建成各类固定监测站190个、车载监测站65个、搬移式监测系统66套、便携式监测设备121台套、监测控制中心指挥调度系统42套;监测网覆盖规模进一步扩大,区县建站率达到47%,其中成都市、甘孜州、阿坝州实现了100%;高标准打造了门类齐全的无线电检测技术设施,全省已建有3米法全电波暗室1个,电磁屏蔽室25间,并配备了频谱仪、矢量/微波信号源、网络分析仪、无线综合测试仪、EMI测试系统等测试设备和检测系统120余台(套)。加强了软课题基础研究,完成软课题6项。

"十三五"规划编制工作顺利开展。启动了"十三五"规划的编制工作。并按工信部无线电管理局《省级无线电管理"十三五"技术设施建设指导意见》精神,借鉴《四川省无线电管理"十二五"规划》实施推进经验,注重技术设施建设的规范性、科学性和有效性,加大调研力度,兼顾省市实际,实事求是科学制定规划编制推进方案,目前,已完成规划编制的初稿。

积极推进无线电技术设施建设。继续推进四川省无线电应急指挥中心二期工程建设项目和四川省无线电技术监管中心及综合训练基地建设项目建设,无线电应急指挥中心二期工程建设项目已进入验收阶段。部分市州完成了移动监测站车辆采购,极大巩固和提高了移动监测能力;完成了"伪基站"查找设备和空中监测平台采购,无线电监管技术能力得到有效提升;初步完成了成都市二环以内网格化无线电监测系统建设。

加强无线电频占费、固定资产管理。积极做好频率占用费的征收工作,做到收支两条线。做到中央转移支付经费的使用专款专用管理。办公、专用设备一一登记造册,明确管理职责,谁使用,谁负责管理,建立新旧台账,强化固定资产管理。并在资金使用、设备采购等方面全程接受监督,实行民主科学决策,严格廉政纪律，保证资金和人员的安全。

六、依法行政，推进无线电管理法制建设

按照四川省委省政府深化行政审批制度改革、转变政府职能、推进管理创新有关要求，四川省对无线电管理行政审批和行政执法事项进行了进一步清理，从受理、审批、决定等各环节的工作规范和具体时限等要求进行梳理，进一步简化了流程，方便了群众。

坚持政务公开，改革行政审批制度，规范行政执法行为，努力提高执法人员行政执法水平。抓好权力运行平台建设，行政许可事项实现网上办公，全程接受省、市（州）各级政府的政务电子监察。行政许可、行政处罚、行政征收、行政强制等事项实行全部在权力平台网上运行。在 2014 年的基础上，进一步完善了行政权力依法规范公开运行平台建设工作，修订了行政处罚、行政征收、行政给付和行政强制内部运行流程图，明确了执法过程中自由裁量权的具体依据，排查了风险防控点和电子监察点，进一步严格了执法程序，规范了执法行为。

七、加强无线电管理宣传，普及无线电法规和科普知识

以《中华人民共和国无线电管理条例》颁布 22 周年、《中华人民共和国无线电管制规定》颁布 5 周年为契机，结合无线电管理工作重点，在全省各市（州）举行了由市（州）经信委、无线电管理办公室主办，各县经信（发改）局和相关部门密切配合的省、市（州）、县联动、相关部门协助联动的无线电宣传咨询活动。活动通过设立咨询台、设置宣传展板、悬挂宣传横幅、发放宣传资料、短信传播、LED 电子屏宣、媒体报道等方式进行。活动期间共计展出宣传展板 269 幅次、悬挂宣传横幅 320 余条，发放各类宣传资料 11000 余份，接待咨询群众 9100 余人次，编发手机短信 120 余万条。通过开展宣传月活动，有效提升了用户对无线电管理工作的认知水平和依法使用无线电的法律意识。

第十一章　东北地区

第一节　辽宁省

2015 年，辽宁省无线电管理机构在国家无线电办公室和辽宁省经信委的正确领导下，从完善管理机制入手，精心组织开展频率核查专项活动，着力推进"十三五"规划编制工作，不断深化权力运行机制建设和台站属地化管理，依法依规办理台站审批及频率指配，积极开展打击非法设台活动，全力组织无线电安全保障，为辽宁经济社会发展做出了应有贡献。

一、精心组织频率核查，提升频率台站管理科学化水平

按照国家无线电办公室统一部署，在辽宁省范围内开展无线电频率使用情况核查专项活动。根据《国家无线电办公室关于开展全国无线电频率使用情况核查专项活动的通知》要求，及时制定并上报了《辽宁省无线电频率使用情况核查专项活动实施方案》，召开了"全省无线电频率使用情况核查专项活动部署会议"，安排部署频率核查工作。按照《工业和信息化部无线电管理局关于全国无线电频率使用情况核查专项活动数据填报有关问题的通知》和《工业和信息化部无线电管理局关于全国无线电频率使用情况核查专项活动监测比对有关问题的通知》的要求，制定了《全省无线电频率使用情况核查专项活动数据填报工作计划》和《全省无线电频率使用情况核查专项活动监测比对工作计划》，并分别就数据填报工作和监测比对工作的具体要求及措施开展了培训。经过辽宁省无线电管理人员的共同努力，无线电频率使用情况核查专项活动取得了令人满意的成果，在国家无线电办公室组织的检查评比中，辽宁获得了 104.1 分的好成绩，位列全国前三甲。

二、着力推进"十三五"规划编制工作，为发展打下坚实基础

辽宁无线电管理"十三五"规划事关未来五年辽宁省无线电管理工作的发展，其指导思想、目标任务、保证措施等内容的确定，均需要脚踏实地对现实情况进行全面分析，对未来趋势做出科学预判，为此，辽宁省无线电管理委员会办公室把这项工作作为当前工作中的重中之重，全力进行推进。一是加强组织领导。成立了"十三五"规划编制工作组，由辽宁省无委办主任、副主任等四名同志以及省无线电监测中心业务部门中层以上干部组成，使无线电管理工作各个方面的负责同志都能参与其中，确保工作层面的全覆盖。二是多层次开展调研。对辽宁省政府设台单位、重要频率保护部门、大企业、各市无线电管理机构开展调研，听取各单位各部门"十三五"期间的频率台站需求、技术设施建设需求等方面意见和建议，发现当前以及潜在的问题；采取"走出去、请进来"的办法，与各大集成商及设备生产商进行广泛交流，了解和掌握无线电技术设施发展趋势，寻求与辽宁省管理需求相适应的契合点。三是全方位沟通协作。加强与国家有关部门的沟通，及时掌握国家规划编制信息，确保辽宁省规划与国家规划实现良好衔接，同时，加强与兄弟省市的信息交流，取长补短，完善工作思路，积极与科研院所开展协作，拓宽视野，增强规划的前瞻性和预见性。

三、深化行政体制改革，促进简政放权

一是推进和落实权力清单制度。对照无线电管理有关法律法规，对所承担行政职权及相应责任进行了认真梳理和清理，对地方无线电管理机构的职权及责任进行确认，明确权力和责任事项，并按照有关要求，制作了各项行政权力运行流程图。二是巩固台站属地化管理成果。在2014年大力推进台站属地化管理工作基础上，进一步推动铁路台站属地化管理工作，先后召开省际协调会议，与河北、内蒙、吉林无线电管理机构共同落实各项属地化工作机制，为铁路部门提出设台申请及干扰申诉提供方便。三是抓好进一步下放管理权限试点。为推进民航、微波、水上无线电台站下放，先期对联通公司微波台站开展属地化管理试点，组织各市无线电管理机构对联通公司的微波接力台站逐台进行现场核查，帮助其优化网络结构，将检测发现的故障设备及时通报联通公司，为其微波链路畅通提供了保障，对已无存在意义的台站建议其注销，为联通公司节省了微波接力台站的维护经费，同时，还对各市联通公司技术人员开展了微波业务培训，提高了联通公

司对微波接力台站的使用管理水平。

四、加强协调与服务，切实为设台用户解决实际问题

一是积极开展无线电频率协调，为重要业务部门做好服务。完成各类协调工作 7 次。按照国家局要求，制定了《中朝边境丹东地区电磁环境测试方案》，4 月底集中开展了中朝边境电磁环境测试，并将测试报告上报国家。二是在设台审批工作中，主动服务设台用户。在接到"丹东机场仪表着陆系统"申请后，及时派出技术人员进行电磁环境测试，帮助鞍山机场顺利取得了中国民航总局的频率预指配意见，快速地完成了审批，受到了丹东机场的好评；在收到"沈丹高铁 GSM-R 系统"申请后，主动开展清频工作，召开了由沈阳铁路局、京沈高铁公司、省移动公司参加的协调会，并在沈阳、本溪、丹东三地分别召开了由市无线电管理机构、京沈高铁公司、市移动公司参加的对接会，组织技术人员对拟设 GSM-R 基站进行了干扰测试，为顺利实现沈丹高铁 8 月 1 日开通提供了支持。三是加大对有害干扰的查处力度。年初以来，共受理干扰申诉数十起，每次接到干扰申诉或举报后，辽宁省无线电管理委员会办公室都第一时间组织力量快速查找干扰源。其中，民航、铁路的干扰申诉 11 起，对此类涉及安全的干扰申诉，辽宁省无线电管理委员会办公室 24 小时内做出反应，克服各种不利因素，迅速有效予以排查，保证了民航、铁路无线电频率正常使用。

五、抓好无线电安全保障，维护空中电波秩序

一是做好各种重要时期无线电安全保障工作。加强维护社会稳定无线电专项监测工作，在春节、两会期间，辽宁省启动突发事件应急预案，确保了重要无线电业务的通信畅通。二是及时完成工信部无线电管理局交办的任务。在"9·3 阅兵"无线电管控工作中，辽宁省无线电管理机构树立一盘棋思想，通力协作，分工负责，出动人员 200 余人次、车辆 30 余台次，圆满完成了保障任务，15 名同志和一个集体受到工信部无线电管理局表扬。三是协助做好各类考试无线电安全保障工作。年初以来，对高考、研究生考试等大型考试提供无线电保障近 20 次，累计出动 2400 余人次，派出车辆 800 余驾次，启用各种技术设备 600 余台套，发现作弊信号近 400 起，实施无线电阻断 350 余起，查获涉案设备 6 台套，严厉地打击了利用无线电发射设备进行考试作弊的行为，得到社会的充分肯定和考试组织部门的一致好评。四是加大打击非法设置广播电台、卫星干扰器等严重违法行为的力

度。今年以来，"黑广播"数量呈井喷式发展，这些案件的共同特点是，发射源放置在隐秘位置，无人值守，播出节目下流，并对民航造成多起干扰事件。省、市无线电管理机构配合广电、公安等部门加大打击力度，年初以来，共打掉黑广播384起。

六、加强培训和宣传工作，提升队伍整体素质和影响力

结合无线电频率台站管理工作，开展业务知识学习和培训，不断提高无线电管理队伍的业务素质和工作能力。制订年度业务技术培训计划，在积极参加国家组织的各类业务培训的同时，先后举办了辽宁省铁路无线电台站属地化管理、无线电频率台站业务、无线电频率使用情况核查专项活动、无线电宣传、业余无线电台管理、打击非法设台培训等，参加培训人员累计达600余人次。充分利用重要纪念日和重要活动契机，开展无线电宣传工作。"2·13"世界无线电日，各级无线电管理机构走进机关、走上街头，采取张贴海报、发放宣传册等形式，讲解无线电知识，普及无线电管理法律法规常识。高考前夕，辽宁省无线电管理委员会办公室举办了考试无线电安全保障工作展示会，向省内多家媒体介绍了无线电管理机构应对高科技作弊有关工作情况，并制作了动画片、印制了宣传单，使宣传工作变得有声有色。9月份，租用宣传"大篷车"，深入辽宁省14个市开展巡回宣传，收到较好效果。

七、推进量化考核，完善无线电管理工作机制

针对非垂直管理体制带来的各地市间工作标准不一致问题，辽宁省无线电管理委员会办公室从工作规范制定入手，大力推进量化考核工作。一是深入各市开展调研，掌握第一手资料。元旦过后，抽调十余名工作人员，组成四个工作组分赴各市现场调研，发现和挖掘典型做法，查找工作中存在的漏洞，为考核标准制定奠定基础。二是全面细致制定考核标准和考核办法。采取纵向与横向结合的办法，通过调研组讨论、各业务部门讨论、办公扩大会讨论等多种形式，对频率台站管理、执法监督、技术设施建设及管理维护、监测检测、综合管理、宣传工作等六个方面94项具体工作分别制定了工作标准及考核办法，确保各项工作有章可循。三是广泛征求基层单位意见。将考核标准及考核办法向各市进行反馈，在充分考虑基层意见的基础上，以文件形式下发执行。

第二节　吉林省

一、开展频率使用情况核查专项活动

按照《国家无线电办公室关于开展全国无线电频率使用情况核查专项活动的通知》（国无办〔2015〕2号）要求，吉林省无线电管理局组织全省无线电管理机构开展了无线电频率使用情况核查专项活动。在专项活动中，吉林省各级无线电管理机构加强领导、分工负责、扎实推进，强化落实，完成了200余份频率批文的清理，填报了1680条频率数据。组织开展了对公众移动通信系统频段、230MHz频段、广播电视频段、3400—3600MHz频段、14.25—14.5GHz频段的监测比对和比对数据填报，圆满完成了工作任务。

通过无线电频率核查专项活动，吉林省市（州）无线电管理机构摸清了频率使用情况底数。同时，在频率批文清理过程中，针对过去在行政审批和文件管理中存在的一些问题，进一步规范了行政许可流程，统一了频率批文格式，强化了档案管理工作，吉林省无线电管理队伍依法行政意识和能力得到加强和提升。

二、加强频率台站管理，积极为设台用户服务

完成了监测月报统计上报工作；组织开展了吉图珲客运专列沿线、白阿铁路沿线电磁环境和长春机场、白城机场设台、省气象局设置多普勒雷达、中国石油天然气股份有限公司设置地球站等21次电磁环境测试工作；统筹保障各行业和重大工程用频需求，为吉林省森林防火超短波组网、长春地铁1.8GHz频率需求、松原机场、白城机场、吉林省公安图像传输系统、气象部门提供了频率保障。

加强事中事后监管，制定了加强事中事后监管的制度措施。结合频率核查专项活动，组织开展了监测比对和现场测试工作。

深化台站属地化管理，进一步梳理下放了审批权。加强台站数据库管理，确保台站数据完整、准确。

三、保障无线网络和信息安全，维护空中电波秩序

吉林省无线电管理局组织全省无线电管理部门配合公安、广电等部门开展了打击整治"伪基站""黑广播"、卫星电视干扰器等工作。在打击整治工作中，吉

林省无线电管理局加强领导，科学筹划，强化协作，及时响应，加大依法治理力度。一是高度重视，成立了打击整治工作领导小组，由主管厅长任领导小组组长，筹划组织吉林省无线电管理系统开展工作。二是加强筹划组织。组织召开了吉林省无线电管理专项工作会议，研究部署打击整治工作，协调解决存在的问题和困难。三是开展集中打击整治活动。春节前后和全国两会期间组织开展了集中打击整治活动，特别是夜间的集中打击整治活动。四是构建协作机制，提高打击效果。配合公安部门共查处"伪基站"案件 33 起，进行设备鉴定 53 起。查处"黑广播"163起，查处卫星电视干扰事件 11 起。

加强电波秩序监管，坚持保护民航、铁路专用频率长效保护机制，及时查处各类无线电干扰，吉林省无线电管理部门共查处民航、铁路、公众移动通信等各类干扰 213 起。

完成元旦、春节、两会、和龙国际马拉松、第 24 届中国金鸡百花电影节、长春航空节等重点时期和重大活动无线电安全保障任务。加强重要考试的无线电安全保障工作，完成了研究生入学、英语职称、高考、公务员等 39 次考试的无线电安全保障工作。特别是高考无线电安全保障工作，吉林省共有 1362 人参与了高考无线电安全保障工作，调配车辆 338 台，便携式无线电监测测向设备 655套，考场外无线电警示压制设备 655 套，考场内无线耳机音频干扰阻断设备 655 套，对吉林省 179 个高考考点实施了无线电安全保障，坚决遏制和打击了利用无线电设备进行考试作弊的违法行为，有效地净化了考场秩序，维护了广大考生的利益。

四、推进无线电监管能力建设

根据"十二五"规划确定的目标任务，吉林省无线电管理局组织全省无线电管理部门主动作为，扎实推进。同时，通过开展中期评估等工作及时发现存在的问题并予以修正和完善。到年底，"十二五"规划确定的目标任务基本完成。

按照吉林省政府和厅党组的部署要求，吉林省无线电管理局扎实开展"十三五"规划的编制工作。成立了由主管厅长任组长的规划编制工作领导小组，制定了"十三五"编制工作方案，区分了职责任务和保障措施。1 月底，完成了"十三五"相关课题研究。3 月底，组织完成了赴上海、广东、宁夏的省外调研工作。5 月份，完成了省内调研工作。目前，已完成了规划的编制工作，正在开展征求意见和进一步修改工作。

依据"十二五"规划确定的建设任务，结合国家对吉林省无线电管理技术设施建设项目申请批复情况，有序推进吉林省无线电技术设施建设，全面提升无线电管理工作的技术支撑能力。长吉两市网格化监测网一期项目正快速推进，一体化平台项目建设完成并投入使用，初步建成了具有吉林省特色的无线电技术体系，为实现频率资源管理、规范台站运行，维护电波秩序、应对无线电突发事件提供了有力的技术支撑。

加强无线电频率资源占用费使用管理，修改完善了《无线电频占费和固定资产管理办法》，确保无线电管理专项资金的足项足额使用和资金安全。建立健全吉林省无线电固定资产管理、频率占用费专项资金使用、无线电重大工程项目建设等方面的科学管理和监督机制。

五、推进无线电管理法制建设，依法行政

组织开展了《吉林省无线电管理条例》贯彻落实情况检查和宣传，进一步提高吉林省无线电管理部门依法行政意识和能力。开展了行政责任清单清理和行政许可流程修改工作，制定了加强事中事后监管制度流程，进一步规范和固化了权力运行流程，实现了无线电管理行政权力全覆盖和运行的全过程监督。与公安、广电、工商、民航、铁路等部门构建了联合执法机制。

六、开展边境地区无线电频率台站国际协调

认真贯彻落实国家与周边邻国达成的各项协议，办理完成了国家无线电办公室下达的国际无线电频率协调函5件；受国家无线电办公室委托，与朝鲜开展了1次干扰协调工作；组织开展了台站国际申报工作，完成了20个地面电台的数据填报；进一步完善边境地区电磁环境测试数据库，组织省无线电监测站和边境市（州）无线电管理处完成了15次边境地区电磁环境测试工作。

七、加强无线电管理宣传和培训工作力度

按照国家无线电办公室的统一部署，吉林省无线电管理局组织开展了世界无线电日宣传活动和无线电管理宣传月宣传活动。在宣传活动中，吉林省无线电管理局在省内主要市区广场、各大院校等人员密集场所，在省内主流报纸网站，在重大商圈及重点区域LED电子屏幕等载体，利用有线电视开机画面，通过发放宣传单、宣传手册、悬挂条幅、设立展板、发送短信微信、现场解答、刊登宣传

文章、播放宣传视频和 FLASH 动画等方式，宣传无线电法规和科普知识。共发布报纸网站文章 73 篇，发布微信 12 次，制作条幅 52 幅，发放《漫画无线电管理法律法规宣传手册》1000 份，发放宣传单 3000 张。

加强管理队伍培训演练工作，以各种形式促进技术交流，强化技术能力的培养。组织吉林省无线电管理机构开展了"贯彻落实刑九，提高依法行政能力"、无线电管理宣传等 3 次业务培训。组织开展了"2015 年吉林省无线电监测技术演练"活动，演练突出"精细化"监测理念，着力提高管理队伍信号分析能力，探索构建标准化监测流程。通过培训和演练，提高了管理队伍服务群众的宗旨意识、廉洁自律和依法行政意识，提升了队伍的综合素质，提高了处置无线电突发事件能力。

第三节　黑龙江省

2015 年，黑龙江省无线电管理系统在国家无线电办公室和省工信委的正确领导下，紧紧围绕各级党委、政府的发展稳定大局以及工业和信息化中心工作，创新思路，狠抓落实，探索解决新形势下工作中的重点、难点问题，努力提高无线电管理依法行政水平，较好地完成了各项工作任务。

一、突出重点，认真开展频率使用情况核查专项活动

按照国家统一部署,把频率使用情况核查专项活动作为今年工作的重要抓手，夯实频谱管理基础。主要做法：一是全面部署。4 月份，成立了以黑龙江省工信委刘爱丽副主任担任组长的专项活动领导小组，制定工作方案，明确全面梳理黑龙江省无线电频率指配文件、频率指配信息数字化填报和重点频段监测和频率、台站数据比对 3 项重点任务，分为 5 个阶段实施，并召开黑龙江省会议进行了动员安排。二是形成合力。专项活动期间，黑龙江省上下紧密配合，按照各自职责分工制订详细的工作计划，稳步推进，同时还结合实际开展了频率资源使用管理的政策宣传，依法处理违法违规问题。三是强化督导。黑龙江省无管局将专项活动开展情况纳入黑龙江省年度考评重要指标，安排专人每月底收集整理各市地工作进展情况，及时指导和通报情况。

根据方案，5—9 月份，省无管局和各市地无线电管理处全面梳理了近 30 年

的文件档案,凡是涉及频率审批的文件逐一电子扫描,认真填报频率相关数据,共梳理扫描频率审批文件1063份,填写频率数据4200余条。省及各市地无线电监测站利用固定监测站和移动监测车到所辖各县、区重点区域开展监测比对工作,累计测试地点71个,监测时长600余小时,测试信号663个,并与频率数据进行了比对校验。通过专项活动,黑龙江省摸清了频率指配、使用的家底,对于整合现有监测、检测、信息化等技术手段,为科学管理频谱资源奠定了扎实基础。

二、服务经济建设,科学做好频率资源及台站管理

黑龙江省严格执行国家无线电频率划分规定和业务管理权限,提高工作效率,按照行政许可要求做好各项审批工作。重点保障了哈尔滨地铁1800MHz频段城市轨道交通专用通信网用频需求,帮助五大连池、建三江机场开展频率台站审批前期工作。为支持黑龙江省4G网络建设督促MMDS台站转网退频,下发了《黑龙江省工业和信息化委员会关于加强4G网络建设保障工作的通知》。2015年黑龙江省共完成行政许可43件,指配无线电频率58个,审批台站841个,核、换发电台执照5755份,频率占用费预计全年收缴350万元,截至10月末黑龙江省收缴频占费共计2643615元。

省无管局对去年下放市地审批的业余无线电台、蜂窝无线电通信基站、10GHz以上数字微波接力通信系统3项业务开展情况进行了调查跟踪,目前承接顺利,受到了设台用户的欢迎。

三、保障无线电安全,维护空中电波秩序

在全国两会、抗战胜利70周年阅兵等重要时期,防范利用无线电设备进行非法干扰破坏活动。

黑龙江省完成第二届中俄博览会、东极冰上汽车拉力赛及新西兰总督来访等重大活动无线电安全保障任务共计12次。经过沟通,省无管局首次与省外办建立起工作机制,将无线电管理工作纳入《新西兰总督来访接待计划》,明确了职责任务,筹备外宾及省外办临时用频,整治电磁环境。外宾访华期间,省及哈尔滨、绥化7个保障组31名保障人员对各重要活动地点和31个重要频率进行了全程保障。

继续保持对"伪基站""黑电台"和卫星电视干扰器等非法设台的高压打击态势,维护国家通信和广播秩序,保护人民群众的切身利益。今年黑龙江省成功

取缔"黑广播"共90起，取缔"伪基站"共6起，取缔卫星电视干扰器31起，黑龙江卫视等新闻媒体多次跟踪报道相关信息。根据公安部、工信部联合部署，9月份，省无管局配合省公安厅刑侦总队在黑龙江省开展新一轮打击"黑电台"专项行动，各市地无线电管理与刑侦部门全面对接，联合执法，9月22日晚多市地共同出击一举端掉"黑电台"窝点16个，并以此为契机建立了长效打击机制。

黑龙江省认真执行无线电频谱监测统计报告制度，切实发挥保障民航、铁路专用频率长效机制作用，累计监测时长达40400余小时，受理并解决各类干扰申诉127起。今年初，省无管局组织相关地市，利用4个月时间完成高铁GSM-R专用频率清理和哈大齐专线29处无线电干扰排查工作，为哈大齐高铁顺利开通奠定了基础。

黑龙江省年度完成高考等考试保障任务共22次，累计出动保障人员550余人次、车辆120余辆次，监测作弊信号96起，其中现场取缔21起，其余75起予以及时阻断。高考无线电安全保障任务得到了孙东升副省长的肯定与认可，中央2套财经频道"第一时间"栏目从正面进行了宣传报道。

四、进一步推进无线电监管能力建设

全面总结落实"十二五"规划目标，积极开展黑龙江省无线电管理"十三五"规划制定工作，成立了规划编制工作领导小组和专题研究小组，落实经费预算。完成了题为"陆域边境地区无线电管理研究"的课题，为边境监管提出了新的思路。开展了赴先进省份学习和交流活动。确定了"发展"和"安全"两大主题和"边境特色"突破路径。经过科学研究和深入讨论，黑龙江省无线电管理"十三五"初稿已经完成，计划在年底前通过送审。

在技术设施建设方面，黑龙江省新建设10个民航机场专用小型监测站并将于年底建成投入使用，完成了绥化、七台河、大兴安岭无线电监测站主站升级改造项目。预计在2015年底至2016年初，可全面完成对黑龙江省边境、航路及县区监测覆盖的黑龙江省14个小型监测站系统建设一期项目，进一步提升对境内台站及边境中俄台站的发现识别登记能力。

五、推进无线电管理法制建设和依法行政

严格落实简政放权要求，规范集中监管工作，优化审批程序和服务。一是按照省法制办要求，认真做好无线电管理行政权力深度梳理工作，明确了无线电管

理权力清单和责任清单，制作了权力流程图。经梳理已将 11 项行政权力事项列入省工信委权力清单中。二是规范行政审批工作。明确了审批条件或提供材料。按照省政府网上审批要求，紧盯审批进度，严格执行电子印章等管理规定。此外，省无管局完善和创新行政执法工作，采用在省网站设置专栏方法公示、公告行政处罚案件，组织了黑龙江省执法培训，及时换发执法证件，向国家整理上报典型案例，并被《无线电管理行政执法典型案例评析》采纳。

六、维护国家权益，认真做好中俄边境频率协调工作

根据国际电联《无线电规则》,妥善处理经国家转来的俄罗斯协调函件 41 份，涉及台站 736 个、频率 313 个。同时为加强频率资源和国家权益的保护，对于黑龙江省尚未协调登记进入国际电联总表的台站,制订计划逐步开展协调上报工作。

组织中俄边境电磁环境测试，为中俄频率协调积累第一手资料。制订了 2015 年度边境地区电磁环境测试计划，采用常规季度测试与界江专项测试相结合的方式，全面掌握黑龙江边境及沿江地区中俄双方无线电频率占用情况，目前已经如期完成了第一季度的测试任务，7 月份开展了“旗舰 2014”边境地区电磁环境测试专项行动，严格按照国家新出台的测试规范，历时 17 天，出动监测人员 165 人次，车辆 65 辆次，累计行程 4345 公里，动用专业设备 52 套，累计测试 294 小时，测试信号总数 1128 个，进一步完善了边境频率台站数据库和电磁环境数据库，为 9 月份的中俄两国总理级会谈有关频率协调方面工作提供了技术支撑。

7 月底，工信部刘利华副部长、无线电管理局谢飞波局长和财务司王新哲司长一行到黑龙江省调研中俄边境无线电管理技术设施建设工作，刘部长对黑龙江省边境无线电管理工作以及中俄边境无线电频率协调、未来建设思路给予了充分肯定。

七、开展无线电管理宣传，加强队伍建设

省无线电管理局结合年度工作重点制定了《2015 年全省无线电管理宣传工作实施方案》，组织黑龙江省开展“世界无线电日”“无线电管理宣传月”活动。9 月 19 日参加由省科协主办的全国科普日大型广场宣传活动，副省长孙饶同志亲自到无线电管理展台进行了参观，并对黑龙江省无线电管理各项工作予以充分肯定和高度赞扬。黑龙江省累计开展各类广场宣传活动共 27 次，发放各类宣传

资料超过 3 万份，采用报纸、电视、网站、微信平台、电子屏幕、海报广告等方式 20 余次，收到良好宣传效果。

加强人才队伍建设，加大学习培训、岗位练兵和演练竞赛力度。组织黑龙江省范围业务技术培训 7 次，举办一次近百人参加的黑龙江省无线电安全保障技术演练，各地市也根据本地情况自行组织了航空及铁路频率保护、查找黑电台等各类专业技术演练等，全面提高能力素质。

政　策　篇

第十二章 2015年中国无线电应用及管理政策环境分析

第一节 《工业和信息化部关于贯彻落实〈国务院关于积极推进"互联网+"行动的指导意见〉的行动计划（2015—2018年）》

一、出台背景

为进一步贯彻落实《国务院关于积极推进"互联网+"行动的指导意见》（以下简称《意见》），加快推进两化深度融合，全面支撑《中国制造2025》实施和制造强国、网络强国建设，提高我国整体发展质量和效益，工业和信息化部于2015年11月制定并发布《工业和信息化部关于贯彻落实〈国务院关于积极推进"互联网+"行动的指导意见〉的行动计划（2015—2018年）》（以下简称《行动计划》）。《行动计划》在总体发展目标中提出，到2018年制造业网络化、智能化水平显著提高，基本建成宽带、融合的基础设施，信息物理系统(CPS)成为支撑智能制造发展的关键基础设施。《计划》同时明确了智能制造、信息物理系统(CPS)、网络基础设施等重点行动领域。这些重要目标和行动计划的实现均离不开无线电技术和管理的支撑保障，对于未来的无线电管理工作带来重大机遇的同时也提出了提出新的挑战。

二、意义与影响

1. "互联网+"引领创新驱动发展的新常态

当前，我国GDP总量已超过十万亿美元，随着国内劳动力、土地等要素价格的快速上涨，我国经济发展开始进入新常态，这是中央对于我国经济社会发展的战略性判断。近几年的国民经济统计数据告诉我们，当前我国国民经济正在高位下行，引起经济下行的原因主要有国际市场需求持续低迷和成本的上升，传统的依靠出口和投资拉动的经济快速增长模式已难以为继。在这种情况下，中国经济社会发展迫切需要新动能以抵消经济下行的压力。近年来的发展实践表明，创新已成为推动我国经济发展的关键动力，不但决定短期的经济增长，也决定长期战略目标的实现。党的十八届五中全会提出了五大发展理念，首要的就是创新。李克强总理最近在讲话中指出，我国经济保持中高速增长、迈向中高端水平要有新理念，既包括技术方面的新理念，也包括政府管理的新理念，提出"互联网＋"是促进产业升级、推进市场化改革的一个关键举措。

2. 无线因素是推动"互联网＋"最活跃和最重要的因素之一

"互联网＋"是把互联网与经济社会各领域深度融合的经济社会发展新形态。近年来，我国大力实施网络强国战略，相继出台了《国务院关于推进物联网有序健康发展的指导意见》、"宽带中国"战略、《国务院关于促进信息消费扩大内需的若干意见》等一系列加快信息网络基础设施建设推动经济发展的战略措施。2015 年 7 月国务院发布的《意见》是当前和今后推动我国经济发展的重大战略措施，标志着中国正在全力加速进入"互联网＋"时代。随着智能手机等移动终端设备的日益普及，互联网正在加速进入移动互联网时代，无线电技术引领着互联网进入无线、移动、宽带、泛在的新阶段。阿里巴巴最新公布的数据中移动端交易额已占"天猫"平台"双十一"全天成交金额的 68%，说明移动消费已经跃升成为电子商务消费的主流。因此，无线因素正在成为各种"互联网＋"应用中最活跃和最重要的因素之一。

3. 智能制造的发展需要无线电技术应用的支撑

智能制造是《行动计划》的重点领域之一。《行动计划》提出，要大力培育推广智能制造，到 2018 年制造业产品、装备、生产、管理、服务的智能化水平显著提升，初步实现工业互联网在重点行业的示范应用。这一目标的背景是在工业生产领域，伴随着新技术的突破和应用，制造业生产方式将从大规模流水线的方式，转向定制化的规模生产，产业形态将从生产型制造业向全生命周期的服务型制造业转变，协同设计、协同制造、信息共享和业务协同是其重要特征。其中，无线电技术应用的范围将大幅度增加。一方面使用无线电技术传输信息可以优化生产布局，减少能耗。另一方面，全生命周期管理需要实现全程实时的信息交换，无线电技术也是最优的选择，发挥着不可或缺的关键作用。比如，终端感知层的传感器技术和射频识别技术以及中间传输层的无线传感器网络（WSN）技术、局域网技术及广域网技术、工业通信无线化技术等都是实现智能制造关键核心技术。值得一提的是，作为支撑智能制造发展的关键基础设施，信息物理系统(Cyber Physical Systems,简称CPS)是集计算、通信与控制于一体的下一代智能系统，必须在环境感知的基础上实现，而以无线技术为基础的传感器网络是实现实时感知和动态控制的关键。

4. 无线网络是下一代国家信息基础设施的重要环节

宽带、融合、泛在、安全是下一代国家信息基础设施的四个基本特征。无线电作为使信息无处不在的唯一手段，是实现"泛在"的必然选择。随着4G和移动互联网的快速发展，无线宽带正在成为人们使用网络的主要方式和手段，在带来无与伦比的便利性和高效率的同时深刻地改变着人们的生产和生活方式，频谱和水、电一样已成为现代社会不可或缺的基本要素之一。因此，无线网络作为新一代信息技术网络设施的发展基础和重要手段，随着信息化水平的提高，无线网络将更加丰富和普及，从网络接入到信息采集，从感知识别到传输处理，无线电技术无所不在，深入应用到企业管理、研发设计、生产制造、物流运输、产品服务等各个环节。在此基础上建立的无线传感网络、调度网络、监控网络、服务网络和定位网络将覆盖电力、能源、医疗、安全、物流等各个领域，必然成为下一代国家信息基础设施的重要环节。

第二节　京津冀取消手机长途通信漫游费

2015年7月11日，中共北京市委十一届七次全会表决通过了《中共北京市委北京市人民政府关于贯彻〈京津冀协同发展规划纲要〉的意见》（以下简称《意见》）。《意见》指出《京津冀协同发展规划纲要》描绘了京津冀未来发展的美好远景和宏伟蓝图，为解决北京在发展和管理中出现的各种问题、实现区域内的协同发展具有重大的指导意义和推动作用，是在新的历史条件下党中央、国务院做出的重大战略部署，是中国特色社会主义的伟大实践，是一项意义深远的国家战略。

为配合《京津冀协同发展规划纲要》的实施，工业和信息化部提出"自2015年8月1日起取消京津冀手机长途漫游费"，即用户在京津冀的任何地区，拨打三处电话，统一按市话标准收费。在京津冀地区实现"通信一体化"，是三地协同发展的基础保障，也是《纲要》提出实现公共服务资源共建共享的具体体现。

一、主要内容

8月1日起，京津冀手机用户无须主动申请，涉及三地区域内的移动业务长途通话费、漫游通话费均按照本地通话处理。此次取消的漫游费仅限手机语音通话业务，而固话长途业务、数据业务不在调整之列，即本地数据流量仍不能跨区域使用。

新政策的实施相当于将京津冀地区的三张移动电话网合并成一张，为上述地区的移动电话用户带来真正的实惠，但是通话业务一旦超出上述地区，漫游费和长途费仍不能减免，而且新政策不涉及固定电话和移动数据业务的漫游费和长途费减免问题。但随着京津冀协同发展战略的持续推进，未来固定电话长途费和手机流量漫游费也将会逐步取消。届时京津冀地区将形成一个9000万人口，12万平方公里面积国土的巨型电话网络。

二、目的和意义

1. 减轻三地用户通信负担

在京津冀经济发展联系日益紧密的今天，跨区域上班，双城生活的人们逐渐增多，三地间生产、生活的通信需求量大增。

按照当前执行的通信标准费率，部分2G和3G预付费用户国内漫游主叫0.6元/分钟，被叫0.4元/分钟，这种收费方式大大增加了三地间工作和生活的成本。导致跨省长途和漫游费成为除了数据流量以外，最主要的通信费用。一直以来，长途漫游费困扰着大量跨区域活动的用户。

据工信部最新数据显示，截至6月底，京津冀地区共有移动电话用户1.17亿户，约占全国总数的9%。在通信费方面，京津冀地区部分2G和3G预付费用户主叫费用在0.15元/分钟—0.25元/分钟不等，被叫基本免费。因此，据推算按照此次调整的规定，移动电话长途费、漫游通话费均按照本地通话处理，则可以给京津冀三地用户减轻50亿—60亿元的通信费负担。用户所缴纳的漫游费用，更多的是支付企业之间进行复杂的网间结算的会计成本，从技术层面上无现实性障碍。

2. 促进京津冀经济一体化发展

在推进京津冀一体化发展的大背景下，三地合作交流更加紧密，人员流动日趋频繁，取消漫游费有助于降低三地社会经济活动的成本，提升三地协同发展的动力和经济水平。有助于促进区域信息通信能力的整体提升，促进京津冀经济圈在政务、商务、金融、交通、医疗、卫生等信息资源的互通和共享，有利于区域经济间的融合和发展，从而进一步促进广大人民群众生活水平的提高，让京津冀三地用户享受通信一体化所带来的更多实惠。有助于促进信息的设施和技术的不断发展，进一步发展信息通信产业，使其经济地位得到有力提升，进一步促进企业间的合作，进而优化生产体系、提高生产率及客户响应速度。有助于形成区域间的共同市场，推进区域经济的一体化发展。取消漫游费是大势所趋，亦符合国家战略布局。当前，我国政府已经将建设"宽带中国"上升到国家战略的高度，实现通信基础网络的共建共享不仅可以带动各方投资，更是经济转型、发展新兴产业不可或缺的基础，更好地实现万众创新、大众创业，推动我国快速进入信息化时代。

3. 为在全国范围内取消长途漫游费起到带头引领作用

京津冀三地首先取消漫游费，打破了漫游费的地域障碍，达到试水效果，为将来在全国范围内取消漫游费做出表率。漫游费是运营商区域分割、各地分公司独立核算的产物，长期以来运营商拒绝取消漫游费，但现在三大运营商已基本实现全集团整体成本核算，并且经过近年来大力发展建设，基础设施建设已经基本完备，漫游通话时无须进行额外的数据传输，技术上的困难已经不复存在。并且，因为取消漫游费可以推动我国快速进入信息化时代，为万众创新、大众创业做贡献，促进经济发展。可见，取消漫游费符合国家战略布局，也是实现"提速降费"目标的一项重要举措，是大势所趋。当前，我国的运营商要取消长途和漫游费，有着比美国、加拿大等大国更好的基础。我国现有的三家电信运营商都是全国性运营商，信号覆盖全国，不像美国的一些运营商只覆盖几个州，出州就要漫游，和国际漫游没有区别，但美国早在2007年就没有国内漫游费，也没有长途费。在欧洲，议会、欧盟理事会和欧盟委员会6月30日达成一致，拟于2017年6月15日起取消手机漫游费。从全国范围来看，北京、河北之间取消长途费、漫游费，并不比北京和上海之间更容易，上海和北京以及其他发达地区有更充分的理由要求取消运营商的长途和漫游费。京津冀通信同城化应该成为"长、市、漫"语音全国统一价的起点，全面取消全国范围内的"两费"。当务之急，其他地方应当参照京津冀"通信一体化"的经验，积极创造条件、克服困难，加快取消国内漫游费进程。

4. 促进运营商创新经营发展方式

取消京津冀地区长途漫游费，一方面，虽然可能导致运营商的营业收入有所减少，例如中国移动一家每年收入将减少 30 亿元，但对三大运营商的整体收入不会形成大的影响，因为现在的 3G、4G 用户在套餐内已经没有漫游费了，漫游费主要发生在低端用户上，对于运营商来说，这不属于主体收入；另一方面，取消长途漫游费可以降低通信的使用门槛，增加用户群体，推动运营商在新型的商业模式上寻找"互联网+"或与各行业的结合，从其他方面获得新增收入来源。当前，流量的爆发式增长已经成为不可逆转的势头。据工信部发布的 7 月通信业经济运行情况显示，移动电话通话量持续下滑，国内漫游通话量增速继续回落。面对这种情况三大运营商已不能按照原有商业模式经营，为了实现营业收入增长，运营商必须解决如何依托流量来做自己的经营，以及跟移动互联网商如何在流量方面做一些共同的合作，促进其保持发展势头，创新经营发展方式。

第三节　两部门相关负责人解读《三网融合推广方案》[1]

2015 年 8 月 25 日国务院办公厅印发《三网融合推广方案》，标志着三网融合工作进入全面推广阶段。工业和信息化部、新闻出版广电总局相关负责人对此进行了解读。

一、国务院办公厅印发三网融合推广方案，在全国范围内加快推进三网融合有何重要意义？

三网融合是指电信网、广播电视网、互联网在向宽带通信网、数字电视网、下一代互联网演进过程中，其技术功能趋于一致，业务范围趋于相同，网络互联互通、资源共享，能为用户提供话音、数据和广播电视等多种服务。

推进三网融合是党中央、国务院作出的一项重大战略决策。是国民经济和社会信息化的迫切要求。加快推进三网融合，是培育战略性新兴产业的重要任务，

[1]　发布时间：2015-09-22 来源：信息通信管理局 。

有利于迅速提高国家信息化水平，推动信息技术创新和应用，满足人民群众日益多样的生产、生活服务需求，拉动国内消费，带动相关产业发展，形成新的经济增长点；有利于更好地参与全球信息技术竞争，抢占未来信息技术制高点，确保国家网络信息安全；有利于创新宣传方式，扩大宣传范围，促进中华文化繁荣兴盛，保障国家文化安全。

二、三网融合试点工作开展多年，当前工作进展情况如何？

党中央、国务院一贯高度重视三网融合推进工作，将三网融合作为重要任务纳入国家发展战略。按照国务院总体部署，三网融合工作分为试点阶段和推广阶段。自 2010 年试点阶段工作开展以来，国务院办公厅先后确定了两批 54 个三网融合试点地区，将全国各省会城市和符合条件的地区均纳入试点范围。各地区、各部门认真贯彻落实有关工作部署，加快推动网络升级改造，开展 IPTV、手机电视、有线电视网互联网接入、国内 IP 电话等双向进入业务，产生了积极的经济效益和社会效益，试点阶段各项工作顺利完成，为在更大范围、更高层面推进三网融合积累了有益经验。

目前，我国已基本具备在全国范围内推广三网融合的技术条件、网络基础和市场空间，国务院办公厅适时发布《三网融合推广方案》（以下简称《推广方案》），标志着我国三网融合工作正式进入推广阶段。

三、三网融合推广阶段的主要目标是什么？

《推广方案》提出了全面推进三网融合的六项工作目标：一是三网融合全面推进。二是网络承载和技术创新能力进一步提升。三是融合业务和网络产业加快发展。四是科学有效的监管体制机制基本建立。五是安全保障能力显著提高。六是信息消费快速增长。

四、三网融合推广阶段的主要任务有哪些？

为落实推广阶段主要目标，《推广方案》提出了四项主要任务：一是在全国范围推动广电、电信业务双向进入。二是加快宽带网络建设改造和统筹规划。三是强化网络信息安全和文化安全监管。四是切实推动相关产业发展。

（一）在全国范围内推动广电、电信业务双向进入

该项任务明确提出了广电、电信业务双向进入范围分期分批扩大至全国。各

省（区、市）三网融合工作协调小组结合当地实际确定双向进入业务范围并报国务院三网融合工作协调小组办公室备案。业务开展地区确定后，广电、电信企业可依据《推广方案》确定的双向进入业务范围，向所在省或国家行业主管部门提交双向进入许可申请，获颁许可证后依法开展双向进入业务。广电、电信行业主管部门，按照相应法律法规、政策和行业管理规定尽快颁发相关许可，加快推动IPTV集成播控平台与IPTV传输系统对接，对开展广电业务的电信企业、开展电信业务的广电企业加强监督管理，规范企业经营行为，维护良好行业秩序。

（二）加快宽带网络建设改造和统筹规划

该项任务明确广播电视网、电信网的升级改造及共建共享要求。其中，广播电视网侧重于加快网络数字化、双向化、宽带化等升级改造，中国广播电视网络有限公司加快全国网络的互联互通建设，尽快实现全国一张网，全面提升网络服务能力；电信网侧重于光纤化、农村地区网络覆盖范围扩大等升级改造，以及业务平台建设，加快提升业务承载能力。继续做好电信传输网和广播电视传输网建设升级改造的统筹规划，鼓励共享。加强农村地区网络资源共建共享，缩小"数字鸿沟"。

（三）强化网络信息安全和文化安全监管

该项任务在管理体系建设、管理系统建设、动态管理三个方面明确了安全管理要求。在管理体系建设方面，管理部门和企业均要建立健全相应管理体制和工作机制，一是确保时政新闻类等网络信息的内容安全和传输安全；二是确保接入用户实名登记、域名信息登记等管理制度有效落实；三是确保对黑客攻击、信息篡改等恶意网络行为的防护能力。在管理系统建设方面，按照同步规划、同步建设、同步运行的要求，统筹规划建设、完善网络信息安全、文化安全技术管理系统，提高安全技术管理能力。在动态管理方面，重点强化日常安全监控、定期安全评估，对重大网络安全事件及时、客观、准确地予以报告，并协调解决。

（四）切实推动相关产业发展

该项任务分别就推进新兴业务发展、关键信息技术产品研发制造、市场竞争环境、标准体系建设提出要求。在推进新兴业务发展方面，一是鼓励企业利用三网融合的有利条件，发展移动多媒体广播电视、IPTV、手机电视、有线电视网宽带服务等融合性业务；二是推动数字文化内容产品和服务的开发、消费，弘扬主旋律、激发正能量、宣传社会主义核心价值观。

在促进三网融合关键信息技术产品研发制造方面，围绕下一代互联网、下一代广播电视网等重点领域，一是鼓励关键技术的研发创新，加强自主知识产权布局和标准制定工作。二是鼓励关键技术、系统和设备的研发和产业化，提升自主研发制造能力。三是鼓励广电、电信企业通过定制、集中采购等方式，带动智能终端产品竞争力的提升。

在营造健康有序的市场环境方面，一是建立基础电信企业、广电企业、互联网企业、信息内容供应商之间的良性合作竞争机制，规范企业的经营行为和价格收费行为，维护公平健康的市场环境。二是推动广电、电信企业及其他内容服务、增值服务企业之间的合作共赢，凝聚相关产业及上下游资源共同推动产业链成熟与发展。

在建立适应三网融合标准体系方面，按照"急用先行、基础先立"的原则尽快形成由国家标准、行业标准和企业标准组成三网融合标准体系，为企业开展相关业务提供标准依据，充分发挥标准在规范行业发展、保障市场秩序等方面的作用。

五、如何保障三网融合推广阶段各项工作的落实？

为保障三网融合工作的全面推进，《推广方案》确立了四项保障措施：一是建立健全法律法规，为电信、广电业务双向进入提供法律保障。二是落实相关扶持政策，为全面推进三网融合营造有利政策环境。三是提高信息网络基础设施建设保障水平，为加强基础网络能力提供必要支持。四是完善安全保障体系，为做好安全管理工作夯实能力基础。

第十三章 2015年中国无线电应用及管理重点政策解析

第一节 《地球站国际协调与登记管理暂行办法》

一、出台背景

卫星通信系统以地面移动通信技术为基础，是移动通信和卫星通信技术相结合的一个发展方向。卫星通信系统克服了传统无线通信存在的传输距离受地形等因素影响的缺点，支持用户通信终端在任何地方实现相互通信。卫星通信系统主要包括卫星和地球站。其中地球站是指设置在地球表面或者地球大气层主要部分以内的、与空间电台通信或者通过空间电台与同类电台进行通信的电台。基于卫星通信的特殊性及地面环境相对复杂的现状，对卫星通信系统地球站的无线电管理也需依据国际电联等组织的规定，加强其互操作的科学合理性。而地球站国际协调则是指我国与其他国家或地区就地球站拟使用的无线电频率及相关技术参数开展的磋商工作。

目前，工信部根据《中华人民共和国无线电管理条例》、《建立卫星通信网和设置使用地球站管理规定》（工业和信息化部令第7号）和相关行政法规，制定了《地球站国际协调与登记管理暂行办法》（以下简称《办法》）。《办法》旨在贯彻落实国务院行政审批下放要求和无线电台站属地化管理原则，厘清省级无线电管理机构和国家无线电主管部门在地球站审批和国际协调、登记方面的工作职责，加大我国地球站国际协调登记力度，进一步规范地球站国际协调与登记工作，保护地球站的国际地位，维护我国卫星频率和轨道资源使用权益，避免和减少地球站与其他相关国家无线电台（站）间的干扰等。

首先，《办法》给出了一系列名词解释以及必须开展国际协调工作的地球站范畴，即满足《建立卫星通信网和设置使用地球站管理规定》以及国际电联《无线电规则》相关条款规定的电台。然后，《办法》规定了国家及地方无线电管理机构的相关权限职责，以及申报、审批、国际协调流程和后续工作等。最后，《办法》还给出了详细的《地球站国际协调和登记资料表》。该《办法》自2015年5月1日起正式实施。

二、意义与影响

1. 规范我国地球站管理相关流程

卫星地球站管理的目的是指导、规范卫星地球站的设置使用，避免和减少卫星通信系统之间、卫星通信系统与其他无线电业务系统之间的干扰。对于任何国家而言，均需要制定一系列政策、法规，并规范其管理流程及控制方法。我国设置使用卫星地球站的管理实施主体是工业和信息化部，省、自治区、直辖市无线电管理机构，受理单位包括工业和信息化部无线电管理局及省、自治区、直辖市无线电管理机构。《办法》明确了必须开展国际协调工作的地球站范畴，即满足《建立卫星通信网和设置使用地球站管理规定》以及国际电联《无线电规则》相关条款规定的电台。《办法》还对国家及地方相关的权限职责进行了规定，建立了完善的管理制度，规范和完善了申报、审批、国际协调流程和后续工作等。《办法》以附件的形式给出了详细的《地球站国际协调和登记资料表》，统一了登记资料的格式，便于规范化管理和数据录入。

2. 有效补充相关法规，适应地球站国际协调新形势

2009年3月1日，工业和信息化部发布第7号令，公布《建立卫星通信网和设置使用地球站管理规定》。该管理规定于2009年4月10日起施行。该管理规定旨在规范建立卫星通信网和设置使用地球站的行为，避免和减少卫星网络之间、地球站与共用频段的其他无线电台之间的相互干扰，促进卫星通信事业健康发展。

《办法》的施行则是对上述管理规定的一种有效补充，对加强我国地球站的有效管理及边境地区地球站的国际协调具有重要意义。随着我国在建立的多边、双边协调机制下，有序开展相关工作，积极参与无线电国际管理事务，深入参与国际电联的一些重要活动，无线电领域的国际协调新形势已经显现。2014年，我国连任国际电联理事国，赵厚麟当选国际电联秘书长，在这个过程中，我国无

线电管理系统积极配合展开工作，发挥了积极作用。《办法》的出台将在保护我国地球站的国际地位，维护我国卫星频率和轨道资源使用权益，避免和减少地球站与其他相关国家无线电台（站）间的干扰等方面进一步发挥积极作用。

3. 对边境协调工作提出了更高的要求

我国是世界上陆地边界最长和邻国最多的国家，也是边界情况最复杂的国家之一。我国陆地边界与 14 个国家接壤，除此之外，大陆与港、澳之间的管理方式也不尽相同。在无线电技术及应用日益发达的今天，无线电干扰也日益广泛和严重。因此，边境（界）无线电频率协调的问题就显得尤为重要。我国无线电主管部门依据国际电联《无线电规则》，按照《边境地区地面无线电业务频率国际协调程序》的要求，不断加强与周边国家的协调力度，及时协商解决干扰问题，确保我国边境地区无线电台的正常运行。《办法》大多数情况下是针对边境地区的地球站申请国际保护，从而使边境协调不但包括双边协调，还引入了国际协调机制。通过增加国际协调为手段，保护边境协调过程中的我方权益，从而进一步对我国的边境协调工作，例如协调方式、协调流程、协调程度等方面均提出了更高的要求。

4. 有利于加强人才队伍建设

基于《办法》对地球站管理流程及国际协调的规范性、科学性、准确性及高效性的要求，迫切需要建立一支地球站国际协调与登记管理方面的专业人才队伍，来承担相关的前沿跟踪研究、自动化管理软件研制及维护、干扰协调程序执行及参加国际协调等任务，培养我国军地卫星地球站管理技术专业高级人才。与此同时，需要对专门的人员进行地球站管理国际协调工作的定期培训，提高专业知识（如地球站干扰协调软件系统的操作、分析及计算）和谈判技巧等，切实维护我国卫星频率和轨道资源使用权益。

5. 有助于推进无线电管理法制建设

《办法》积极贯彻落实党的十八届四中全会精神，依法实施无线电管理行政许可，坚持政务公开和政府信息公开，严格执法流程，规范执法行为，提高执法水平，强化监督检查，做到有法必依、执法必严。《办法》的出台使我国无线电管理法律法规大家族中又添加了一个新的成员，是我国无线电管理法律法规建设里程中的重要一步。《办法》还有利于让有关部门高度重视并尽快推进无线电管理相关改革与立法工作。

三、配套技术规范

日前，国家无线电监测中心/国家无线电频谱管理中心编制完成了《地球站国际协调与登记管理办法》的重要配套技术规范：《地球站国际协调与登记技术手册》。该手册包括 10 个章节和 1 个附录，共多 12 万字，主要内容为地球站国际协调与登记的管理体系、技术方法、相应规则以及这些规则的由来和依据等。为了方便用户在地球站国际协调与登记过程中更加方便和准确地填写卫星网络资料信息，手册中还编制了"部分在轨卫星所使用的卫星网络资料列表"。该手册配合《办法》使用，在维护和加强我国卫星频率、轨道资源和地球站的国际地位方面具有重要意义，既是为了保证地球站和其他无线电台（站）间都能正常有效地使用，也是为无线电频率"东拓西扩"和可持续发展提供重要支撑保障，可以作为边境地区无线电台（站）国际协调和登记工作的指导规范。

四、落实建议

2015 年 4 月 15—16 日，工业和信息化部无线电管理局组织召开《地球站国际协调与登记管理暂行办法》宣贯会。无线电管理局、政策法规司，国家无线电监测中心/国家无线电频谱管理中心，边境省份无线电管理机构人员参加了此次宣贯会。会上就《办法》的制定背景、条款释义进行说明，对《地球站国际协调与登记技术手册》进行解读，并就参会人员在实际工作中遇到的问题进行解答；部分边境省无线电管理机构人员还对台站属地化管理以及地球站国际协调与登记初审工作进行了交流汇报。此次宣贯会为有效贯彻实施《办法》拉开了序幕。

第二节　关于加强无线电管理工作的建议解释 [1]

伴随着新形势发展，无线电管理工作面临诸多新的挑战，如何全面加强无线电管理工作，进一步提升无线电管理监管能力和服务水平，成为国家和地方无线电管理机构的新课题。近日，工业和信息化部网站发布《关于政协十二届全国委员会第三次会议第 2340 号提案的答复摘要》，就无线电管理领域的相关问题进行

---

[1] 引自工信部官方网站。

了简要说明。

一、关于频率资源集中统一管理

工业和信息化部表示，对于无线电频率和卫星轨道等稀缺性、开放性资源，需要从国家层面进行统筹，加强集中统一管理。现行 1993 年《无线电管理条例》（以下简称《条例》）规定，国家对无线电频率资源实行统一管理、统一规划。

为进一步加强对无线电频率资源的集中统一管理，工业和信息化部在《条例》修订稿中对"管理机构及其职责"一章进行了完善，进一步明确由国家无线电管理机构负责全国无线电管理工作的同时，也兼顾了发挥相关部门积极性的要求，从法律层面固化历次机构改革的成果。

二、关于启动频率资源市场化改革

无线电频谱资源是我国重要战略资源，属国家所有。当前我国主要采取行政审批方式配置频谱资源，为贯彻落实党的十八届三中、四中全会精神，"使市场在资源配置中起决定性作用和更好发挥政府作用"，工业和信息化部组织开展了市场化配置无线电频谱资源的专题研究工作，并取得了阶段性成果。

据了解，下一步，工业和信息化部将持续推进此项工作，一是进一步加强对频谱资源分类属性、收费制度、配套监管机制等方面的研究工作；二是不断完善相关政策法规，稳步推进相关试点工作；三是运用好行政审批和市场化配置手段，逐步培育有中国特色的频谱资源市场化配置体系。

三、关于构建完善的无线电管理法治体系

为加快推进无线电管理法律法规体系建设，近年来工业和信息化部积极配合国务院法制办开展《条例》修订工作，目前《条例》修订已列入国务院 2015 年立法工作。同时，结合工作实际，继续做好部门规章修订、其他法律法规中涉及无线电管理的相关条款修订、各地无线电管理机构立法指导等工作。

下一步，工业和信息化部将在国务院法制办指导下，全力推动《条例》尽快修订出台，做好无线电领域规章的立改废释工作，不断提高无线电管理法制建设水平，加快构建完善的无线电管理法治体系。

四、关于加强业务培训和工作交流

近年来，在组织人事部门指导下，工业和信息化部不断健全培训制度，制定了年度培训计划和培训大纲，明确了培训工作的指导思想、培训内容、方法和要求。

工业和信息化部将持续强化培训工作。一是建立健全业务培训的长效工作机制。采取理论知识和实际操作结合，全国性通用培训与地方性专题培训互补的方式，继续加大对一线业务技术人员的培训力度。二是安排基层技术业务骨干参与边境频率协调会谈、重大活动无线电安全保障和软课题研究，在实际工作中锻炼提高业务技术能力；三是利用既有交流轮岗、挂职锻炼、援疆援藏等干部培养机制，为无线电管理工作人员提供更多干事创业的机会，提升队伍工作水平。

第三节　解读《关于1447—1467兆赫兹（MHz）频段宽带数字集群专网系统频率使用事宜的通知》

集群通信，即无线专用调度通信系统，已从"一对一"的对讲机形式、同频单工组网形式、异频双工组网形式以及进一步带选呼的系统，发展到多信道用户共享的调度系统，并在各行各业的指挥调度中发挥了重要作用。集群通信发展的必然趋势是由模拟向数字方向发展。与传统的模拟集群系统相比，数字集群系统的优点在于：一是可以提供更丰富、更实用与多样化的以调度、快速响应、安全保密为主体的各种功能，可以更好地满足集群通信市场及用户的业务需求。二是可以提供更好的业务质量、更好的保密特性、更好的连接性能等。三是具有更高的频谱效率，在资源极为有限的情况下，这一点显得尤其重要。四是有助于由数字化向IP化演进，从而有利于发展多种增值业务，促进公网和专网协同发展。

数字集群专网的主要用户为两类：一类是对指挥调度功能要求较高的特殊部门和企业，包括政府部门（如军队、公安部门、国家安全部门和紧急事件服务部门）、铁路、水利、电力、民航等；另一类是普通的行业用户，如出租、物流、物业管理和制造企业等。

一、出台背景

在全球数据流量猛增的大背景下，宽带化升级已成为我国无线专网的发展趋势。视频传输、数据查询等高速宽带通信业务在公共安全、交通运输、政务和能源等行业需求巨大。然而，我国无线专网大多还停留在 2G 时代，对于有数据、视频等大带宽需求的行业，需要同时建两张网，一张用于语音集群，一张用于宽带数据传输，且需要两部终端支持，这给无线专网的发展带来了巨大挑战。因此，如何实现数字集群和宽带接入的共网化、宽带化成为当前市场需求的主流。

为适应政务、公共安全、社会管理、应急通信等对宽带数字集群专网系统的需求，根据《中华人民共和国无线电频率划分规定》及我国频谱使用情况，经工业和信息化部无线电管理局研究，决定规划 1447—1467 MHz 频段用于宽带数字集群专网系统，并下发了《关于 1447—1467 兆赫兹（MHz）频段宽带数字集群专网系统频率使用事宜的通知》（以下简称《通知》）。

二、对无线电管理的意义与影响

《通知》将 1447—1467MHz 频段规划给政务专网使用。使用该频段的宽带数字集群专网系统采用时分双工（TDD）的工作方式，并规定了无线电通信设备主要技术指标。《通知》对无线电管理具有显著的意义和影响：

（一）基于 TD-LTE 技术的专网宽带化升级趋势显著

我国主导制定的 TD-LTE 是 4G 国际标准之一，其在提供无线宽带接入时，具有频谱资源配置灵活、传输速率高、可与 LTE FDD 融合组网等优点。不仅如此，从产业角度看，我国已形成较成熟的 TD-LTE 产业链，具有雄厚的产业基础。我国除了在公网方面正在加快 TD-LTE 商业化的进程，并且已有意识在专网领域发挥其优势。目前我国已有电信设备制造商开始生产基于 TD-LTE 技术的无线专网设备，并已在部分行业和领域的宽带专网建设中得到应用。

（二）我国重点发展基于 TD-LTE 技术的政务专网

从 2011 年到现在，北京市政务物联数据专网的基站数量超过 200 个，主城区基本实现覆盖，重点业务主要为多方会议电话、联席办公、远程实时监控等；天津市同样选择了 TD-LTE 技术建设覆盖全城的政务网，目前一期网络建设已基本完成，并在滨海部分地区也已部署了 TD-LTE 专网宽带网络；南京市政府建设的全球首个 TD-LTE 宽带多媒体数字集群政务专网，为第二届亚青会的顺利举办保驾护航，成功实现了中国自主技术 TD-LTE 宽带集群对国际重大赛事的通信指挥保障。除政务专网以外，国内公共安全、能源、高铁、民航、交通运输等行业和领域都在积极部署或者正在规划原有专网基于 TD-LTE 技术的宽带化升级。

（三）缓解频谱资源在专网宽带化升级中的稀缺性

频谱是所有无线电技术应用及相关产业发展的先决条件。在专网宽带化的进程中，首先必须面对频谱资源紧张的局面，目前适合移动通信的频段的使用已过度密集，可用频率十分紧缺，并且适用的频谱资源大部分已经规划或预留给了公网。相比之下，可供专网使用的频率资源就显得更加紧张。其次，专网宽带升级的频谱需求量大。专网与公网相比，分布分散、需求差异大，而这导致了专网频谱规划时的零散性。这种频谱规划方式在窄带通信时期能够满足频谱需求，但在宽带时期，随着数据应用的增多、数据流量的提升，专网对频谱的需求会不断增加，在建设初期可能就需要几十兆赫兹的频谱资源。当不同行业和领域的专网都需要向宽带化网络升级时，已不可能再有足够的频率资源可供规划，窄带通信时期零散地分配给每个专网独立使用频谱的方法也就不再适用。工信部下发的《通知》规定在 1.4GHz 频段上以 10MHz 和 20MHz 信道带宽的形式的分配频谱使用，以大带宽形式缓解频谱的稀缺性。

（四）完善专网宽带集群标准，加速专网规模化升级

在"窄带向宽带演进"的发展趋势下，国内外很多联盟和协会以及诸多研究机构和企业涌入到无线宽带专网产业链中。大家本意是通过联盟和协会的推动，实现产业的规范化和标准化，整合产业资源，实现整条产业链的可持续发展。但现状是，标准的制定严重滞后、无线宽带产业上下游同类企业之间仍各自为政。由于缺乏统一的标准，设备厂商结合自身情况，采用了有利于自己的技术方案，无法实现互联互通，出现了诸多的信息孤岛。标准不统一不仅降低了用户体验，而且还在一定程度上增加了终端设备的成本，已经成为专网宽带化升级道路上亟待突破的一大瓶颈。《通知》的发布，在一定程度上弥补了这种标准缺失，体现了国家在专网规模化升级方面的发展思路。通过首先确定时分双工模式的用频，为我国自主的 TD–LTE 技术提供广阔的市场需求，进而为逐步出台一系列宽带数字集群专网相关标准奠定了基础，为加速各类专网的相应规模化升级明确了方向。

三、落实建议

（一）加大频谱管理新技术、新模式的研究力度

欧美发达国家和地区为了满足无线宽带时期的用频需求，已对无线电频谱管理技术和模式进行了探索。例如，欧盟委员会于 2014 年推出一项频谱共享计划，

保证频谱能在不影响主用户频谱使用权的前提下使频谱资源得到最大化的共享利用；美国政府也于2014年制订了频谱高速公路计划，该计划旨在通过频谱管理模式的创新，在一段频谱上实现不同无线电业务的动态共享使用。因此，我国首先应深入对认知无线电、频谱共享接入等先进无线电技术的研究，从技术层面上实现频谱利用率的提高；第二，应积极探寻适合我国的频谱共享管理模式，实施新的频谱框架体系和分配方式，从根本上解决专网宽带化升级中频谱匮乏的难题；第三,鼓励各级无线电管理机构在《通知》的基础上提出更进一步的频率分配方案。

（二）发展宽带数字集群专网需要借鉴经验和统筹规划

专网宽带化升级进程中需要专网用户统一频率使用认识，逐渐实现"共网"和"一网多能"的发展目标，这样不仅能充分利用频谱资源，还能节省建网及网络后续的运维成本。例如，美国政府计划在700MHz频段规划建设基于LTE的全国性公共安全专网。由于同样采用LTE技术，公共安全专网和公网的无线及空口技术基本一致，因此用户可在专网与相邻频段的公网之间实现漫游，在专网暂时不能覆盖的区域里，公网能作为专网的有效补充。一方面，我国TD-LTE公网商用在即，相关部门应学习和借鉴美国专网的升级经验，统筹考虑TD-LTE专网与公网的协同发展；另一方面，我国公共保护和救灾领域（PPDR）大部分专网仍处在模转数阶段，而部分专网却已经显现出宽带化的需求，在发展TD-LTE专网时需同时考虑与警用数字集群通信系统标准（PDT）的关系，要分阶段推进PDT+TD-LTE的融合。

（三）切实落实《通知》中对无线电设备指标的规定

主要包括无线电通信设备主要技术指标，即信道带宽、发射功率限值、载频容限、基站无用发射限值和其他的行业相关标准。在专网设备的研制、生产、进口、销售和设置的过程中严格按照《通知》中对无线电设备指标的规定进行，可以大大简化审批、审核以及部署流程和成本，进而可以加速宽带数字集群专网系统的发展。

（四）加快制定基于TD-LTE技术的专网宽带集群标准

目前，由中国通信标准化协会（CCSA）牵头，相关研究部门联合用户和设备厂商，正在积极开展TD-LTE专网宽带集群标准化工作。需要注意的是，专网宽带化标准的制定不能以牺牲网络的可靠性、安全性和接入时长为代价，要寻找到一个平衡传输速度和原有专网性能的最佳融合点，最终实现既能满足专网通信的可靠保障，又能满足宽带需求的目标。

热 点 篇

第十四章　无线电技术与应用热点

第一节　虚拟运营商正式商用进程稳固推进

2015 年 4 月 17 日，在"2015 中国虚拟运营发展论坛"上工信部表示将继续抓好移动转售业务试点工作，争取顺利正式商用，并加快相关政策和制度的完善。自 2013 工信部发放虚拟运营牌照以来，虽然很多有实力的民企向移动转售业务投入了大量的精力，但由于虚拟运营商本身的限制以及我国市场各方面的阻力，移动转售业务的发展非常缓慢。虚拟运营商不能一味地承接基础运营商的业务，它的出路在于利用互联网运营的优势，要有创新，要有特色。

虚拟运营商的现状是产品创意有余而竞争力不足。现有的这三十几家虚拟运营商推出的产品确实给通信市场带来新意，这些主要体现在：按业务计费、业务转赠、流量不清零、阶梯计费等。但对于国内通信市场来说，产品的竞争力大都依赖于价格。从话音业务上看，虚拟运营商的话音资费一般是在每分钟 0.15 元，而有的运营商已经降到了每分钟 0.1 元 / 分钟左右。在流量上，中国移动经过几次降价，4G 套餐已降到 0.05 元 /MB。可看出，光有创意噱头，资费价格并不占优势。

没有价格与资源支撑的创新举步维艰。虽然三家电信运营商对于虚拟运营商的政策和态度都采取了限制。即对虚拟运营商发展保持警惕，又需要为自己保留足够的利润空间。既限制了对虚拟运营商的放号要求，又限制了号卡资源、批发价格等。同时，虚拟运营商还面临着来自自身的局限，而"创新"正是其中一项。

虚拟运营商的出路在于细分市场。虚拟运营商应该着重从细分市场入手。首先，继续保持与互联网紧密结合的发展模式，并将互联网思维中的"开放、自由、免费、共享"引入通信业务，可以从两方面下手，一是和自己的移动信息化实行交叉补贴。二是捆绑互联网业务，进行交叉补贴；其次，注重增值业务，将自身产品打造成"基础通信＋附加特权"的形式。这也是结合自身业务的发展模式，例如发展目标瞄准网络游戏用户群体、移动健康服务市场，也要面向教育旅游等行业。这些领域适合精耕细作，需要耐心挖掘；此外，积极推广号卡＋专属终端模式。手机终端制造商可采用购卡换取购机的优惠，也可以为用户定制个性化业务。

第二节　中国移动利润连续第七个季度下滑

中国移动 2015 年第一季度的财报显示，该季度净利润 238.3 亿元，同比下滑 5.6%。这已是中国移动利润连续第七个季度下滑。随着互联网与移动互联网的快速崛起，在多种因素作用下，运营商业绩可能会持续一段时间的辉煌，但走下坡路已是不争的事实。面对巨大的外部压力，运营商的转型已迫在眉睫。

追溯运营商业绩下滑的因素，可以归纳为：一是移动通信普及率高，新增用户萎缩，再加上价格竞争增大。二是 OTT 类服务对话音等传统业务收入的冲击。三是成本增长比重加大，整个成本增长超过 15.2%。传统电信业的市场环境、商业模式、运营模式都遭遇着挑战，运营商需要加快转型脚步。

加强协作共享，建设智能管道。首先是无线网与固网的整合与优化。一是利用 WIFI 等技术，让固网来分担移动网络的压力，加快网络和计费融合的步伐；二是，加快运营商之间的网络基础设施的共享，一步一步按照基站共址到共享天线铁塔，最后达到网络的共建共享，这样不仅降低了资本支出的压力，还能提高设施的利用率。其次，为尽快实现流量经营、附加值更高的应用分发与增值业务，从哑管道向智能管道的升级迫在眉睫。

消费者的数字化无缝体验。首先，运营商的转型为了应对用户需求的变化以及业务的转型，应从以下六个维度出发，建立明确可执行的数字化战略：渠道，整合包括实体零售、媒体和网络在内的多重用户接触渠道；用户，为用户提供流畅丰富的数字化体验；运营，通过流程的精简和个性化、产品和服务的整合，优化运营效率；产品，提供差异化的服务与产品组合；技术，搭建灵活的互联互通的数字化平台，实现跨产品线的计费与融合；联盟与合作伙伴，向第三方提供开放能力或者网络资源，致力于协同客户价值的创造。其次，运营商应考虑通过无缝的多渠道用户体验，建立可持续的竞争力。运营商应当致力于成为消费者获取应用与服务灵活便捷的智能渠道。

打造数字化服务的平台。从整个市场现状上来看，运营商拥有无与伦比的资源：网络、用户数据和用户规模等。运营商应该结合在云平台和大数据等领域的优势，探索超越智能管道和流量经营的商业模式，致力于建立更为全面和差异化的平台，这样就能保证其与 OTT 竞合中处于有利地位。同时，结合其在云平台等领域的优势，和不同参与者广泛协作，成为 ICT 服务平台的整合者和提供者。

第三节　中国电信天翼混合云服务正式开始商用

2015 年 2 月 12 日，中国电信宣布天翼混合云服务正式开始商用，这是国内首次提供混合云服务。混合云既能够包含公有云与私有云的优点，又能克服公有云与私有云的弱点，能够实现两套系统的无缝整合。混合云越来越让人看到它的巨大价值，将会成为越来越多企业的首选。

混合云平台可以让企业用户把运行在内部网络服务器或桌面上的业务应用程序包与运行在云上的程序紧密联系起来。此模式有助于开发商和供应商开拓更广阔的市场，能更有效地为客户服务，并且还能大大地降低成本。混合云服务具备三大优势：

即时通信部署在本地网络中，所有沟通信息、联系人全保存在自己的服务器上。一是用户可享受到丰富的即时通信功能，如多组合、多维度的联系人快速定位、查找和管理，并在此基础上进行跨部门抄送、消息跟踪签收与回复、任务流等，二是混合云有严密的授权，能确保安全性，使系统更易控制和管理。

视频会议容易部署到本地，混合云能支持 80% 以上的视频沟通在企业内部网络中消化，能够使会议范畴从高级小会议室衍生到大众会议室的桌面和移动办公场景中，从而带来更大的价值。企业通过即时的视频沟通，可以更方便地使用协同浏览、视频会议、桌面共享等便捷功能。同时还能有效规避传统云服务租用式视频会议的弊端，如等待、复杂的预约、参会人数多扩展困难。

语音可配置多个通道，混合云服务能使企业本地设备与主流的 IP 话机、IP-PBX 等通信设备互联互通，让客户端成为桌面分机伴侣，进而实现全球分机。企业可最大限度地利用网络来提高通话质量、安全性和效率、可靠性，以降低成本。

混合云也存在一些挑战，如公有云与私有云之间的应用的适应性、兼容性、集成度的缺乏，管理混合环境的复杂性等。但不可否认的是，混合云是云计算未来发展的重要方向。混合云服务能解决行业客户对业务简洁性方面以及快速平滑迁移的需求，方便资源的即时弹性和无缝的延展。总的来说，混合云模式能够更加有效利用 IT 与工作负载可扩展性，是未来云计算市场的发展趋势。

第四节　中国移动加快 VoLTE 商用进程

2015 年 1 月 28 日，中国移动已完成了支持 VoLTE 的 IMS HSS /EPC HSS/ HLR 三方案融合新建设备集中采购评标工作。按照规划，中国移动将在上半年正式推出 VoLTE 商用。随着移动互联网的飞速发展，用户体验不佳、模式创新不足、业务不够丰富的劣势日趋明显。以 VoLTE 为核心的融合通信已成为重要的业务形态。

VoLTE 是全部业务承载于 LTE 网络上，通过 IP 多媒体子网实现业务控制的语音方案。VoLTE 的优势体现在：

从效率上来说，VoLTE 可以大幅降低成本。它的流量和话音承载力远高于 3G，流量承载力高出 3G 的 10 倍以上，且成本不到三分之一；它对频谱利用率更高，具有全球化性能好、水平高、成本低等明显优势。

从业务上来说，可提升用户的体验，增加收入。运营商通过提供高清语音，提升用户体验。除此之外，运营商还能方便地将网络向第三方开放，进而能够开拓新用户，加速新业务的部署和增加业务收入。

从网络上来看，它是最能匹配网络发展的语音方案。电信业务全分组化趋势明显，演进型分组核心网将成为主流；另一方面是固定和移动语音网将演进到多媒体网络系统，分组网与各种无线网络的融合将是大势所趋。

虽然存在网络全覆盖的压力和终端尚未全面普及、技术标准还有待完善、业务创新不足等问题，但 VoLTE 在承载 IP 网络的话音业务方面具有与生俱来的优势。从网络演进趋势上看，2G、3G 和 4G 多网的共存，带来的极高的运营和网络复杂度，要想取消这种局面，实现网络全 IP 化，离不开 VoLTE。从运营角度上看，VoLTE 不再是一个单独的网络，可使语音传输成本降低 70%，有益于提高收益。对用户而言，可满足用户对高清视频和语音通话的需求，它借助 LTE 网络能够提供更好的音视频质量。目前多个主流运营商早在 2014 年上半年就宣布了 VoLTE 规划，同时伴随着 VoLTE 产业链的发展瓶颈的逐步打开，VoLTE 将凭借其天然的优势成为 4G LTE 制胜的关键。

第五节　我国移动支付产业业绩逐年递升

2015 年 4 月 22 日召开的"2015 第七届中国移动支付产业年会"上，中国电信翼支付公司负责人表示，该公司交易额自 2011 年成立时只有 111 亿元，到 2014 年已经达到了 3520 亿元，预计 2015 年将会达到 5300 亿。随着我国市场移动支付金额的飞速增加，怎样确保我国移动支付快速增长的势头以及互联网金融的安全性是一个迫在眉睫的大事。具体的措施可分为：

加强行业间协作，增强行业间的合作，构建一体化的产业联盟，资源就能得到整合，优化利用，还需寻求满足各方利益的运营模式，实现合作共赢；此外，运营商、银行等这些产业链的核心参与者，需利用自身优势，应缓解闭门造车，在获取利益时也要注重各利益主体间的相辅相成，形成一体化的产业链。

提高信用指数，要把行业间的客户联合起来，明确信用评级制度，统一评价信用的标准，按照信用等级进行管理。将司法、金融等部门的信用信息整合到移动支付行业中，通过信用的评价制度获取和提高参与者的信用指数，进而大大降低移动支付中的信用风险。

移动支付需多样化，由于移动用户的需求是多样化的，就使得移动支付方式也要多样化。移动支付的使命是补充线下现金支付，在支付过程中会有各种不同的支付方式，例如手机支付、银行卡、话费、积分都是可能选择的方式。因此，在移动终端上需要满足用户通过便捷的方式选择需要的支付方式。

加强支付安全。互联网金融的安全性一直是关系用户财产安全的大事，因此必须加强移动终端上的安全技术，如身份识别技术、SIM 的智能卡、无线 VPN、防火墙等；还需严防手机病毒，加快研制安全性更高的平台系统。另外，用户必须增强安全意识，对诈骗信息、非法的链接等有较强的防范意识，降低支付风险。

解决行业规范问题。我国移动支付的行业没有统一的标准，导致市场上出现了各式各样的支付平台，导致整个产业难以有序地进入规模化发展。另外，移动支付市场缺乏监管和法律的约束，也没有建立良好和高效解决纠纷的机制。监管部门需尽快结合际上通行的标准和方案，研制出我国统一的行业标准，使移动支付市场规范化，为移动支付市场发展创造良好契机。

第六节　铁塔公司将完成三大运营商资产注入

根据 2014 年 12 月的"铁塔相关资产清查评估工作动员会议"决定，铁塔公司与三家运营商将在 2015 年 8 月底前完成存量铁塔资产交割。据统计，三家运营商共有约 150 万座存量铁塔。资产交割完成后，中国铁塔将形成约 3000 亿元人民币的资产规模。在三大运营商完成资产注入后，铁塔公司还将引入民间资本，向投资者非公开出售最高 20% 的股份，形成混合所有制后将择机上市。

铁塔公司主营电信铁塔及其基站等附属设施的建设、运营和维护。它的建立是我国电信行业实现网业分离改革、推进移动网络共建共享的重大成果，符合电信市场发展的大趋势。组建铁塔公司的理性体现在几个方面。一是有利于提高电信基础设施利用率。自 2015 年开始三大运营商已不再自建铁塔，所需的新增铁塔全部由铁塔公司负责建设。按照原计划 2015 年三大运营商预计新建铁塔 48 万座，但铁塔公司统筹原有站址资源后只需新建约 20 万座就能满足全部需求。二是避免重复建设，降低电信基础设施建设及运营成本。据业内专家估算，每关闭 1 万个基站，可减少支出 200 亿元，铁塔公司的建立将为三大运营商节省直接投资 300 亿元，同时也将为我国带来年均 500 亿元的网络建设成本节约。三是有利于加快电信运营商的战略转型。运营商可将节约的成本更多地投入到新业务开发和运营中去，专注于业务创新及核心业务竞争力的提升。四是有利于改进服务提升消费者体验。铁塔公司运营后，三大电信运营商均可以快速扩大网络覆盖，提高信号质量，增强市场竞争，从而使消费者拥有更好的消费体验。

我们必须同时认识到,铁塔公司的组建和运营面临着一些质疑和挑战。比如,铁塔公司不存在任何竞争对手，很容易形成垄断，影响市场竞争和效率，技术创新的动力不足等等。如何克服这些问题将是今后铁塔公司面临的重大挑战，这需要做大量的研究，不断进行制度创新和实践创新，才能实现改革的初衷。

第七节　中国移动转型流量经营推出语音短信免费新套餐

中国移动最近尝试推出一项"话音短信不限量套餐"。套餐共分为三档，价格分别为 338 元、418 元和 518 元。新套餐仅对流量收费，而语音短信的使用全免费。不过，新套餐仅针对五星级、四星级用户试行，全面开放尚需时日。新套餐的推出表明中国移动将对收费模式作出重大调整，由语音短信为中心转向以流量为中心。

当前，无论在国际层面的发展还是国内发展的需要来看，我国移动运营商都需要转变经营模式，推进流量经营战略。在国际层面，数据显示，2013 年第四季度美国移动运营商的数据流量收入开始超过语音通话收入，标志着美国移动运营商的数据流量已取代语音和短信成为主导业务。另外据研究，到 2020 年，全球数据流量消费年均增长率将超过 60%。基于此，美国最大的两家移动公司AT&T（美国电话电报公司）、Verizon（美国威瑞森电信）最近接连宣布推出对数据流量收费而语音短信免费的新套餐计划。就国内发展而言，在移动电话用户增速明显放缓和互联网特别是移动互联网的深入影响下，电信行业传统业务所受到的冲击已非常明显。根据中国移动年报，早在 2013 年中国移动的净利润就 14 年来首次出现下滑，2014 年进一步下降了 10.2%。工信部统计数据显示，2014 年运营商传统的语音通话、短信息等主营业务收入全面下滑。全国移动电话通话时长29270.1 亿分钟，同比增长仅 1%，增速同比下降 4 个百分点。全国移动短信业务量 7630.5 亿条，同比下降 14.4%，移动短信业务收入同比下降 14.7%。同时，数据显示，运营商移动数据及互联网业务收入快速增长，占电信业务收入的比重从上年的 17% 快速提高至 23.5%，对收入增长的贡献率已经突破 100%。

所有这一切都表明，在"互联网 +"时代运营商只有以流量经营为核心才能实现业务和收入的可持续增长。但在短期内，我国移动通信仍不具备全面实现流量计费套餐的条件。首先是我国的 VoLTE 高清语音业务尚未推出。VoLTE 以数据流量的方式提供语音服务，是统一语音和流量计费的基本条件。其次，我国还有大量 2G 用户存在，为保证他们的权益，短期内不可能实现完全流量。

第十五章　无线电管理热点

第一节　我国治理电话"黑卡"需从源头、发现渠道、惩罚力度三点入手

2015 年 2 月 12 日，工信部通信保障局组织移动通信转售企业召开会议，对电话"黑卡"治理专项行动进行部署。如今，一些不法分子利用非实名电话卡进行传播淫秽色情信息、实施通信信息诈骗、组织实施恐怖活动等违法犯罪活动，严重侵害人民的利益，危害国家安全和社会安定。我国治理电话"黑卡"需从源头、发现渠道、惩罚力度三点入手。

电话"黑卡"是指未进行实名登记并被不法分子利用进行传播淫秽色情信息、实施通信信息诈骗、组织实施恐怖活动等违法犯罪活动的移动电话卡。不法分子利用电话"黑卡"进行违法犯罪活动，犯罪成本低，有关部门追查困难。

强化电话"黑卡"源头防范。第一，提升身份信息核验能力。基础电信企业为用户办理电话入网手续时，应利用专用程序核验用户身份信息，实现系统自动录入用户身份信息。第二，完善证件核验技术手段。为用户办理电话入网手续时，必须使用二代身份证识别设备核验用户本人的居民身份证件，并通过系统自动录入用户身份信息。第三，加强网络营销渠道管理。在网络销售电话卡时，应要求用户上传居民身份证的扫描信息，核验通过后方可配送电话卡；在电话卡配送环节，应确认用户身份证件与网上提交的身份信息一致性。第四，全面推进未实名老用户补登记。对于未实名老用户，基础电信企业要在其办理新业务、更换移动电话卡时依法要求其进行补登记，确保尽早日前使全部电话用户实名登记率达到 90% 以上。

加大"黑卡"发现力度。第一，深入开展监督检查。各通信管理局和基础电

信企业按照相关要求，定期对电话用户实名登记工作进行监督检查。移动转售企业要加大自查力度，确保落实电话用户实名登记要求。第二，建立健全协作机制。各通信管理局会同当地公安厅（局）、工商局建立执法检查协作机制，积极探索联合执法检查的协作方式，加大对营销渠道和流动商贩售卖非实名电话卡、盗用他人身份信息登记等违规行为的检查力度。公安机关在侦办违法犯罪案件过程中，注重发现和搜集"黑卡"号码信息，及时汇总并转交当地通信管理局依法依规进行处理。第三，核实用户身份信息准确性。电信企业把以同一身份在一个省份内登记了5张以上移动电话卡的用户作为重点，验证用户身份信息的准确性。第四，畅通社会举报渠道。各通信管理局、电信企业设立举报电话、邮箱和网站栏目等，及时对被举报违法行为进行调查取证，并按照有关规定对查实的违法行为及时进行处理。

从严处理"黑卡"相关违法违规行为，第一，快速核实关停"黑卡"。在执法办案工作中，对发现的涉嫌违法犯罪的本地"黑卡"，各地电信企业依法配合公安机关查询使用人身份信息，对无法查清身份信息的有关"黑卡"予以关停，并对流出渠道进行查处；对无法查清身份信息的有关"黑卡"予以关停，并从重对流出渠道进行查处。第二，建立违法渠道黑名单制度。电信企业将电话用户实名登记要求纳入对社会营销渠道的考核奖惩体系，对出现出售非实名电话卡等严重违法行为的社会营销渠道，按协议及时取消代理。并由各通信管理局移交当地工商行政管理局通过企业信用信息公示系统对其进行公示。第三，依法追究法律责任。电信企业要加强对用户身份信息的保护。对违反《刑法》规定，将用户身份信息出售或非法提供给他人的电信企业及其社会代理渠道责任人，公安机关依法进行查处。公安机关根据通信管理局提供的线索或自身掌握的情况，对涉嫌利用"黑卡"从事的违法犯罪活动及时进行立案侦查和依法打击。

第二节　我国发布《抗战胜利70周年纪念活动无线电管理规定》

2015年是中国人民抗日战争暨世界反法西斯战争胜利70周年，这是今年我国的一项重大政治活动。我国政府将开展一系列纪念活动。其中最受关注的是，2015年9月3日将在北京天安门广场举办纪念中国人民抗日战争暨世界反法西斯战争胜利70周年大会，并举行盛大阅兵式。这是我国在国庆首都阅兵以外首次组织专题大阅兵，体现了对于纪念抗日战争暨世界反法西斯战争胜利 70 周年的高度重视。为了确保纪念活动特别是阅兵式的安全顺利举行，工信部和公安部于 2015 年 8 月 6 日联合发布了《抗战胜利 70 周年纪念活动无线电管理规定》(以下简称《管理规定》)。

近年来，为最大限度避免和减少无线电干扰可能对重大活动产生的不利影响，实行临时无线电管理或管制的无线电安全保障工作日益受到重视，已经和交通管制一样成为重大活动必需的安全保障措施。随着各级无线电管理机构不断总结经验，各项相关的无线电安全保障机制和流程日趋完善，对于确保重大活动的顺利举行做出了重要贡献。

从这次发布的《管理规定》来看，我国重大活动的无线电安全保障机制和流程进一步完备，主要体现在几个方面。一是及时公布实行临时无线电管理、管制的通知。2014 年北京成功举办 APEC 会议时无线电安全保障的一个重要经验就是由北京市政府发布通告，会议期间对会议地点雁栖湖周边实行无线电管制，有力地保障了会议的通信安全。这次的《管理规定》对管制措施以外的管理措施也作出明确规定，是对这一做法的继承和发展，体现了党的十八届四中全会所提出的政府工作依法行政的精神要求。二是由工信部和公安部联合发布通知，提高了《管理规定》的权威性和执行力。《管理规定》明确提出活动期间公安机关和其他有关行政执法部门应当按照各自职责，协助和配合无线电管理机构做好无线电管理监督检查工作。三是针对不同无线电设备严格管理。在特殊区域(管制区)内，仅手机、蓝牙耳机、计算机无线网卡等五类无线电设备无须粘贴专用标签，其他设备的设置使用包括平时免执照管理的设备均需申请检验通过并粘贴专用标签方可进入和使用。四是明确执法的权利和程序。比如监督检查方面规定明确了可采取现场检查勘验、关闭查封等五类措施，为执法提供了明确的法理依据。

第三节　IMT2020 峰会将推动形成全球统一 5G 标准

2015 年 5 月 28—29 日，第三届 IMT2020 (5G) 峰会在北京召开，本次峰会以"5G 技术架构"为主题，会议发布了 5G 无线技术架构白皮书和 5G 的网络技术架构白皮书，并指出面向 2020 年以及未来的移动通信技术和产业将迈入 5G 阶段。在全球 4G 大规模商用的当下，能够以更高速率实现海量数据传输，满足超大宽带、超高容量、低能耗、超短时延等未来通信需求的 5G 技术，已经成为新一代移动通信技术发展的主流方向及全球移动通信领域研发竞争的新焦点。为抢占未来 5G 产业和技术的发展先机，全球各主要国家和地区纷纷开启 5G 研发帷幕，加快 5G 战略部署。欧盟、英国、韩国等国家和地区从 2012 年开始就已经成立 5G 相关的研究推进组织，启动 5G 研究计划。国际电信联盟 (ITU) 目前也已启动了面向 5G 标准的研究工作，2020 年底完成标准制定。

目前，国际上 5G 研发第一阶段工作已基本完成，在今年 9 月 3GPP 组织的第一次 5G 技术研讨会之后，5G 研发工作将正式进入标准制定阶段。聚焦国内，我国也于 2013 年成立了 IMT-2020（5G）推进组，目前已经在 5G 技术探讨及应用分析方面取得一定进展。在过去两年间，IMT-2020(5G) 推进组相继发布了 5G 需求与愿景白皮书、5G 概念白皮书，引领全球 5G 在需求及概念方面形成共识。在近日举行的第三届 IMT2020（5G）峰会上又发布了 5G 无线技术架构白皮书和 5G 的网络技术架构白皮书。5G 关乎移动通信技术的未来走向，前期投入决定后期的竞争力，尽早在基础标准方面展开研究并确立优势，是在未来市场竞争中占据领先地位的前提。对于我国来说，积极参与国际 5G 发展愿景、应用需求、关键技术及频谱规划等方面的合作研究，是抢占未来 5G 发展先机，在新一轮国际竞争中争取优势地位的需求。具体来说，应从以下几个方面努力：一要集中力量突破 5G 潜在关键技术。力求掌握更多的知识产权，积极推进 5G 技术的研发创新，进而推动我国 5G 通信设备和终端形成产业规模，争取在未来 5G 技术发展中掌握主动权。二要与国际接轨，在加速推进 5G 技术研发的过程中，坚持自主研发与国际合作相结合。目前，欧盟、韩国等全球多家 5G 研究机构都已意识到这一点，纷纷展开在 5G 技术研究领域的合作，以期尽快推出一个全球性的 5G 标准。三要尽早开展 5G 频谱规划，为实现 5G 标准的国际化扫清障碍。

未来几年，随着移动数据流量的飞速增长，频谱资源的供需矛盾日益加剧，同时目前低频优质资源已基本用完，现在可用频段大多集中在 6GHz 以上。频谱资源紧张及优质频段缺乏已经成为制约未来 5G 发展重要难题。根据国内外 3G、4G 发展经验，频谱规划应先于网络建设，便于产业各方进行有针对性的研究和开发。我国应借鉴国外经验，加快研究频率复用、自动空口适配、干扰消除等技术，依托灵活的频谱聚合技术，优化利用现有频谱资源。同时，尽早开展 5G 频谱规划工作，对 5G 的频谱需求和使用提前做好规划和协调。针对 3.5G 以下的频谱（目前空白频段已经非常稀少），应积极开展频谱审计工作，及时清退使用效率低下的频谱资源，同时还要积极扩展6GHz以上的新频谱用于5G。

第四节　我国发布《互联网与工业融合创新蓝皮书2015》

2015年5月29日，由中国信息通信研究院、中国互联网与工业融合创新联盟主办的互联网与工业融合创新峰会在北京召开。本次会议以"互联网与工业融合"为主要内容，与会的500多位业内专家学者和企业高管就互联网与工业融合发展现状、问题及发展趋势进行了交流，并对其未来的发展路径、模式进行了探讨。会议发布了《互联网与工业融合创新蓝皮书2015》，对中国互联网和工业融合创新的实现路径及未来发展远景进行了展望。无线电频谱作为工业互联网实现的重要载体，在互联网与工业的融合中发挥着不可替代的支撑作用。未来几年，随着互联网与工业的不断融合创新及工业物联网的大规模应用，无线电管理工作将面临频谱资源短缺及电磁干扰严重的严峻挑战。无线电管理部门必须统筹把握技术进步趋势，适时调整无线电频率规划，为互联网与工业融合营造良好的电磁环境。

一是无线电频谱需求大幅增加，供需矛盾更为突出。随着互联网与工业融合的不断深入，互联网将在未来几年广泛应用于整个工业领域，并渗透到供应链管理、生产过程工艺优化、设备监控管理以及能耗控制等各个工业环节。庞大的工业互联网将通过物到物的通信方式，实现人、机器和系统之间智能化、交互式的无缝连接，从而自动、准确、及时地收集各类生产参数。据华为公司预测，2025年全球将有1000亿连接，这将为工业互联网带来海量的数据传输需求。无通信是实现工业互联网信息传输的主要方式，频谱资源是支撑无线电技术应用的唯一载体，海量工业数据传输及各种传感器设备的接入将带来对无线电频谱资源需求的大幅增加，频谱供需矛盾将进一步加剧。如何科学规划和管理用于工业互联网领域的无线电频谱资源，是引导和保障工业互联网快速发展的重要前提。随着工业和互联网融合的不断深入，已有的无线电频谱资源规划难以适应发展需要，无线电管理部门须主动协调，提前做好工业互联网用频规划和调整工作，保障未来工业互联网的用频需求。

二是电磁环境日趋复杂，无线电监管、协调难度不断增加。随着工业互联网的飞速发展，各种短距离、微功率的新兴应用将快速涌现，届时在工业生产领域将产生上万亿个不同种类机器和设备通过无线通信技术传输各类数据信息。海量无线传输终端的出现及呈现几何级数增长的数据传输量将使得电磁环境变得异常复杂，各种新的干扰问题大量涌现，无线电监管、协调难度不断增加。如何合理规划频率，管理海量具有无线电发射功能的台站设备，维护良好电波秩序是无线电管理部门面临的严峻挑战。

为此，无线电管理部门应认真研究各种新应用、新设备的无线传输特性，熟练掌握各频段频谱占用和业务工作状况，做好相关频段电磁环境监管工作，及时高效地查处有害无线电干扰。同时，尽早出台相应的政策法规，规范相关频率、台站的设置、使用和管理，加大对违法违规设台的查处力度，有效保证各种工业互联网应用的正常运行，为我国互联网和工业的深度融合创造良好环境。

第五节　工信部发布《关于无人驾驶航空器系统频率使用事宜的通知》

为满足应急救灾、森林防火、环境监测、科研试验等对无人驾驶航空器系统的需求，工业和信息化部于 2015 年 4 月发布了《关于无人驾驶航空器系统频率使用事宜的通知》，规划了用于无人驾驶航空器系统的相关频段（840.5—845MHz、1430—1444MHz 和 2408—2440MHz），并提出了相关无线电设备射频指标要求。这是首次在国家和行业层面对民用无人机用频标准进行规范，必将促进我国民用无人机低空应用的快速开发及普及。

近年来，随着无人机技术快速发展，具有研发制造成本低、操纵使用方便、实用性强等特点的民用无人机已经广泛应用于防灾、电力、森林、气象、地质勘探等多个领域。同时，国家出台的一系列民用无人机低空应用的相关政策措施，如 2010 年国务院、中央军委印发的《关于深化低空空域管理体制改革的意见》及 2013 年中国民航局颁布的《民用无人驾驶航空器系统驾驶员管理暂行规定》，也极大地促进了民用无人机的低空应用快速开发。在巨大应用需求及国家政策的大力支持下，目前我国无人机产业已初具规模，初步形成全产业链格局。当前，我国已有 130 多家民用无人机生产制造企业，共生产无人机 15000 余架，无人机应用已逐步渗透到人们生产和生活的多个领域，极大地方便了人们的生产和生活。然而，无人机系统是一种典型的频谱依赖系统，其所有功能的实现和行动的实施都需要通过无线电频谱完成，所以频谱规划和管理是无人机系统发展的关键要素。长期以来，由于民用无人机用频标准不统一，频谱资源没有有效规划和合理利用，造成频谱资源短缺，用频干扰严重，在一定程度上限制了无人机产业的推广和发展。此次《关于无人驾驶航空器系统频率使用事宜的通知》的发布明确了无人机的频率规划，制定了用频标准，规范了无人机用频秩序，对于促进我国无人机产业的发展具有极其重要的意义。

一是有利于规范无人机频谱使用秩序，保障无人机飞行安全。随着民用无人机技术快速发展，无人机应用日益广泛，不但民用无人机数量显著增加，而且机上各种支持系统装备，如雷达、定位跟踪导航、信息分发、遥感勘测仪等用频设备也大幅增加。在缺乏统一用频标准的情况下，大量的无人机及其附带用频设备的运行，使得电磁环境日趋复杂，电磁干扰日渐显著，严重影响了无人机的通信和测控工作，限制了其生存能力和应用范围。《关于无人驾驶航空器系统频率使用事宜的通知》的出台，明确了无人机用频标准，规范了无人机用频秩序，有利于减少无人机电磁干扰，维护其用频安全，为服务于不同领域的无人机提供安全保障。

二是有利于拓宽民用无人机的应用领域和范围。此前，虽然无人机已经广泛应用于包括军队、公安、民航、森林、气象等部门在内的多个领域，然而由于无人机频率使用标准一直没有明确，同一空域中不同用途无人机之间可能会产生严重干扰，因此，民用无人机的应用范围受到了极大的限制。《关于无人驾驶航空器系统频率使用事宜的通知》的发布，明确了无人机的频率规划及用频标准，规范了无人机用频秩序，航行干扰将大大减少，用频安全得到了有效保障。基于此，未来无人机所承担的任务将更为广泛，其应用领域和范围将得到极大的拓展。

三是有利于促进无人机产业加速发展。频谱管理和规范是进行无线电设备核准和实现产业标准化的前提条件。此前，频率使用混乱、缺乏统一的用频标准是影响国内无人机产业发展的一个关键性问题。不同研制生产厂家生产的不同型号的无人机所使用的无线频率各不相同，导致系统兼容能力差、系统共用互操纵性差、系统协调工作和整体工作效能不高，以及装备型号繁多造成的应用、维修和保障困难，极大地限制我国民用无人机的研制、生产、使用及市场推广。《关于无人驾驶航空器系统频率使用事宜的通知》的发布，出台了正式的频率使用规范，满足了无人机在系统测控与信息传输链路等方面的频率使用需求，统一的用频标准将极大地改善目前频谱使用混乱的局面，无人机产业将迎来新一轮高速发展期。

第六节 我国三项议题被确定列入未来世界无线电通信大会新议题

2015年11月26日，17项2019年世界无线电通信大会（WRC-19）议题和5项2023年世界无线电通信大会（WRC-23）的初步议题在2015年世界无线电通信大会（WRC-15）上审议通过。其中，我国提出的6GHz以上频段为国际移动通信系统（IMT）寻找新的频率、铁路车地无线电通信系统频率的全球和区域协调一致以及保护水上自动识别系统三项议题被成功列入WRC-19新议题。

确定列入未来WRC大会的新议题，反映了未来相当长一段时期内各类无线电技术、应用和业务发展的新趋势，将对全球无线电相关产业的发展产生重大的影响。近年来，世界各国越来越重视与本国无线电相关产业发展相关的新议题的前瞻性研究和提交，并极力在WRC上促成本国提交的新议题成为未来大会的新议题。

我国三项议题成功列入WRC-19新议题，意味着我国无线电管理工作能力和无线电相关产业发展水平得到了国际上的进一步认可。对于"6GHz以上频段为国际移动通信系统（IMT）寻找新的频率"议题——我国移动通信业从1G到4G，经历了旁观、跟随、主导和领航四个历程，在5G的研发制定中，我国仍然保持着引领者的优势地位。为了保障5G用频需求和未来5G产业的健康发展，此次WRC-15大会提出该议题可谓恰逢其时，而该议题被采纳为未来大会新议题，无疑为我国5G标准研发和产业发展提供了更加有利的契机；对于"铁路车地无线电通信系统频率的全球和区域协调一致"议题——近年来，我国高速铁路取得的成就有目共睹，现已成为全世界高铁建设规模和发展速度最快的国家。为了实现全球范围或区域范围内高速列车运行控制和调度指挥系统的全面升级，进一步提升列车安全运行性能，有必要构建拥有全球和区域协调一致频率的铁路车地无线电通信系统，该议题被纳入未来大会新议题，标志着我国高铁在"走出去"的进程中将具备更强的竞争力；对于"保护水上自动识别系统"给水上船舶航行安全带来了隐患。为了既保护合法AIS应用的正常使用，又要满足行业发展对于ASI新型应用的需要，就必须为其进行可能的频率划分并制定相关的规则，该议题被采纳入未来大会新议题，意味着目前AIS新型应用无序使用的状态或将在未来得到根本性的解决。

第七节　国际电信联盟发布新版《衡量信息社会报告》

2015 年 11 月 30 日，国际电信联盟（ITU）发布了年度报告《衡量信息社会报告》。据报告显示，目前全球上网人数已达 32 亿，上网用户渗透率为 43.4%；全球蜂窝移动用户接近 71 亿，95% 以上的世界人口可以在蜂窝移动信号的覆盖范围之类。目前，全球共有 167 个经济体被纳入到国际电信联盟 ICT 发展指数（IDI）的测算中。随着信息通信技术的不断进步和逐渐普及，从 2010 年到 2015 年，167 个经济体的 IDI 都在提升。2015 年的报告特别指出了全球 ICT 发展趋势：

一是互联网用户数创新高，但增速趋缓。从互联网用户家庭比例来看，报告显示，截至 2015 年底，全球可在家中上网全球的家庭比例将上升至 46%，而去年这一数字为 44%。当然，全球经济体之间的差异仍然巨大——发达国家，能够上网的家庭比例为 81.3%，而联合国 48 个最不发达国家仅为 6.7%。从互联网用户增速来看，全球互联网用户增速在维持多年不断增长的势头后，2015 年的全球增速从 2014 年的 7.4% 回落至 6.9%，增速有所放缓。

二是实现 2020 年预定目标存难度。在 2014 年 ITU 通过的《连通目标 2020 议程》中，为了进一步改善 ICT 的可持续性、包容性发展、创新推动以及合作伙伴关系制定了一系列目标。2015 年发布的《衡量信息社会报告》第一次梳理了当前世界各国在实现这些目标方面的进展，并对 2020 年能达到的目标值作出了预测。对于上网人数的目标，《连通目标 2020 议程》确定 2020 年全球上网人数比例为 60%，而报告预计的目标值仅为 53%，二者之间有不小差距。

三是不同经济体之间的 ICT 发展差距日益增大。2010 到 2015 年间，IDI 值排名中段和末段国家之间的差距在逐渐拉大，最不发达国家的 IDI 增速低于发达国家和发展中国家。不同区域之间的 IDI 平均值同样相差悬殊。37 个非洲国家中有 29 个处于 IDI 最低的四分之一国家的行列，其中包括 11 个排名垫底的国家，凸显了解决非洲和其他区域数字差距问题的重要性。

第八节　工信部发布《移动智能终端应用软件（APP）预置和分发管理暂行规定》（征求意见稿）

随着移动互联网的快速发展，移动智能终端已经成为移动互联网用户的必备设备之一。一方面，应用软件(APP)的广泛使用为广大网民带来了更快捷和方便的生活；另一方面，由于缺乏移动智能终端预置应用软件方面的规定，预置软件过多或者不能卸载的情况同样对消费者的正常使用造成了困扰。对此，工信部起草了《移动智能终端应用软件（APP）预置和分发管理暂行规定》（征求意见稿）（以下简称《暂行规定》）。

《暂行规定》提出，生产企业和互联网信息服务提供者应确保除基本功能软件外的移动智能终端应用软件可卸载。移动智能终端中附属于该软件的资源文件、配置文件和用户数据文件等也应能够被方便卸载和删除。

生产企业应确保已被卸载的预置软件在移动智能终端操作系统升级时不被强行恢复；应保证移动智能终端获得进网许可证前后预置软件的一致性；移动智能终端新增预置软件或有重大功能变化的，应及时向工信部报备。

信息服务提供者所提供移动应用软件须符合相关标准要求，未经明示且经用户同意，不得实施擅自收集用户个人信息、违规发送商业性电子信息等侵害用户合法权益和危害网络安全的行为。

委托相关企业为移动智能终端应用软件提供代收费的企业，应当采取必要技术措施，加强对计费代码的安全保护；收费企业应对用户确认信息和计费原始数据至少保存5个月，并为用户查询提供方便。

同时，《暂行规定》明确指出，工信部支持相关社会组织通过行业自律形式，建立恶意应用软件黑名单，实现黑名单信息在相关企业、专业检测机构以及用户之间的共享。

展望篇

第十六章　无线电应用及产业发展趋势展望

第一节　TD-LTE 产业国际化进程将进一步提速

从国内来看，根据中国移动 2015 年 9 月底公布的数据，8 月 TD-LTE 移动用户数新增 2045.1 万户，总数近 2.3 亿户，相比 2014 年底的 9000 万户，我国 TD-LTE 用户数今年已经增长超 100%，增速喜人。从国际来看，根据 GSA2015 年 7 月发布的《LTE 演进报告》显示，TD-LTE 已经在全球 35 个国家/地区建成了 59 个商用网络，相比 2014 年底的 30 个，全球 TD-LTE 商用网络数量翻了近一番。并且支持 TD-LTE 网络的终端数量从 2014 年底的 644 个上升至 1210 个，占所有 LTE 终端数量的比例由 2014 年底的 29% 提升至 37.2%。以上数据表明，无论是从用户数量、建网国家/地区分布、商用网络数量以及终端设备支持等多方面来看，我国主导的 4G 标准——TD-LTE 不仅在国内发展态势良好，并且在国际上已经可以与 FDD 平分秋色。2016 年，随着 LTE-A、VoLTE 等新业务的大规模推广和商用，会进一步增强国内 TD-LTE 用户的使用体验，继续扩大规模优势。同时，在国内 TD-LTE 市场的稳固下，充分把握住"一带一路"国家战略实施带来的巨大机遇，加快 TD-LTE 产业生态圈由国内向国外的外向渗透，逐步优化和完善 TD-LTE 产业生态圈的全球化布局。

第二节　5G 及物联网等新一代信息技术产业蓬勃发展

随着 5G 的推进和物联网的迅速发展，两个领域的频谱需求急剧增加，频谱缺口进一步增大。一是公众移动通信领域。公众移动通信网络的快速发展离不开无线电频谱资源的支撑。4G 时代，频谱资源的供需矛盾已经凸显，随着 5G 时代的来临，各种新技术新应用不断涌现，使得移动数据流量呈现爆发式增长，频谱资源稀缺性更加凸显，亟待解决。同时，鉴于目前 3.5GHz 以下的低频优质资源已基本用完，且 5G 候选频段在选择时，需兼顾考虑国际频率协调以及产业化后如何大规模商用，因此，适合于 5G 的频谱资源已经非常稀缺。选择向"高频"要资源已成为各国解决 5G 发展频谱短缺的共识。二是物联网领域。随着"中国制造 2025"战略的逐步推进，物联网将广泛应用于制造业领域，这将改变传统工业生产的控制方式，实现自动、准确控制生产的同时，也将带来数据传输量的爆发式增长。与此同时，频谱需求也将急剧增加，频谱缺口将进一步扩大。此外，在工业生产领域短距离、微功率的各种无线新技术和新应用急剧增加，使得电磁环境异常复杂，带来大量新的干扰问题，这些无疑会给无线电管理工作带来巨大的挑战。预计 5G 时代存在 1G 的巨大频谱缺口，亟待提前布局和规划。

第三节　1.4G 频谱有望进一步下放，LTE 宽带集群系统将展开规模化应用

2016 年，LTE 宽带集群系统将展开规模化应用。在 2015 年为满足政务、公共安全、社会管理、应急通信等对宽带数字集群专网系统的需求，工信部于 3 月份下发通知，根据《中华人民共和国无线电频率划分规定（2014 版）》及我国频谱使用情况，决定规划 1447—1467 MHz 频段用于宽带数字集群专网系统，1.4 GHz 频谱将正式发放，这标志着我国无线专网正在由模拟集群、数字集群向宽带通信方向演进，而随着 LTE 在全球的不断商用，基于 TD-LTE 的宽带集群系统将成为无线专网的演进方向。因此，2016 年 1.4 GHz 频谱的发放必将进一步加速我国 LTE 宽带集群系统的规模化应用进程。

第四节　5G 等信息通信技术及相关产业加速布局和重构

随着 2015 年 WRC-15 大会的成功召开，2016 年，5G 标准制定开始全面启动。2020 年之后，5G 有望大规模商用，使经济生活从移动互联网扩展到物联网领域。

爱立信、诺基亚、华为、中兴等公司纷纷研制出 5G 概念机，谷歌公司发布物联网操作系统，三星推出物联网设备连接芯片，信息通信领域的行业巨头加速 5G 产业布局和生态圈构建。为提升国际竞争力和话语权，推动信息产业的物联网化变革，提前争夺未来行业利润，5G 技术标准的主导权和专利权的争夺战已悄然打响。物联网作为信息产业发展的焦点，产业链的软硬件各个节点已有行业巨头先行布局，物联网将加剧相关行业的内部竞争。5G 相关产业的市场竞争已拉开序幕。预计 2016 年，我国将继续加紧 5G 相关产业布局。5G 产业链各方首先在物联网布局上下手，通过合作和竞争占据平台优势，在服务、硬件、软件等方面，重构物联网相关产业，让主流产业利用物联网提升效率，获得创新，同时推进"中国制造 2025"及"互联网＋"行动等重要战略的实施。

第五节　无线电与新一代信息技术的融合愈加深入

随着新技术新应用的飞速发展，在"互联网＋"时代，无线电频谱作为信息载体的基础作用更为显著，与此同时，云计算、大数据、物联网、移动互联网等新一代信息技术的应用和推广，也不断推动着无线电管理模式和监管手段的提升，对高频段的监测能力提出了更高的挑战。无线电管理局局长谢飞波在会议上曾说，"在新的时代背景下，运用互联网、物联网最新研究成果，实现无线电监测传感系统的跨区域、跨部门、跨制式的互联互通、深度融合，实现无线电信息更大范围更深层次的探测，同时运用云计算技术、大数据处理技术和智能传感网络等技术实现无线电管理精细化、主动化、自动化、智能化和人性化，是有效提高无线电监管水平的必由之路"。新一代信息技术的发展带来了监测技术设备制造业的变更，目前大多无线电监测设备质量和性能大多存在低端化、同质化严重的问题，如果引入互联网、物联网等新技术必然会对现有产业带来提升。当前，携带自动监测设备的无人机，分析地面无线电信号的监测设备、各种形状的采集无线电信号的天线纷纷出现，无线电监测技术设备的升级换代将在技术发展的推动下加速。无线电与新一代信息技术的融合将愈来愈深入，这些必将为无线电相关产业的发展带来重大变革。

第十七章 无线电管理发展展望及相关建议

第一节 无线电管理法律法规体系继续向法制化迈进

近年来，我国无线电管理法律法规体系从一般性法律到地方性专门法规两个层面都取得了新进展。一是《中华人民共和国刑法修正案（九）》（以下简称《刑（九）》）对《刑法》中关于无线电管理的规定进行了重大修订，于 2015 年 11 月 1 日起正式施行。《刑（九）》对《刑法》第 288 条所作的修订不仅符合"罪刑法定"原则的基本要求，并且更加适应新形势下无线电管理的需求。《刑（九）》删除"经责令停止使用后拒不停止使用"这一适用的行政前置程序，将"造成严重后果"的定罪条件修改为"情节严重"，并增设一个加重的罪刑单位和量刑档次。修订后的第 288 条扩大了无线电违法行为的范围，赋予了该条款更强的可操作性和更大的威慑力。二是无线电管理地方性法规体系建设取得新进展。《湖南省无线电管理条例》的正式实施，标志着湖南省无线电管理法规体系建设进入新阶段。《山西省无线电管理条例（草案）》原则审议通过，意味着酝酿多年的山西无线电管理地方性法规将会于 2016 年正式出台。《刑（九）》修正案无线电管理相关条款司法解释制定出台。2016 年，无线电管理部门完成《中华人民共和国无线电频率划分规定》，研究制定《关于加强卫星频率和轨道资源管理的指导意见》相关配套政策措施，继续推动出台《边境地区地面无线电业务频率和台站协调管理办法》，加快制定《公众移动通信基站设置使用管理办法》《铁路无线电管理规则》《空间电台管理》等部门规章，研究起草卫星网络申报等无线电管理规则和规范性文件。

第二节　研究频谱资源市场化配置方法缓解频谱资源供需矛盾

随着全球经济一体化进程和信息化浪潮的推进，作为一种稀缺的战略资源，无线电频谱资源在整个国民经济和社会发展过程中的作用愈发重要，同时，无线电频谱资源需求不断增长和无线电频谱资源相对稀缺的现实矛盾的不断凸显。需要通过频谱使用的优化，缓解频谱资源紧张的问题。频谱使用优化的手段主要涉及频谱共享、网络共享、频谱自由化三个方面。当前的新技术如认知无线电、频谱共享以及异构无线网络等能够显著提高频谱的利用效率，在这些技术研发上需加快步伐，尽快产业化并推广应用；其次，尽早制定2G频谱重整（Refarming）的规划。根据国情，逐步引入商用频谱的资源市场化配置机制，如招标、选美等。通过市场手段推动无线电频谱资源的高效利用。多年来，我国主要采用行政审批等方式配置无线电频谱资源。建议加大无线电频谱经济价值研究、适合我国国情的频谱拍卖理论及方法研究，为后续我国开展无线电频谱资源市场化配置的实践提供坚实的理论支撑。

第三节　推进适合我国无线电频谱管理的频谱审计工作

目前我国尚未建立频谱审计机制，而频谱审计作为英国Ofcom频谱路线图中的重要一环，已成为Ofcom常态化工作之一。需重点研究适合我国国情的频谱审计体制机制，研究频谱审计的实施方案和流程，推进我国无线电频谱审计工作。首先，建立我国常态化的无线电频率审计机制。将频率审计作为无线电频率管理的重要环节，定期开展频率审计并发布我国频率使用报告。审计结论应用于频率规划调整、频率回收、频率共享、频率重耕、频占费标准调整、台站管理等工作，从而提高我国频率资源的使用效率。其次，建议制定我国频谱审计指标体系。综合国外审计方法和架构，针对我国实际情况，研究制定国家—地方分层的频谱审计体系。建立审计的量化指标体系，采用调研、监测、数据分析的方法，收集频率规划和分配、台站、业务发展、无线电监测等数据，全面评估频率使用情况。

最后，构建频率审计所需的技术设施。充分发挥现有无线电管理技术设施作用，采用固定与移动相结合的方式开展监测，同时探索利用众包等模式扩大监测范围。建设满足频谱审计需求的频谱审计大数据分析系统，实现海量数据的大数据挖掘分析、可视化展现。

第四节　加快培育我国行业协会及研究机构等社会组织

建议政府在频谱管理方面应推行"少干预""少影响""少作为"的原则。其角色主要是制定标准、规则并负责监管。如今，中国社会进入多元化发展的时代，"小政府、大社会"成为当前改革的方向。相对于政府"中央处理器"的作用，社会组织"微处理器"的功能应当得到进一步的发展。例如，英国国内一批相关企业和研究机构包括ATDI、CRFS、FARRPONIT等，涉及频谱资源管理系统、频谱评估测试系统、监测台站仿真系统的开发、频率管理相关技术及政策咨询等领域。这些企业和研究机构创新意识强，研发水平较高，对英国的频谱管理的科学化、精细化起到了重要的作用。因此，建议我国频谱管理相关部门加强培育我国的无线电相关行业协会和研究机构，使社会组织和力量发挥作用，同时，深化改革，简政放权，减少行政审批，推动我国无线电管理迈向"大社会，小政府"的发展方向。

第五节　维护良好电磁环境保障冬奥会等重大活动顺利进行

营造维护良好有序的电磁环境一直是无线电管理工作的重点，2022年北京将举行冬奥会，做好北京2022年冬奥会无线电安全保障工作以及保障北京冬奥会的顺利举办，是无线电管理部门的重要使命。结合2008年北京奥运会无线电安全保障的工作经验，结合2022年冬奥会面临的形势、条件和环境，未来无线电管理部门将开展以下几方面工作：一是做好顶层设计，搭建组织架构。组建以工业和信息化部、北京市人民政府、河北省人民政府和冬奥会组委会相关领导组成的2022年北京冬奥会无线电管控领导小组，统筹部署冬奥会无线电安全保障工作。二是建立联席机制，加强沟通协调。与组成冬奥会无线电管理架构的各部门进行工作对接,适时到冬奥会相关举办城市开展调研。三是制定总体规划方案,做好技术、人才储备。明确总体任务,制订年度工作计划;有计划地着手开展技术人员培训,做好技术设施储备。

后 记

　　《2015—2016 年中国无线电应用与管理领域发展蓝皮书》由赛迪智库无线电管理研究所编撰完成，本书介绍了无线电应用与管理概况，力求为各级无线电应用和管理部门、相关行业企业提供参考。

　　本书由樊会文担任主编，乔维担任副主编。主要分为综合篇、专题篇、区域篇、政策篇、热点篇、展望篇共六个部分，各篇章撰写人员如下：综合篇：彭健；专题篇：薛楠、滕学强；区域篇：彭健、薛楠、孙美玉、滕学强、孔雨飞、周钰哲、乔维；政策篇：周钰哲；热点篇：孔雨飞；展望篇：乔维。在本书的研究和编写过程中，得到了工业和信息化部无线电管理局领导、地方无线电管理机构以及行业专家的大力支持，为本书的编撰提供了大量宝贵的材料，提出了诸多宝贵建议和修改意见，在此，编写组表示诚挚的感谢！

　　本书历时数月，虽经编撰人员的不懈努力，但由于能力和时间所限，不免存在疏漏和不足之处，敬请广大读者和专家批评指正。希望本书的出版能够记录我国无线电应用与管理在 2015 年至 2016 年度的发展，并为促进无线电相关产业的健康发展贡献绵薄之力。

赛迪智库

面向政府　服务决策

思想，还是思想
才使我们与众不同

《赛迪专报》　　　《两化融合研究》　　《财经研究》

《赛迪译丛》　　　《互联网研究》　　　《装备工业研究》

《赛迪智库·软科学》《网络空间研究》　　《消费品工业研究》

《赛迪智库·国际观察》《电子信息产业研究》《工业节能与环保研究》

《赛迪智库·前瞻》　《软件与信息服务研究》《安全产业研究》

《赛迪智库·视点》　《工业和信息化研究》《产业政策研究》

《赛迪智库·动向》　《工业经济研究》　　《中小企业研究》

《赛迪智库·案例》　《工业科技研究》　　《无线电管理研究》

《赛迪智库·数据》　《世界工业研究》　　《集成电路研究》

《智说新论》　　　《原材料工业研究》　《政策法规研究》

《书说新语》　　　　　　　　　　　　《军民结合研究》

编 辑 部：赛迪工业和信息化研究院

通讯地址：北京市海淀区万寿路27号院8号楼12层

邮政编码：100846

联 系 人：刘颖　董凯

联系电话：010-68200552 13701304215

　　　　　010-68207922 18701325686

传　　真：0086-10-68209616

网　　址：www.ccidwise.com

电子邮件：liuying@ccidthinktank.com

赛迪智库

面向政府 服务决策

研究，还是研究
才使我们见微知著

信息化研究中心	工业化研究中心	规划研究所
电子信息产业研究所	工业经济研究所	产业政策研究所
软件产业研究所	工业科技研究所	军民结合研究所
网络空间研究所	装备工业研究所	中小企业研究所
无线电管理研究所	消费品工业研究所	政策法规研究所
互联网研究所	原材料工业研究所	世界工业研究所
集成电路研究所	工业节能与环保研究所	安全产业研究所

编 辑 部：赛迪工业和信息化研究院
通讯地址：北京市海淀区万寿路27号院8号楼12层
邮政编码：100846
联 系 人：刘颖 董凯
联系电话：010-68200552 13701304215
          010-68207922 18701325686
传　 真：0086-10-68209616
网　 址：www.ccidwise.com
电子邮件：liuying@ccidthinktank.com